高职高专系列规划教材

动物繁殖技术

傅春泉　李君荣　主编

DONGWU
FANZHI JISHU

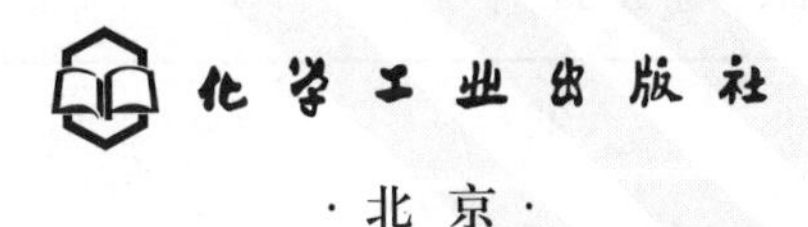

·北京·

内 容 简 介

《动物繁殖技术》一书，共10个项目，在形式上，打破了传统教科书章节编排的模式，按工作项目进行编排；在内容上，以动物繁殖过程和繁殖工的工作过程为依据进行调整，并按各繁殖技术间的相互关系决定先后顺序，从而构建起一种新的课程结构，即采精与精液品质检查、精液的稀释与保存、雌性动物发情鉴定、输精、生殖激素功能与应用、发情调控技术、受精与胚胎移植、妊娠诊断、分娩与助产、繁殖管理等。

为体现高职教学“教、学、做”统一，强调技能性的特点，在知识的编排上，突出知识的实用性、技能性与生产性，本书将基础性的知识作为知识准备，研究性的内容作为知识拓展，相关性的知识作为知识链接编排，同时，为了提高学生操作技能，设计了30个技能训练。本书在强调科学性、先进性、专业性的同时，突出实用性，使知识和技术融为一体，学习和应用紧密结合。本书配有电子课件，可从www.cipedu.com.cn下载参考。

本书除了可作为畜牧兽医相关专业高职学生的教科书之外，也可作为企事业单位从事畜牧兽医相关人员以及各种类型养殖场从业人员的参考书或工具书。

图书在版编目（CIP）数据

动物繁殖技术/傅春泉，李君荣主编．—北京：化学工业出版社，2021.1（2022.11重印）
高职高专系列规划教材
ISBN 978-7-122-38237-5

Ⅰ.①动…　Ⅱ.①傅…②李…　Ⅲ.①动物-繁殖-高等职业教育-教材　Ⅳ.①S814

中国版本图书馆CIP数据核字（2020）第257342号

责任编辑：迟　蕾　李植峰　　文字编辑：邓　金
责任校对：王素芹　　装帧设计：史利平

出版发行：化学工业出版社（北京市东城区青年湖南街13号　邮政编码100011）
印　　刷：北京云浩印刷有限责任公司
装　　订：三河市振勇印装有限公司
787mm×1092mm　1/16　印张14¾　字数355千字　2022年11月北京第1版第2次印刷

购书咨询：010-64518888　　售后服务：010-64518899
网　　址：http://www.cip.com.cn
凡购买本书，如有缺损质量问题，本社销售中心负责调换。

定　价：49.80元

《动物繁殖技术》编写人员

主　　编　傅春泉　李君荣

副 主 编　王燕丽

编　　者　傅春泉　金华职业技术学院

李君荣　金华职业技术学院

王燕丽　金华职业技术学院

罗守冬　黑龙江生物科技职业学院

李福泉　内江职业技术学院

孙思宇　温州科技职业学院

赵晓静　保定职业技术学院

陆叙元　嘉兴职业技术学院

李彦猛　河北旅游职业技术学院

王一民　浙江杭州彩洋牧业有限公司

周文仙　金华市婺城区畜牧兽医局

前言

本书根据教育部《关于加强高职高专教育教材建设的若干意见》等有关文件精神，组织部分长期以来一直从事动物繁殖技术教学的教师和来自生产第一线的行业专家共同编写。

在形式上，打破传统教材的编排格式。本教材将动物繁殖技术按繁殖工的工作过程分解为工作项目，即采精与精液品质检查、精液的稀释与保存、雌性动物发情鉴定、输精、生殖激素功能与应用、发情调控技术、受精与胚胎移植、妊娠诊断、分娩与助产、繁殖管理，以技术串起知识并贯穿于全书。

在内容上，一般教材将动物生殖器官独立成章，雌性动物与雄性动物繁殖技术分别讲授，整个体系是以理论知识为基准。本书则以动物繁殖过程和繁殖工的工作过程为依据安排授课顺序，将人工授精技术分解为采精与精液品质检查、精液的稀释与保存、雌性动物发情鉴定、输精四个工作项目，雄性动物生殖器官并入采精与精液品质检查项目、雌性动物生殖器官并入雌性动物发情鉴定项目，并且将部分生殖生理的内容并入生殖器官结构中讲授，如把精子发生并入睾丸功能，卵泡、卵母细胞、黄体的发育并入卵巢功能，将精清的作用并入副性腺生理功能中介绍，避免重复；将受精与早期胚胎发育从妊娠诊断项目中分离并入胚胎移植任务中介绍。为提高学生的学习兴趣，更符合生产中发现问题、探究原因、解决问题的过程，将课程内容按提出问题、解释过程、分析原因的顺序排列。如分娩与助产项目先依次介绍分娩的过程、分娩的预兆、决定分娩的因素、分娩的机理、分娩的控制，最后介绍正常分娩与难产的助产及产后母仔护理等内容；在全面介绍人工授精后，接着讲授生殖激素与发情控制；在大致介绍母畜的发情表现之后，介绍雌性动物生殖器官、发情规律等。为适应当前规模化牧场发情鉴定、分娩助产工作的特点，增加了定时输精与分娩控制技术的内容。最后，讲授动物繁殖力的评价和繁殖障碍防治等繁殖管理技术。这样既可使相关知识和技术融合于一体，又可使动物繁殖的各个技术环节紧密相连，从而便于学生的学习、理解、记忆和技术的掌握。

因编者水平有限，教材如有不完善之处，恳请广大读者提出宝贵建议。

编　者

2020 年 5 月

目录

◎项目六　发情调控技术　116

◎ 项目七　受精与胚胎移植　135

◎ 项目八　妊娠诊断　165

项目一　采精与精液品质检查

学习目标

1. 掌握动物采精的方法以及完成采精应做好的准备工作、精液品质检查的内容与方法。
2. 了解采精频率对精液品质的影响，精液活力、密度检查的方法及精液品质的合格标准。

知识准备

雄性动物的生殖器官包括睾丸、附睾、输精管、副性腺、尿生殖道、阴茎、龟头及阴囊。各种雄性动物生殖器官见图 1-1。

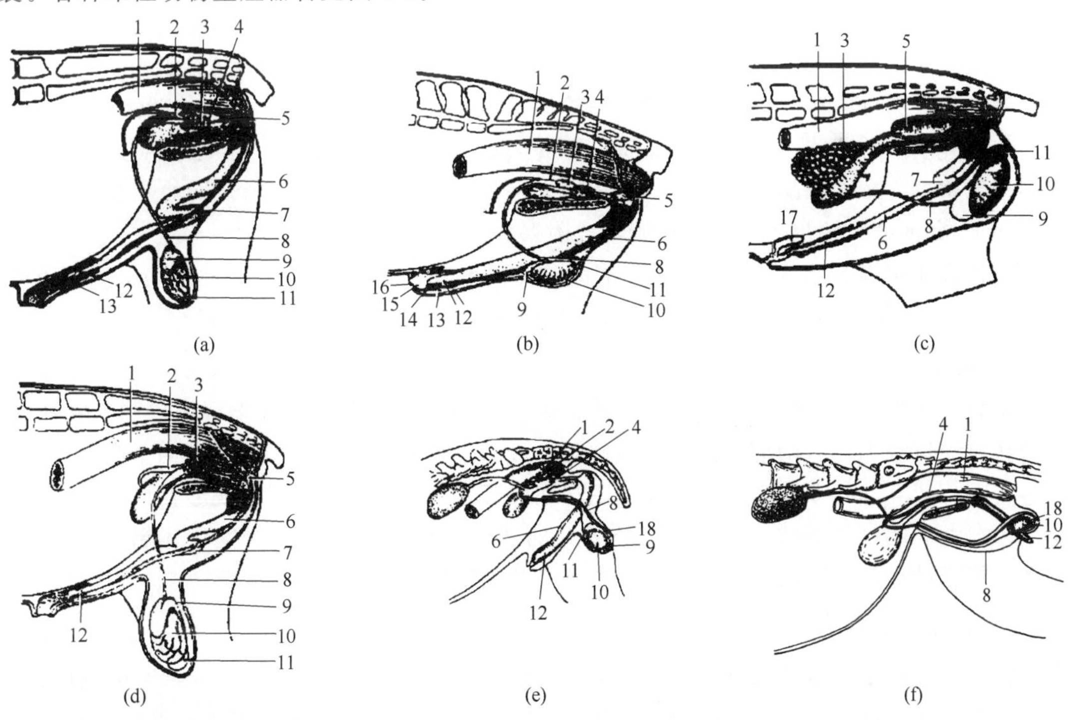

图 1-1　各种雄性动物生殖器官

(a) 公牛生殖器官；(b) 公羊生殖器官；(c) 公猪生殖器官；(d) 公马生殖器官；(e) 犬生殖器官；(f) 猫生殖器官

1—直肠；2—输精管壶腹；3—精囊腺；4—前列腺；5—尿道球腺；6—阴茎；7—S 状弯曲；8—输精管；9—附睾头；10—睾丸；11—附睾尾；12—阴茎游离端；13—内包皮鞘；14—外包皮鞘；15—龟头；16—尿道突起；17—包皮憩室；18—阴囊

一、睾丸和阴囊

1. 睾丸

睾丸及附睾的组织结构见图 1-2。

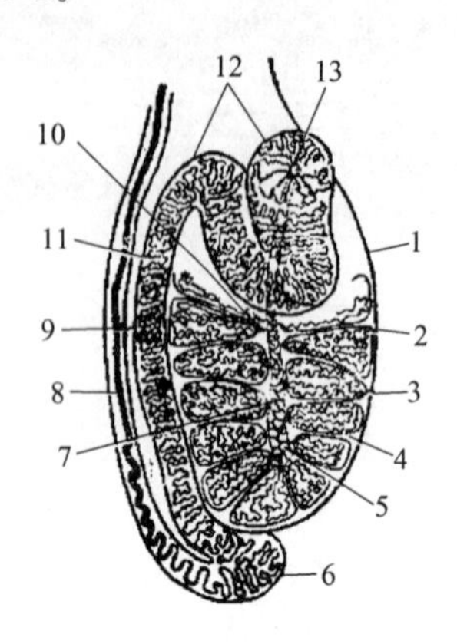

图 1-2 睾丸及附睾的组织结构

1—睾丸；2—曲细精管；3—小叶；4—中隔；5—纵隔；6—附睾尾；7—睾丸网；8—输精管；9—附睾体；10—直细精管；11—附睾管；12—附睾头；13—输出管

睾丸是雄性动物重要的生殖腺体，位于阴囊中，左右各一，呈椭圆形。一侧有附睾附着，称为附睾缘；另一侧为游离缘。睾丸的表面由浆膜被覆，其下为致密结缔组织构成的白膜。从睾丸一端（即和附睾头相接触的一端）有一条与睾丸纵轴平行的结缔组织索，伸入睾丸实质，构成睾丸纵隔，由它向四周发出许多放射状结缔组织小梁，伸入白膜，称为中隔。中隔将睾丸实质分成许多锥形小叶，每个小叶内有 2～3 条曲细精管，在近纵隔处汇合成为直细精管，进入睾丸纵隔相互吻合，形成睾丸网（马无睾丸网）。在睾丸网的一端又汇成大约 13～15 条的睾丸输出管，穿过白膜形成附睾头。

各种成年家畜睾丸的绝对质量：牛的约 550～650g、猪的约 900～1000g、绵羊的约 400～500g、山羊的约 150g、犬的约 30g、猫的约 4～5g、家兔的约 6～7g。

2. 阴囊

阴囊是柔软而富有弹性的袋状皮肤囊，表面有短而细的毛，内含丰富的皮脂腺和汗腺。阴囊从表面可分为左右两部，阴囊内被肉膜形成的中隔分为左右互不相通的两个腔，每个腔内各有一个睾丸和附睾。牛、羊、马的阴囊在两股之间，猪、犬、猫的阴囊在肛门下方的会阴部。睾丸和阴囊的特殊构造，可调节睾丸的温度，从而保证阴囊温度比体温低 3～5℃，有利于精子的存活；同时阴囊还具有保护睾丸和附睾的作用。

3. 睾丸的主要生理功能

(1) 产生精子 睾丸的曲细精管能不断地产生精子。公牛每克睾丸组织平均日产精子 1300 万～1900 万个，公猪 2400 万～3100 万个，公羊 2400 万～2700 万个，公马 1930 万～2230 万个。

(2) 分泌雄激素 位于曲细精管间的间质细胞可以产生雄激素。

4. 精子的发生

精子在睾丸内形成的全过程称为精子的发生。包括曲细精管上皮的生精细胞由精原细胞经精母细胞到精子细胞的增殖发育过程和精子形成过程。

精子的发生过程可分为精原细胞增殖、精母细胞发育与成熟分裂、精子形成三个阶段。

精原细胞位于曲细精管上皮最外层，紧贴曲细精管基底膜，是睾丸中最幼稚的一类细胞，分为A型、中间型、B型精原细胞，通过有丝分裂增殖（图1-3）。其中A_0型与A_1型细胞可分裂为两种精原细胞，一种是活跃的精原细胞，继续有丝分裂增殖，最后形成初级精母细胞；另一种是进入休眠状态，成为下一个精子发生周期的起始细胞。

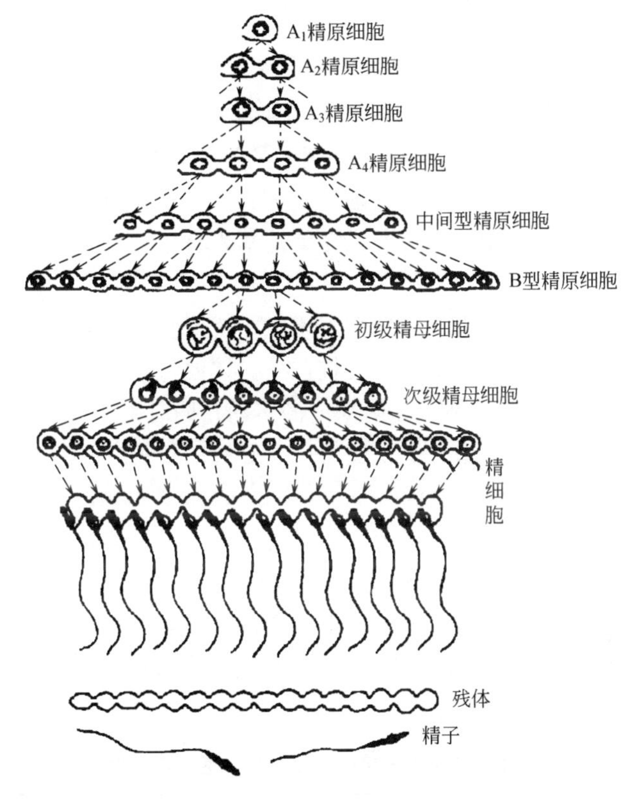

图1-3　精子发生过程中依次出现的各种细胞类型示意图（引自E. S. E. Hafez，1987）

初级精母细胞形成后，进入静止期。期间细胞进行DNA复制，并积极转录、合成和贮存各种必需的蛋白质和酶，为其成熟分裂做准备，细胞体积也增加一倍。然后经过一次成熟分裂形成两个次级精母细胞，染色体减半成为单倍体。次级精母细胞形成后不再复制DNA，很快进行第二次成熟分裂，形成两个单倍体的精细胞。

精细胞形成后不再分裂，而是经过复杂的形态结构变化演变为蝌蚪状的精子。在这一形态变化过程中，精细胞的高尔基复合体形成精子顶体，细胞核变成精子头部的主要部分，中心体逐渐形成精子尾部，线粒体成为精子尾部中段的线粒体鞘膜，细胞质则大部分脱落。

一个精原细胞经4次有丝分裂产生16个初级精母细胞；再经过两次减数分裂，每个初级精母细胞形成4个精子。

精原细胞经过4次有丝分裂形成初级精母细胞需15～17d，再经15～17d完成第一次减数分裂成为次级精母细胞，之后经数小时完成第二次减数分裂形成精细胞，最后经10～15d的变形过程成为精子。

二、附睾与输精管

1. 附睾

附睾紧贴在睾丸的一侧，分为附睾头、附睾体、附睾尾三部分（图 1-2）。附睾的主要生理功能是：

(1) 是精子最后成熟的地方 精子在附睾内的成熟过程包括获得前进运动能力、附着于透明带的能力以及受精的潜能。

精子从附睾头向尾转运过程中，附睾液渗透压逐渐升高，精子发生脱水，形态逐渐变小，精子密度增加；精子颈部的原生质滴逐渐向尾端后移并最终脱去；细胞内 Na^+ 浓度下降，K^+ 浓度升高；在附睾内由于肉毒杆菌等因素的诱导，精子前进运动蛋白被活化，获得前进运动的能力，运动方式由转圈运动逐渐转变为直线运动；由于附睾中的果糖和葡萄糖含量很低，精子的密度又大，代谢方式主要靠需氧分解来自睾丸液和附睾液中的乳酸，供应精子所需的能量；附睾液中雄激素含量很高，其中以附睾体含量最高，精子在此逐渐成熟；在成熟过程中，精子的代谢也发生改变，糖酵解增强，对磷脂利用增多，蛋白质合成下降。

(2) 贮存精子 由于附睾内的温度相对较低（比体温低 4～7℃）、渗透压较高、弱酸性（pH 值为 6.2～6.8）环境抑制了精子在附睾内的运动；同时附睾管分泌物能提供精子营养，使精子在附睾内贮存 30～60d 后仍有受精能力。当雄性动物长时间不采精或不配种而使精子贮存时间过久，则精子逐渐变性、吸收。

(3) 吸收水分 来自睾丸的稀薄精子，通过附睾头和附睾体时，其中的大部分水分被上皮细胞吸收，使精子浓度增大（密度达 40 亿个/mL 左右），有利于贮藏精子。

(4) 运送精子 睾丸中形成的精子通过附睾获得前进运动能力和受精潜能，才能参与射精。精子通过附睾的时间：牛 10d、绵羊 13～15d、猪 9～12d。因此，整个精子发生过程约需 2 个月左右（表 1-1）。

表 1-1 各种动物精子发生周期及通过附睾时间

动物	精子发生周期/d	通过附睾时间/d
猪	44～45	9～12
牛	60	10
绵羊	49～50	13～15
马	50	8～11

2. 输精管

输精管由附睾管直接延续而成，它和通向睾丸的血管、淋巴管、神经等构成精索。左右两条输精管在膀胱的背侧逐渐变粗，形成输精管壶腹（猪无壶腹部，马壶腹部非常大），其黏膜内有腺体分布。输精管壶腹末端变细，与精囊腺共同开口于尿生殖道起始部背侧壁的精阜，与尿生殖道相通。

三、副性腺

副性腺包括精囊腺、前列腺、尿道球腺（图 1-4）。

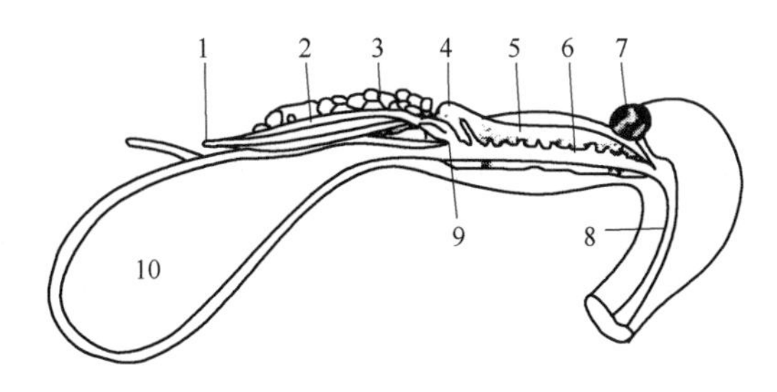

图 1-4 公牛尿生殖道骨盆部及副性腺（正中矢状切面）

1—输精管；2—输精管壶腹；3—精囊腺；4—前列腺体部；5—前列腺扩散部；
6—尿生殖道骨盆部；7—尿道球腺；8—尿生殖道阴茎部；9—精阜及射精孔；10—膀胱

1. 精囊腺

成对，牛、马的精囊腺可分泌胶状物进入精液；猪的精囊腺发达，分泌高黏性液体，并且山梨醇含量高。精囊腺能分泌大量的果糖、较多的钾和碳酸氢盐，精液中的前列腺素主要来自精囊腺。犬、猫、骆驼没有精囊腺。

2. 前列腺

其分泌物是精液的重要组成部分。前列腺液含有丰富的、种类繁多的蛋白酶。犬、猫的前列腺发达。

3. 尿道球腺

多数动物的尿道球腺成对，猪的尿道球腺非常发达，可分泌大量胶状乳白色分泌物，构成射出精液中胶质的主要成分。牛、羊、马尿道球腺分泌物较少，猫的尿道球腺不发达，犬只有尿道小球腺。尿道球腺分泌物的作用是在射精前冲洗尿生殖道。

4. 副性腺的生理功能

副性腺的分泌物是构成精清的主要成分，主要生理功能有：

(1) 冲洗尿生殖道 在公畜交配前、阴茎勃起时，所排出的少量液体，主要是由尿道球腺所分泌，可冲洗尿生殖道中残留尿液，使通过尿生殖道的精子不受尿液的危害。

(2) 加大精液容量 副性腺分泌物占精液的比例，牛 85%、马 92%、猪 93%、羊 70%。

(3) 供给精子营养 精子内的某些营养物质，是在精子与副性腺分泌物混合后才得到的(如果糖)。果糖的分解是精子能量的主要来源。

(4) 活化精子 副性腺液呈弱碱性，渗透压低于附睾液，有利于精子运动。

(5) 推动和运送精液到体外

(6) 缓冲不良环境对精子的危害 精清中所含的柠檬酸盐和磷酸盐有缓冲作用，能缓冲不良环境对精子的危害，延长精子存活时间。

(7) 防止精液倒流 有些动物副性腺液有部分或全部凝固现象，形成阴道栓，防止自然交配时精液倒流。

四、尿生殖道、阴茎与龟头

1. 尿生殖道

雄性动物的尿道兼有排精的作用，故称尿生殖道。它起始于膀胱颈末端，止于龟头末端。尿生殖道分为骨盆部和阴茎部，两部分以坐骨弓为界。

2. 阴茎与龟头

阴茎是雄性动物的交配器官，主要由阴茎海绵体和尿生殖道阴茎部构成。分为阴茎根、阴茎体和阴茎头（龟头）三部分。猪的阴茎在阴囊前方呈S状弯曲，龟头呈螺旋状扭转；牛的阴茎细长，在阴囊后呈S状弯曲，其龟头较尖且沿纵轴略呈扭转；羊的龟头呈帽状隆突，在前端绵羊呈倒钩状，山羊呈直针状；马的龟头钝而圆（图1-5）。

犬的阴茎构造比较特殊：一是有一块长约8～10cm的阴茎骨，阴茎体在交配勃起时可弯曲180°；二是在阴茎的根部有两个很发达的海绵体，在交配过程中，海绵体充血膨胀，卡在母犬的耻骨联合处，使得阴茎不能拔出而呈栓塞状。犬的龟头非常发达，交配时仅龟头部分插入阴道。

猫的阴茎远端也有一块阴茎骨，其龟头膨大，有100～200个角质化小乳头，小乳头指向阴茎基部，对诱发刺激排卵可能有一定作用。

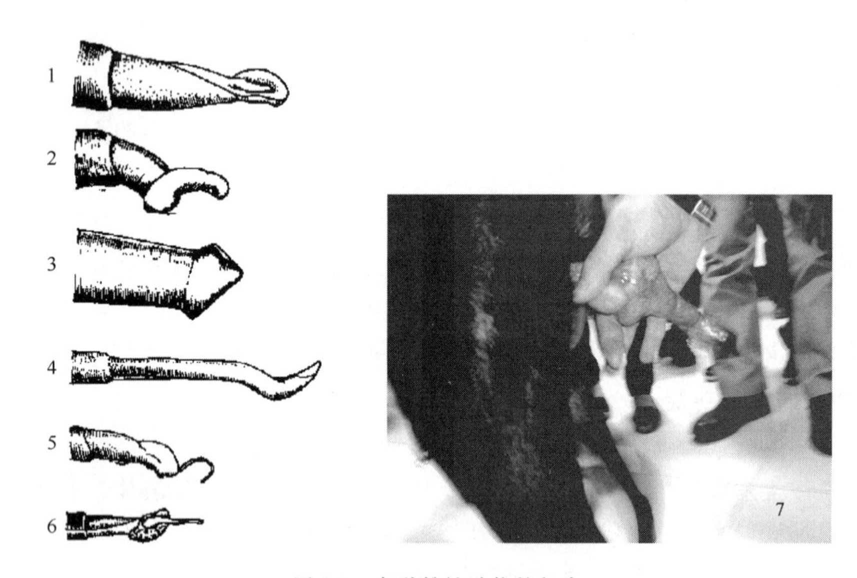

图1-5　各种雄性动物的龟头

1—公牛；2—公牛（刚交配后的形状）；3—公马；4—公猪；5—公绵羊；6—公山羊；7—犬勃起的阴茎

包皮是皮肤折转而形成的一管状鞘，有容纳和保护龟头的作用。猪有包皮憩室，能藏污纳垢，采精时应注意。

五、公禽的生殖器官

公禽（以公鸡为例说明）的生殖器官主要由睾丸、附睾、输精管和退化的交配器官构成（图1-6）。

睾丸位于腹腔肾脏前叶下方、脊柱腹侧；附睾较短而不发达；无副性腺，只有输精管末端附近的脉管体及泄殖腔内淋巴褶所分泌的透明液。输精管一对，与附睾一起是精子成熟和贮藏的场所；没有阴茎，但有一个勃起的交媾器，公鸡交配时，生殖隆起由于充血、勃起围成输精沟，精液由精管乳头流入输精沟排入母鸡外翻的阴道口。刚孵出的公雏，其生殖隆起比较明显，可用来鉴别雌雄。

1. 禽的精子发生

禽的精子发生分四个时期。

(1) 初期 刚孵出的公鸡睾丸内已有精原细胞，至第5周时精原细胞开始增殖。

(2) 第二期 第5～9周，精原细胞分化出一层初级精母细胞。

(3) 第三期 第10周开始，初级精母细胞开始减数分裂，出现次级精母细胞。

(4) 第四期 第12周开始，次级精母细胞分裂为精细胞，变形为精子；20周时，大多数公鸡曲细精管中有成熟精子。

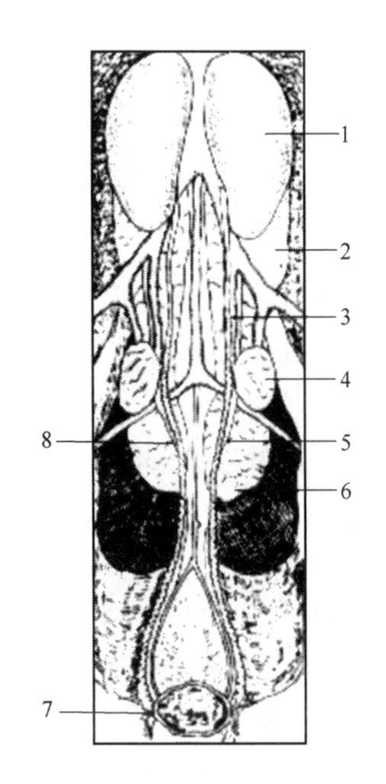

图1-6 公禽的生殖器官

1—睾丸；2—肾前叶；3—输精管；4—肾中叶；5—输尿管；6—肾后叶；7—泄殖腔；8—输尿管

2. 影响精子产生的因素

(1) 遗传力 影响明显，产蛋量高的种母禽其后代（公禽）性成熟早，性成熟后产生精子多，如第一年产蛋199枚的俄罗斯白鸡，其后代（公禽）性成熟115d；产蛋量166枚的其后代（公禽）性成熟131d。

生长期间公鸡鸡冠的发育与精液品质成正相关，如35日龄时未发育成典型鸡冠的公鸡有41%是不育的，这与饲料、球虫病、饲养失误等有关。

(2) 饲养管理 蛋白质含量低于9%时，性成熟延迟，影响精子产生。因此，要求成年家禽的蛋白质达10%～20%，特别是动物蛋白，维生素A、维生素E、维生素B族。在饲养方式上，单养比群养精液量可提高1～2倍，且品质好。

(3) 光照 影响极明显，可刺激垂体前叶释放促性腺激素，促进精液产生，每天光照时间至少12h，最好14～16h。不同波长的光对睾丸精子的产生也有不同的影响，如红光的刺激比白光强，蓝光、绿光最差。

(4) 环境温度 成年白来航鸡在20～25℃时最适宜；30℃以上有暂时性抑制；低温5℃以下，性活动明显下降。

(5) 年龄与季节 第一年精液质量最好（275d高峰），第二年射精量减少25%，第三年又减少10%～15%。

换羽时精液数量、质量明显下降，甚至停止，换羽后恢复。

3. 精子的运行与在输卵管内的寿命

家禽的受精部位在漏斗部。交配或输精后，大部分精子留在子宫-阴道部的腺窝中，其余精子经过1h后到达漏斗部。

由于睾丸的环境温度及母禽生殖道的特殊构造，家禽精子在母禽生殖道存活时间比家畜长得多，鸡精子达35d，火鸡精子达70d。精子在母禽生殖道内维持受精能力的时间受品种、个体、季节和配种方法等因素影响。对于一般鸡群，精子的受精能力在交配3～5d后，就有所下降，但一周内尚可维持一定的受精能力。一般种鸡放入母鸡群后要经10～14d才能获得较高的受精率。若采用人工授精，维持正常受精能力的时间可长达10～14d。

单元一 采精技术

一、采精方法

采精就是用人工的方法采取雄性动物精液，是人工授精的基础和重要环节。其方法有假阴道法、手握法、按摩法、电刺激法等。通常射精时间短的牛、羊、马、兔采用假阴道法采精；射精时间长的猪、犬多用手握法采精；禽多用按摩法采精；野生动物多用电刺激法采精。

1. 假阴道法采精

假阴道法采精是模拟雌性动物的阴道环境，诱使雄性动物射精的方法，主要用于牛、羊、兔的采精。

（1）牛、羊的采精 采精时，采精员站（牛）或蹲（羊）在台畜的右后方，右手持假阴道，其开口端向下倾斜35°左右，当公牛（羊）两前肢跨上台畜的瞬间，迅速将假阴道贴近台畜臀部；左手掌心托住包皮，将阴茎导入假阴道内，注意不要触及阴茎。公牛（羊）射精时间极短，仅几秒钟，当公牛（羊）用力向前一冲即表示完成射精。公牛（羊）射精后，当阴茎退出假阴道时，将假阴道开口端朝上，同时打开气阀，以便精液流入集精杯内（图1-7）。

(a) 公牛采精

(b) 公羊采精

(c) 公兔采精

图1-7 公牛、公羊和公兔的假阴道法采精

（2）兔的采精 公兔假阴道法采精时，一般将母兔放入公兔笼内或采精台上，采精员左手抓住母兔耳朵、头朝外侧保定；右手持调整好的假阴道，待公兔爬跨母兔时，将假阴道置于公兔耻骨前下方包皮处，当公兔阴茎伸入假阴道、后躯向前一冲并发出特殊的“咕”叫声

时表明完成射精。

2. 手握法采精

对于射精时间长的动物多用手握法采精。其原理是模拟雌性动物子宫颈对雄性动物阴茎的约束力而刺激其射精，是目前采取公猪、公犬精液的普遍方法，具有操作简单、能收集中段浓份精液、可滤去精液中胶状部分的优点。

(1) 公猪的采精 公猪分三段射精，依次为缺乏精液的水样液部分、富含精子的乳白色部分、以胶状凝块为主部分。采精时操作者戴好乳胶手套，蹲在台猪的右侧，当公猪爬跨台猪前，用消毒液洗涤公猪包皮及附近被毛，再用生理盐水冲刷并擦干。当公猪阴茎伸出后，用左手掌握成空拳，将阴茎导入其中，再由松到紧逐渐握住阴茎，不让其滑脱，并用手掌有节律地一松一紧弹性刺激，直至射精。另一手持盖有过滤布的保温集精杯收集富含精液的第二部分。公猪副性腺发达，射精量大，要持续5～7min分3～4次射出（图1-8）。

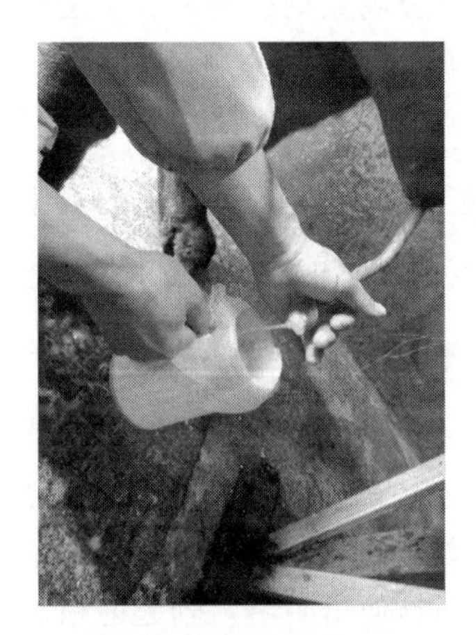

图1-8 公猪手握法采精

(2) 公犬的采精 操作者右手戴上乳胶手套站在公犬左后方，先用消毒液将公犬的阴茎包皮及周围清洗消毒，然后用灭菌的生理盐水冲洗并擦干。接着，用右手掌的虎口握住公犬的阴茎小球体后方，阻断静脉回流；当阴茎开始勃起时，迅速用左手食指把包皮推到阴茎小球体后，并由右手中指钩住，当阴茎充分勃起后即能避免包皮卡住勃起的阴茎小球体。左手持专用集精管，位于公犬左侧准备收集中段浓份精液。犬的射精分三段，前段0.5～2mL为尿道球腺分泌物，精子少；中段精子密；后段为前列腺分泌物，量多，达10～35mL，射精时间长，可达0.5h。当接近完成第二段射精时，一般公犬会抬起左侧后肢，这时采精员可顺势将公犬阴茎弯曲180°后，继续收集部分浓份精液（图1-9）。

采精时有发情的母犬在旁边，会增加公犬的射精量。

3. 按摩法采精

采集公鸡的精液常用按摩法。鸡的按摩法采精一般由两人操作，助手以两手各保定公鸡的一条腿，使其自然分开，拇指扣住翅膀，使公鸡尾部朝向采精员，呈自然交配姿势。

采精员右手中指和无名指之间夹着集精管，避免被鸡粪污染。左手拇指为一方，其余四指为另一方，从鸡翼根沿体躯两侧滑动，推至尾脂腺处，如此反复数次之后，即引起公鸡性欲。此时采精员立即以左手掌将尾羽拨向背部，同时右手掌紧贴公鸡腹部柔软处，拇指与食指分开，于耻骨下缘抖动触摸数次，当泄殖腔外翻露出退化的交配器时，左手拇指与食指立

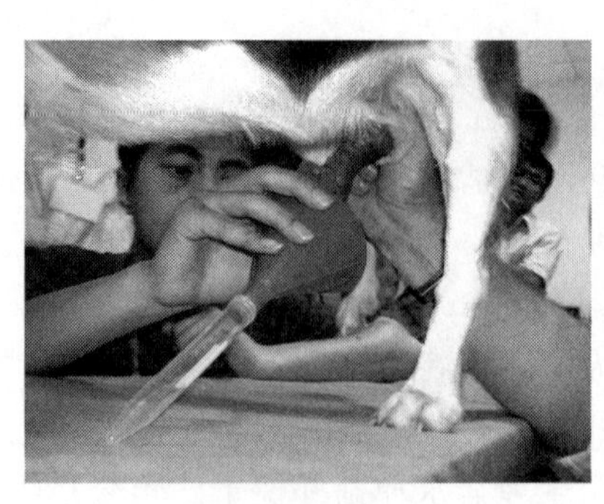
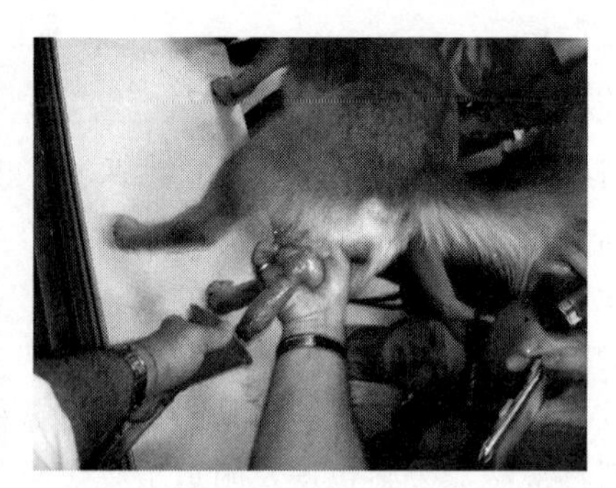
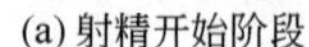

(a) 射精开始阶段　　(b) 阴茎弯曲180°后

图 1-9　公犬的手握法采精

刻捏住泄殖腔上缘，轻轻挤压，则公鸡立刻射精，右手迅速用集精管接取精液。

采集到的精液置于 20～30℃的保温瓶内以备输精。

4. 电刺激法采精

电刺激法采精是通过特定电流刺激雄性动物引起其射精而采集精液的一种方法。电刺激采精器由电子控制器和电极探棒两部分组成。适用于各种动物，一般应用于野生动物采精。

电刺激法采精应先将雄性动物以站立或侧卧姿势保定。保定后，剪去包皮及其周围的被毛，并用生理盐水冲洗拭干，然后将电极探棒经肛门缓慢插入直肠，达到靠近输精管壶腹部的直肠底壁，大家畜插入深度约 20～25cm、羊 10cm、犬 10～15cm、兔 5cm。然后调节电子控制器，选择好频率，接通电源。调节电压时，由低开始，按一定时间通电及间歇，逐步增大刺激强度和电压，直至雄性动物伸出阴茎，勃起射精，将精液收集于附有保温装置的集精瓶内。

二、采精前准备

能否正常采集到合格的雄性动物精液，很大程度上取决于采精前的准备工作是否充分。认真做好采精前的准备，正确掌握采精技术，合理安排采精频率，是保证采集到大量优质精液的前提。采精的基本要求是必须确保种雄性动物、采精人员的安全，采集的精液不能受到任何生物和化学污染，能够收集到种雄性动物全部或浓份精液。

采精前准备包括场地、台畜、器械与假阴道、雄性动物、人员的准备诸方面。

1. 场地的准备

采精要有固定的场地和环境，以便雄性动物建立起巩固的条件反射，同时也是确保人畜安全和防止精液污染的基本条件。采精场地应宽敞、平坦、安静、清洁，有供雌性动物保定的采精架或供雄性动物爬跨的台畜。

2. 台畜的准备

采精用的台畜有真、假两种。真台畜是指使用与雄性动物同种的雌性动物、阉畜或另一头雄性动物作台畜。真台畜应健康、体壮、大小适中、性情温顺；选发情的雌性动物比较理想，经过训练的雄性动物也可作台畜。台畜在使用前应清洗、消毒后躯，并系好尾巴。

假台畜即采精台，是模拟雌性动物体型高低大小，选用金属材料或木料做成的一个具有一定支撑力的支架，然后在其表面包裹一层畜皮或麻袋等弹性柔软物（图 1-10、图 1-11）。如假台猪高 55cm、宽 24cm、长 126cm。台畜采精前应清洗、消毒，防止污染精液。

图 1-10　采精用假台猪

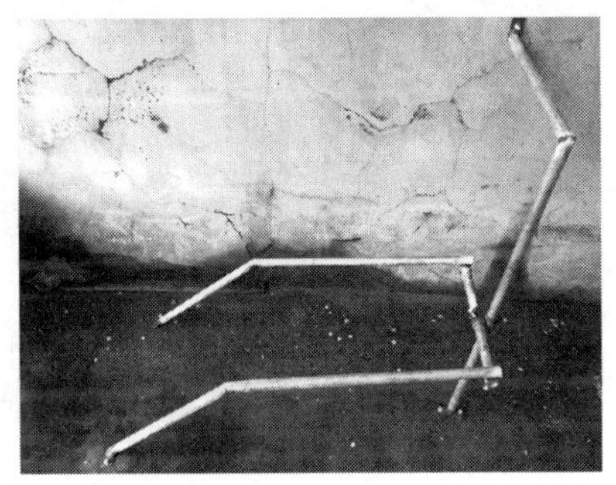

图 1-11　牛、羊采精时的台畜保定架

3. 器械与假阴道的准备

采精所需要的收集、处理、保存器械要事先准备好，力求洁净、无菌、干燥，在使用之前要严格消毒，每次使用后必须洗刷干净。

假阴道是能模拟雌性动物阴道环境如温度、压力、润滑度等而设计的一种采精工具，各种动物的假阴道虽然外形、大小有所差异，但其结构基本一致，由外胎、内胎、集精杯、活塞（气嘴）、固定胶圈等组成（图 1-12），假阴道外胎长度牛 29cm、羊 19cm、兔 7cm。

假阴道要求能收集雄性动物一次射出的全部精液，不影响精液质量，不损伤雄性动物生殖器官和性功能，结构简单、使用方便。

假阴道经安装、清洗、检查不漏气、消毒、风干后，通过注温水、调压、润滑、调温后就可使用。准备好的假阴道应具备下列条件：

（1）无破损漏洞　假阴道不得漏水或漏气。

（2）无菌　凡接触精液的部分均须消毒，并无消毒物残留。

（3）温度适宜　采精时假阴道内腔温度应保持在 38～40℃，集精杯也应保持在 34～35℃。

（4）润滑度适当　采精前应对假阴道前段 1/3～1/2 处到外口周围用玻璃棒蘸取少许无菌的凡士林、红霉素软膏等润滑剂涂抹，但涂布不可过长、过多。

（5）适当的压力　采精前用双链球连接假阴道充气嘴对假阴道充气，调节假阴道内胎的压力，以假阴道入口处内胎呈“Y”形为佳（图 1-13）。公牛（羊）对温度更敏感，而公马

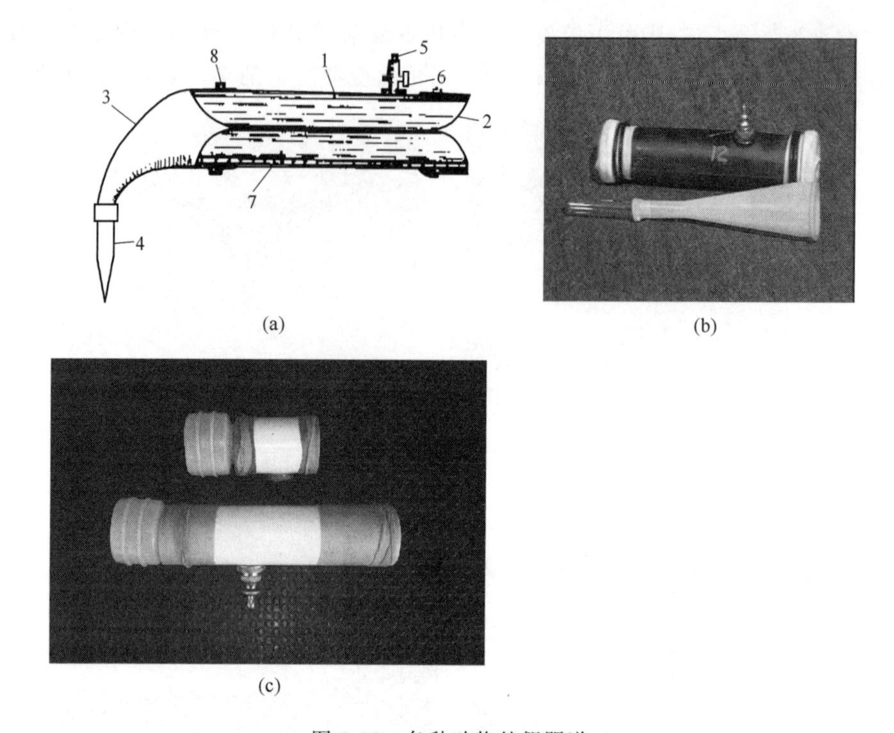

(a) (b)

(c)

图 1-12　各种动物的假阴道

(a) 牛的假阴道模型；(b) 牛的假阴道；(c) 兔、羊的假阴道

1—外胎；2—内胎；3—橡胶漏斗；4—集精管（杯）；5—气嘴；6—注水孔；7—温水；8—固定胶圈

图 1-13　调试的羊假阴道

(驴）对压力比温度更敏感。

4. 雄性动物的准备

(1）雄性动物性成熟与初次采精时间　性成熟是指雄性动物性器官、性功能发育成熟，并具有受精能力的时期。雄性动物性成熟的时间：牛 10～18 月龄，马 18～24 月龄，猪3～6 月龄，羊 5～8 月龄，家兔 3～4 月龄。

初次采精时间（适配年龄）是指雄性动物生长发育基本完成，各种器官组织都已发育完善，是配种的最佳时期。雄性动物适配年龄一般根据品种、个体发育情况，在性成熟基础上延迟数日（兔)、数月（猪、羊）甚至1 年（牛、马)。

（2）雄性动物的调教 利用假台畜采精，要事先对种雄性动物进行调教，使其建立条件反射。调教的方法有如下几种：

① 外激素法。在假台畜的后躯涂抹发情雌性动物的阴道黏液或尿液，雄性动物则会受到刺激而引起性兴奋并爬跨假台畜，经过几次采精后即可调教成功。

② 诱情法。在假台畜旁边牵一头发情雌性动物，诱使雄性动物爬跨，但不让交配而把其拉下，反复多次，待雄性动物性冲动达到高峰时，迅速牵走雌性动物，令其爬跨假台畜采精。

③ 旁观法。将待调教的雄性动物拴系在假台畜附近，让其目睹另一头已调教好的雄性动物爬跨假台畜，然后再诱其爬跨。

④ 种雄性动物调教时应注意的问题。调教过程中，要反复进行训练，耐心诱导，切勿施用强迫、恐吓、抽打等不良刺激，以防止其性抑制而给调教造成困难；调教时应注意雄性动物外生殖器的清洁卫生；最好选择在早上精力充沛、性欲旺盛的时间调教；调教时间、地点要固定，每次调教时间不宜长；注意调教环境的安静。

（3）采精前种雄性动物的准备 为提高雄性动物射精的精液数量和质量，雄性动物采精前应做好体表的清洁、消毒和诱情（性准备）工作。

采精前应先擦拭雄性动物下腹部，用0.1%高锰酸钾溶液等洗净其包皮外并抹干，再用生理盐水清洗包皮腔内积尿和其他残留物并抹干。

在采精前，需以不同的诱情方法使雄性动物有充分的性兴奋和性欲，一般采取让雄性动物在台畜附近停留片刻，进行2～3次假爬跨。

5. 人员的准备

采精员应具有熟练的技术；采精前应剪短指甲，并戴上一次性手套；采精时应穿紧身工作服与长筒靴，并注意人畜的安全。

三、采精频率

采精频率是指每周对雄性动物的采精次数。合理安排采精频率，是保持雄性动物健康体况和正常生殖功能，最大限度地采集雄性动物精液的保证。

采精频率应根据雄性动物的生精能力、精子在附睾的贮存量、每次射精的精子数、季节及雄性动物体况等具体情况来确定。如果采精过度不仅会降低精液品质，而且会造成雄性动物生殖功能降低、甚至缩短使用年限的不良后果。

有人研究过公犬不同间隔时间采精所得精子的差别：间隔2d的精子数约3亿；间隔3d约3.7亿；间隔4d约4.8亿；间隔6d约5.3亿；间隔10d以上约6亿。可见，采精间隔天数越多，所采得的精子数也越多。

一般雄性动物每周采精2次。公羊繁殖季节短，射精量少且附睾贮存量大，可以每周采精3d，每天可采2次；公鸡一般隔天采精1次，必要时可连采3～5d，休息1d，但要注意精液品质的变化和公鸡的健康状况；在规模化猪场，有的实施21d批次化生产，而猪精液的长期保存技术不成熟，在批次生产间隔期间，也要一周采精一次，但采集的精液不收集，以避免间隔时间过长，影响精液质量。

单元二 精液品质检查

精液品质检查的目的是鉴定精液质量的优劣，作为精液处理的依据。同时也是评价雄性动物饲养管理水平，种用价值和精液处理、保存效果的依据。为客观、准确地评价精液品质，检查时应避光、恒温、动作迅速、取样有代表性。

一、精液品质的外观检查

(1) 射精量 可从刻度集精管（瓶）上读出，也可用量筒测量。猪、马精液应滤去胶状物后计量。各种动物的射精量都有一定范围（表 1-2)，如果射精量过多或过少都要及时查明原因，采取相应措施。如过多可能是由于副性腺炎症或其他异物（如尿液、假阴道漏水）的混入；过少可能是采精技术不良或生殖器官功能减退等。

表 1-2 各种动物的射精量 单位：mL

畜别	牛	羊	猪	犬	马	驴
正常射精量	5～10	0.8～1.2	150～300	1.5～10	40～70	50～80

(2) 色泽 精液一般为乳白色，精子密度越大，精液颜色越深。牛、羊的精液密度大呈乳白或乳黄色，猪、马、犬精液较稀呈淡乳白或灰白色。精液色泽异常，应立即查明原因及时治疗。如精液呈淡黄色可能混有脓汁或尿液；精液呈红色可能生殖道有出血；精液呈水样可能睾丸或附睾病变。

(3) 气味 正常精液略带腥味。如有异味，可能混有尿液、脓汁等异物，应废弃。

(4) pH 附睾内精液为弱酸性，而副性腺液为弱碱性，因此射精后精液 pH 接近中性，各种动物精液的 pH 值都有一定的范围，见表 1-3。

表 1-3 各种动物精液 pH 值范围

畜别	牛	山羊	猪	绵羊	犬	兔
pH 值范围	6.7(6.4～7.4)	6.8(6.4～7.1)	7.5(7.3～7.9)	6.5(6.0～7.5)	6.7～6.8	6.8～7.8

(5) 云雾状 牛、羊的原精液密度大、活力强，放在玻璃容器中观察，精液呈上下翻滚状态，像云雾一样，称为云雾状。

二、精液品质的显微镜检查

精液品质显微镜检查的内容主要包括精子活力、密度、畸形率等。

1. 精子活力检查

精子活力是指在 37℃条件下，精液中做直线前进运动的精子占总精子数的百分比。一般以“0～1.0 的十级评分法”评定，如精液中有 80%的精子呈直线运动，精子活力计为 0.8。检查时要多观察几个视野，取其平均值。一般精液处理每个阶段如采精后、精液稀释后、降温平衡后、冷冻后、解冻输精前都要检查精子活力，以便及时了解精液处理后的效果。牛、羊的原精液密度大，为观察方便，可先用稀释液或生理盐水适当稀释后检查。

一般原精液活力应在 0.7 以上，液态保存后精液活力应在 0.6 以上，冷冻精液解冻后活力应在 0.35 以上。精子活力的评定方法有估测法、死活染色法等。

(1) 估测法（平板压片法） 取一滴精液于载玻片上，盖上盖玻片，在显微镜下放大 200～400 倍对精液样品进行主观估测。如采用投影显微镜观察精子运动图像，几个人同时评定，则有利于提高结果的准确性。

精子活力与环境温度有关，故进行精液活力估测时，应在37℃左右的显微镜恒温载物台上或保温箱条件下评定（图1-14）。

图1-14　恒温显微镜

(2) 死活染色法　这是利用活精子细胞膜功能完整，某些染料（如伊红、刚果红）分子不易进入而不被着色；而死精子因细胞膜渗透性增加而易被着色这一特性，来区分死、活精子并计算死、活精子比例。

方法：用稀释液分别配制成5%伊红和10%苯胺黑溶液；在载玻片上相邻处分别滴一滴伊红和苯胺黑；将一滴精液滴入伊红溶液中并混匀，再与苯胺黑溶液混匀并迅速制成抹片干燥镜检；死精子着粉红色，活精子不着色；计数500个精子中活精子所占比例即精子活力。整个染色过程温度应保持在37℃左右。

2. 精子密度检查

精子密度是指单位体积内（1mL）精液所含有精子的数目，一般用万个/mL或亿个/mL表示。

正常原精液的精子密度：羊20亿～30亿个/mL；牛10亿～15亿个/mL；猪、马2亿～3亿个/mL。检查方法有估测法、光电比色法、计数法等，目前主要采用光电比色法。

(1) 估测法　估测法通常结合精子活力检查进行，根据显微镜下精子密度的大致情况把精液分为稠密、中等、稀少三个等级。一般以精子之间看不清间隙为稠密，精子之间间隙可容纳一个精子宽度为中等，精子之间间隙大于一个精子宽度为稀少，其评定结果主观性强，误差大；同时对不同动物应根据其精液密度范围采用不同的评定标准，见表1-4。

表1-4　各种动物精液密度估测标准　　单位：亿个/mL

密度	羊	牛	猪、马、犬
稠密	>25	>10	>2
中等	20～25	8～10	1～2
稀少	<20	<8	<1

(2) 光电比色法（密度仪测定）　其原理是特定波长（如523nm、540nm）的光柱通过某一悬浮液时，由于液体中颗粒的数量、大小、形状以及通透性的不同，这一悬浮液对光的吸收、折射或穿透也不同。如果每个样品中的颗粒大小和形状都一样，那么溶液的透光率变

化就取决于颗粒物质的浓度，即精液密度越大，透光率越低（图 1-15）。

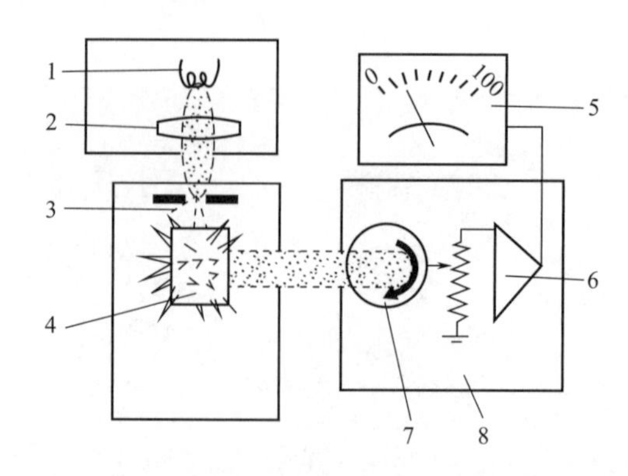

图 1-15 光电比色法测定精液密度原理

1—光源；2—透镜；3—聚光孔；4—样本；5—电流表；
6—放大器；7—光电管；8—基准控制

在使用光电比色法测定之前，应先用计数法测定精液样品中的精子数，再做系列等比例稀释；将分光光度计光线调到 540nm 波长，测定标准精液样品不同比例稀释后的透光率，建立标准曲线。再对被测样品用每升含 5mL 10％甲醛的 2.9％柠檬酸钠液做 1∶(10～100) 倍稀释，用调整好的分光光度计测定样品的透光度，再与标准曲线比较或查对精子密度表，确定样品的精子密度。测定马、猪精液时，应先滤去精液中的胶状物，以免影响透光率。

这种方法测定结果快速、准确。目前多采用已设定波长和标准曲线的精子密度仪测定并读取数据（密度）（图 1-16）。

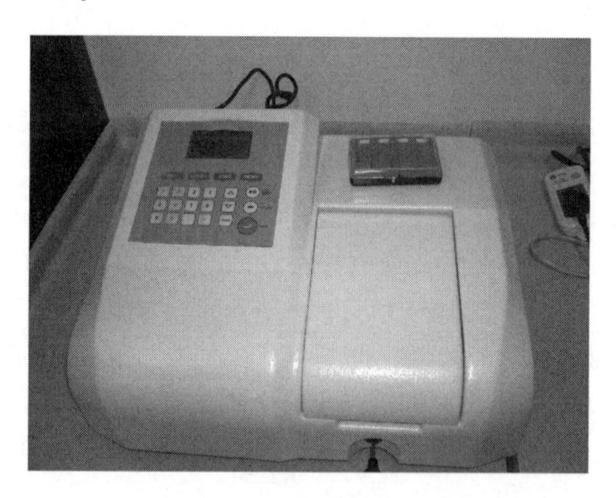

图 1-16 AP-2000 精子密度仪

(3) 计数法 用血细胞计数法定期对雄性动物的精液进行检查，可较准确地测定精子密度，但较费时。

① 计数板结构。一块计数板有两个计数室，计数室长宽各 1mm，高 0.1mm，体积 0.1mm^3；计数室由双线或三线组成有 25 个（5×5）中方格；每个中方格内有 16 个（4×4）小方格，共计 400 个小方格（图 1-17）。

② 操作步骤

a. 精液稀释。计数前精液要先用 3％ NaCl 溶液进行稀释，杀死精子。牛、羊原精液稀释 100～200 倍，猪、马原精液稀释 10～20 倍。稀释时，取 10μL、100μL、1000μL 的微量

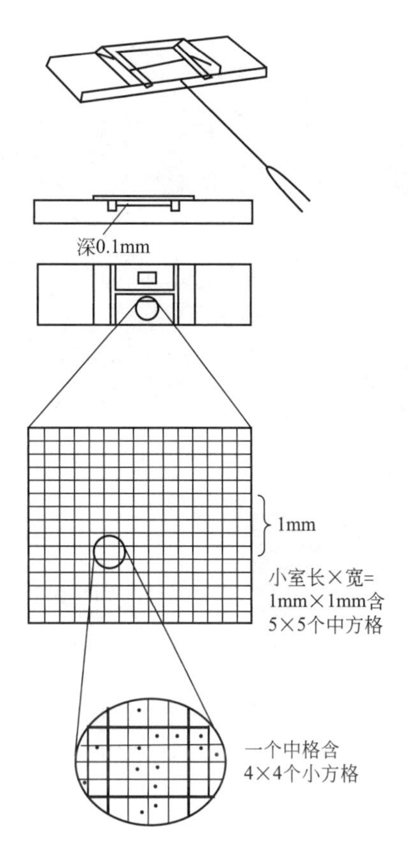

图 1-17 计数板结构

移液器各一个，在小试管中进行不同倍数的稀释。如牛精液稀释 100 倍，即取 1000μL 稀释液弃去 10μL 后，再加入 10μL 原精液即可（表 1-5）。

表 1-5 各种动物精液用移液器稀释的方法

畜种	牛	羊	猪	马
稀释倍数	100	200	20	20
原精液/μL	10	10	100	100
3%氯化钠/μL	990	1990	1900	1900

b. 将擦洗干净、干燥的计数板水平置于显微镜载物台上并盖上血盖片。先用 10 倍接物镜找到计数室；再转到 40 倍接物镜找到中方格并调整清晰；用微量移液器吸取 3% NaCl 稀释后精液，在血盖片的边缘注入少许精液，使其渗入计数室中（图 1-18）。

注意不要使精液溢出于血盖片之外，也不可因精液不足而致计数室内有气泡或干燥之处，如果出现上述现象应重新再做。

c. 在放大 400 倍接物镜下选取有代表性的 5 个中方格（对角线上 5 个或 4 个顶点 4 个+正中 1 个）对精子进行计数；计数精子的方法是计头不计尾，计上不计下，计左不计右（图 1-19）。

计数完成后，按下列公式计算精子密度：5 个中方格精子数×5×10×1000×稀释倍数=每毫升精液的精子数。

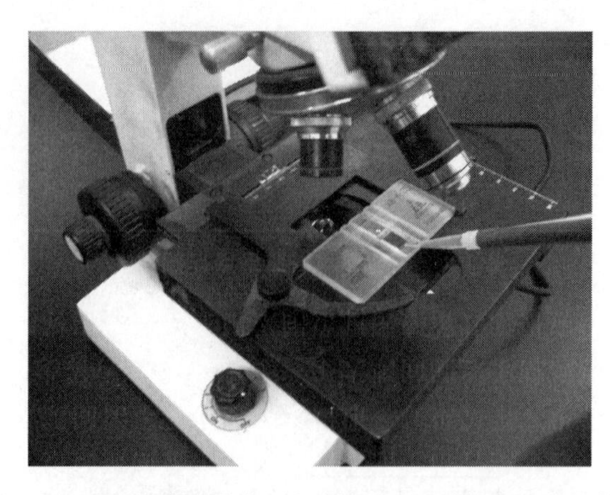

图 1-18　用微量移液器将一小滴精液注入计数室血盖片旁边

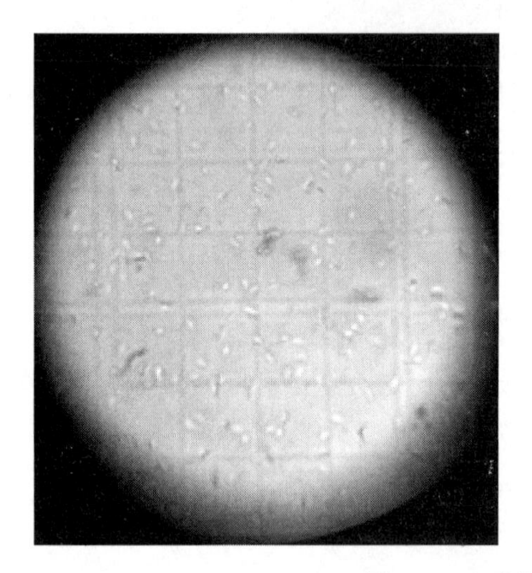

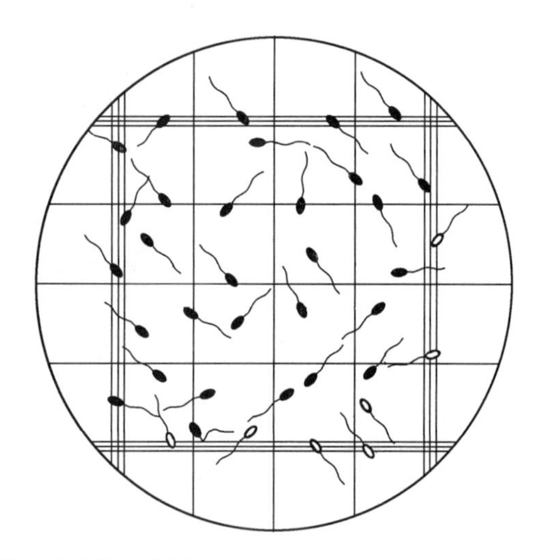

图 1-19　细胞计数板中方格示意图

3. 畸形率检查

畸形率即畸形精子占总精子数的百分率。凡形态和结构不正常的精子都属畸形精子。畸形精子根据发生的部位，可分为头部、颈部、中段、尾部畸形几类（图 1-20）。

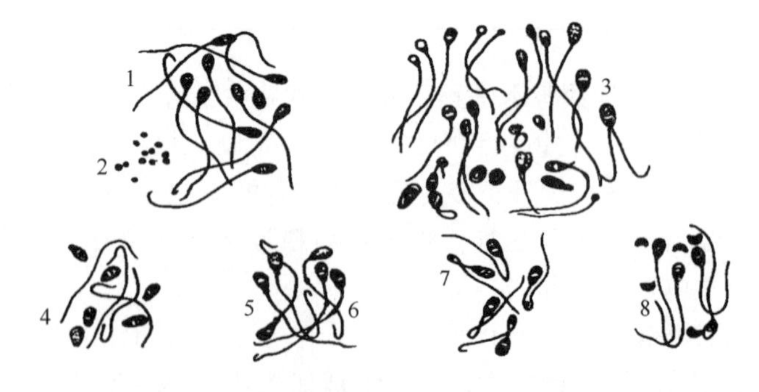

图 1-20　正常精子与各种类型的畸形精子

1—正常精子；2—游离原生质滴；3—各种畸形精子；4—头部脱落；5—附有原生质小滴；6—附有远侧原生质小滴；7—尾部扭曲；8—顶体脱落

头部畸形：如头部巨大、瘦小、细长、缺损、双头等。

颈部畸形：如颈部断裂、双颈、曲折、膨大等。

中段畸形：如带有原生质滴、膨大、弯曲等。

尾部畸形：如弯曲、回旋、曲折、双尾等。

各种动物精子畸形率限值：牛、猪不超过18%；水牛15%、羊14%、马12%、犬20%。如畸形精子超过20%，则视为精液品质不良，不能用于输精。

精子畸形率检查可用普通染色液（如1%亚甲蓝）或蓝黑墨水染色检查。检查时，先在载玻片一端滴少许精液做成抹片，干燥后用10%甲醛或95%酒精固定3～5min，再用染色液染色3～5min，水洗干燥后，在400倍显微镜下观察计数200个精子，计算畸形精子占总精子数的百分率。

目前多采用Diff-Quik（ABC）染色法染色。少许精子做成抹片、干燥后，依次在A染色液浸染10～20s甩干、在B染色液浸染10～20s甩干、在C染色液浸染5～10s并干燥后，即可用显微镜检查。

原精液畸形率检查，染色前要用0.9% NaCl适当稀释，一般牛10倍、羊20倍、猪2倍稀释。

知识拓展 **精液品质其他检查方法**

1. 顶体异常率检查

顶体异常率即顶体异常精子占总精子数的百分率。顶体在精子受精过程中起着重要的作用。因它能释放蛋白质分解酶消化卵丘细胞之间的黏合基质，使精子能够通过卵的被膜进行受精。如果精子顶体畸形，可导致受精率降低或者不受精。研究表明，顶体完整率和不返情率之间的相关性比精子存活率与不返情率之间的相关性更强。因而，检查精子顶体完整率很重要。

精子老化或损伤，会引起顶体帽破坏，先是顶体嵴部分变化，最后整个顶体消失。精子顶体异常有膨胀、缺损、脱落等（图1-21）。正常精液的精子顶体异常率，

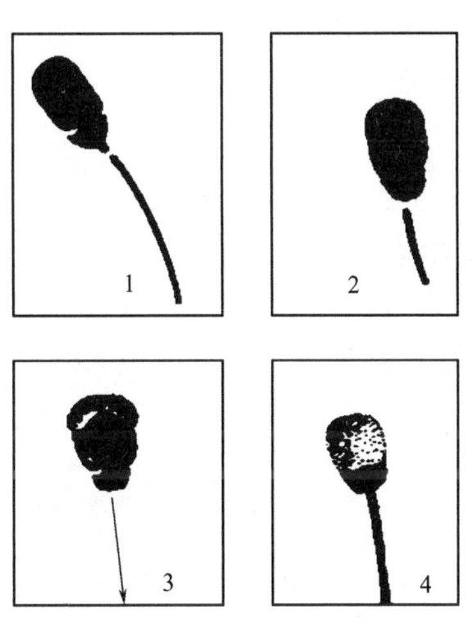

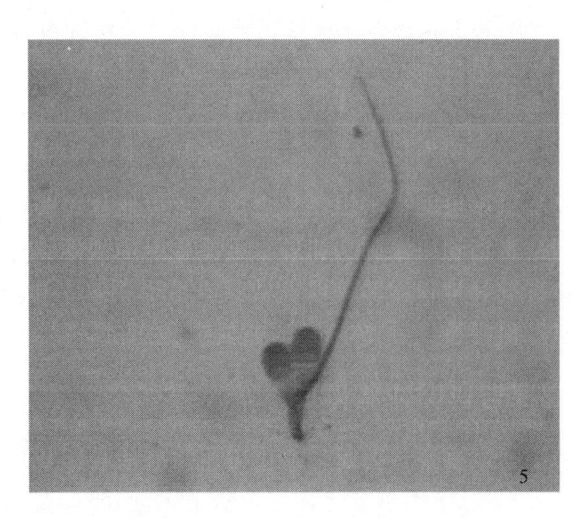

图1-21 精子顶体异常

1—正常顶体；2—顶体膨胀；3—顶体部分脱落；4—顶体全部脱落；5—双头精子顶体染色结果

牛平均为5.9%、猪4.3%，精子经冷冻后顶体异常率会明显增加，如牛精液冷冻后顶体异常率会上升至35%～40%。如果原精液顶体异常率超过14%，受精力就明显下降。

精子顶体检查的方法是先把精液制成抹片，干燥后用95%酒精或中性福尔马林固定15min，水洗干燥后用吉姆萨染色1.5～2h，再水洗干燥后，用树脂封装放在1000倍显微镜下观察，计数500个精子，计算顶体异常精子占总精子数的百分率。此外，精子顶体也可用电子显微镜、微分干涉显微镜、相差显微镜观察。

2. 精子生存时间和生存指数检查

精子的生存时间是指精子在一定条件下的总生存时间；而生存指数是指精子的平均生存时间，表示精子活力下降的速度。两项指标都与受精率有关，更是评定精液保存效果的常用方法。

方法：将不同稀释液稀释并经活力检查后的精液（可分成若干等份）置于一定条件下保存，每隔一定时间取样检查精子活力，直至无活动精子为止。

开始检查至最后两次检查的平均间隔时间即精子的生存时间。每相邻两次检查精子平均活力与其间隔时间的乘积相加的总和即为生存指数。精子生存时间越长，生存指数越大，说明精子的保存效果越好。

3. 精液的微生物学检查

精液中微生物的来源与雄性动物生殖器官疾病和采精操作是否规范密切相关。精液中存在大量微生物不仅会影响精子寿命、降低受精能力，而且还将导致有关疾病传播。因此，有必要对精液进行微生物学检查。

检查方法按常规微生物操作规程进行。我国牛精液中细菌数检查通常采用平板培养法，操作步骤如下：

① 用灭菌生理盐水将精液稀释成1∶10、1∶100、1∶1000、1∶10000；

② 分别用灭菌吸管吸取各稀释倍数精液0.2mL，分别注入各血清琼脂培养皿内；

③ 将培养皿置于37℃恒温箱培养24h；

④ 取出各培养皿检查，计算每毫升精液内的菌落数（细菌数）。

根据2008年发布的我国牛冷冻精液国家标准（GB 4143—2008）规定，解冻后牛精液中应无病原微生物，细菌菌落数不超过800个/mL。

知识链接　　精液的组成与精子形态结构

精液由精子和精清组成。精清主要来自雄性动物副性腺的分泌物，此外还有少量的睾丸液和附睾液。精液中精清占大部分，如牛精液中精清占90%、绵羊85%、猪95%、马98%。

1. 精清的主要化学成分

精清的主要化学成分包括糖类、有机酸、蛋白质、氨基酸、酶类、脂类、维生素和其他有机成分、无机离子等。

（1）糖类　糖类是精清中的重要成分，是精子代谢的能量来源。主要有果糖、山梨醇、唾液酸等。果糖主要来自精囊腺，精液中牛含530mg/100mL、羊250mg/100mL、猪1300mg/100mL、马2mg/100mL。

(2) 有机酸 哺乳动物精清中含有多种有机酸，主要有柠檬酸、抗坏血酸、乳酸、前列腺素等，对维持精液正常的 pH 值和刺激雌性生殖道平滑肌收缩有重要作用。其中，柠檬酸主要来自精囊腺，精液中牛含 720mg/100mL、猪 141mg/100mL、马 50mg/100mL，可防止或延缓精液凝固。前列腺素主要来自精囊腺，绵羊、山羊精清中含量较高。抗坏血酸与受精能力有关。

(3) 脂类 精清中的脂类物质主要是磷脂，来自前列腺。其中，卵磷脂对延长精子寿命和抗低温打击有一定作用；甘油磷酸胆碱来自附睾，精液中绵羊含 1650mg/100mL、牛 350mg/100mL、马 86mg/100mL，在雌性动物生殖道内能转化为磷酸甘油被精子利用。

(4) 无机离子 精清中的无机离子主要有 Na^{+}、K^{+}、Mg^{2+}、Cl^{-}、PO_4^{3-} 和 HCO_3^{-} 等，对维持渗透压和 pH 值有重要作用。

2. 精子的形态和结构

精子是一种高度分化的单倍体雄性生殖细胞，具有独特的形态结构、代谢过程以及运动能力。各种动物精子的形状、大小与内部结构大体相似，主要由头部、颈部和尾部组成（图 1-22）。

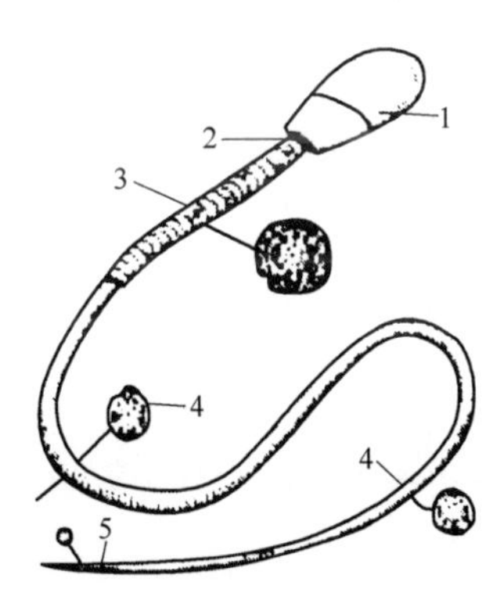

图 1-22 牛精子的形态及结构（引自 E. S. E. Hafez&B. Hafez，2000）
1—头部；2—颈部；3—中段及其横断面；4—主段及其横断面；5—末段及其横断面

(1) 头部 家畜精子的头部呈扁卵圆形，主要由核构成，其中含有 DNA 和核蛋白。精子核前端 2/3 的部分由顶体覆盖，顶体内含多种与受精有关的水解酶。精子的顶体结构不稳定，易从头部脱落或出现异常，是评定精子品质的重要指标之一。禽类精子的头部与家畜精子相比更细长（图 1-23）。

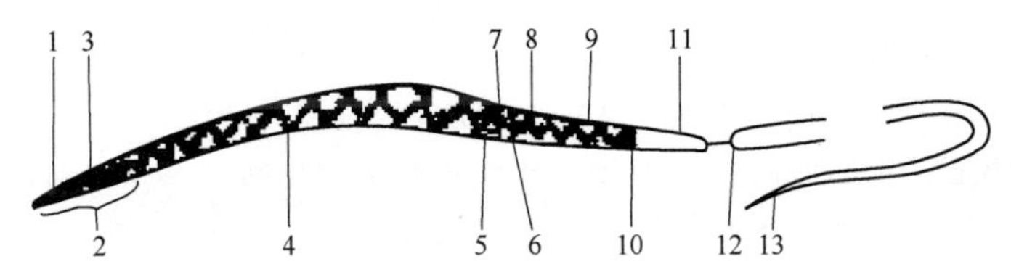

图 1-23 鸡的精子
1—顶冠；2—顶体；3—顶突；4—头部；5—近端心粒；6—前远端中心粒；7—颈部；8—中级螺旋体；9—中段膜；10—后远端中心粒；11—尾部；12—轴丝部；13—尾端

（2）颈部　很短，是连接精子头部和尾部的部分，由近端中心小体、基粒、粗纤维组成。是精子最脆弱的部分，外界环境不适合易造成颈部畸形。

（3）尾部　是精子的运动和代谢器官，是精子最长的部分，分为中段、主段、末段三部分。中段是尾部的粗大部分，由轴丝、致密纤维和线粒体鞘组成，线粒体鞘内含有与精子代谢有关的酶和能源，是精子的能量代谢中心；主段是精子尾部最长部分，主要结构为轴丝，轴丝外周由9条粗纤维包绕，并由纤维鞘包裹，最外层为质膜；末段很短。

3. 精子的运动形式

精子的运动能力，是在通过附睾管过程中逐渐获得的，在射精过程中与副性腺分泌物混合后受到刺激才开始运动。精子的运动与其代谢有关，并受温度的影响。精子的运动依赖于精子尾部的摆动，在显微镜下可见到以下三种运动形式。

直线前进运动：精子按直线方向前进运动，是正常精子在适宜条件下的运动。这样的精子能运行到输卵管的壶腹部与卵子完成受精过程，是有效精子的运动。

旋转运动：精子围绕点做转圈运动，最终导致精子衰竭，是无效精子的运动。

摆动运动：精子在原地做微弱摆动，不发生位移，这种精子没有受精能力。

精子的运动速度与环境温度有关，精子在37℃环境中每秒前进的速度比低于37℃环境中的速度快；精子的运动速率也受精子密度和精液黏度的影响。

技能训练一　假阴道的安装和调试

【目的和要求】

认识牛、羊的假阴道，知道假阴道采精的原理与要求，能独立完成假阴道的安装和调试过程。

【主要仪器及材料】

牛、羊假阴道内胎、外胎，集精杯（管），气嘴，保护圈，乳胶三角漏斗（牛），长柄镊子，玻璃棒，漏斗，双连球，75%酒精棉球，凡士林，温水，温度计，试管等。

【技能训练内容】

1. 牛、羊假阴道的认识

（1）牛的假阴道　有法式和苏式两种，外胎多为黑色硬橡胶或塑料制成的圆筒，中部有注水孔塞并有带气嘴的密封塞，可由此注水和充气。内胎是优质橡胶制成的长筒，外翻装于外胎上。后端接双层的集精杯（苏式）或乳胶三角漏斗与集精管（法式）。

（2）羊的假阴道　羊的假阴道形态与牛的苏式假阴道相同，但较短而细。集精杯是由塑料外壳与锥形集精管通过塑料盖旋紧形成的双层结构。

2. 假阴道的安装与测试

（1）安装　安装前，要仔细检查内胎及外胎是否有裂口、破损、沙眼等，将内胎的粗糙面朝外，光滑面向里放入假阴道外胎内。用内卷法和外翻法把内胎套在外胎上，要求松紧适度、不扭曲。

(2) 测试 将双连球连接假阴道外胎气嘴并充气，关闭气嘴后静置，观察内胎是否漏气。如果不漏气，则可用于采精。

3. 假阴道清洗、消毒

① 安装好的假阴道或采精后的假阴道，要及时清洗并消毒。

② 假阴道的清洗，要先用含洗涤剂的热水彻底清洗后，再用洁净的热水清洗，洗去洗涤剂，晾干备用。

③ 假阴道的消毒，采精前，要用长柄镊子夹取75%酒精棉球由内向外清毒假阴道内胎，挥发后备用；温度计酒精消毒；其他玻璃棒、集精管等玻璃器件干燥消毒。

4. 假阴道的调试

(1) 注水 由注水孔向外胎与内胎间注入50～60℃左右的温水，水量以外胎与内胎体积的2/3为限，注水完毕后塞好胶塞并关闭气嘴。

(2) 涂抹润滑剂 用玻璃棒蘸取少许无菌凡士林由内向外在内胎上均匀涂抹，深度为外胎长度的1/2左右。

(3) 调压 用双连球连接假阴道气嘴并充气调压，使假阴道入口处内胎呈“Y”字形。

(4) 测温 将温度计伸入假阴道中间部位，测量假阴道内胎温度。如低于40℃，则往注水孔加注热水；如高于42℃，则加注冷水，直到假阴道内胎温度达到40～42℃为止。

调试结束后，在假阴道的入口端以消毒纱布盖好，放入保温箱内备用。

【作业】

1. 假阴道的准备包括哪些步骤？
2. 调试好的假阴道应具备哪几个条件？

技能训练二　羊的假阴道采精

【目的和要求】

知道羊假阴道采精的原理与要求，了解采精前的准备，能完成羊假阴道采精操作。

【主要仪器及材料】

公羊、台羊；羊假阴道、集精杯、长柄镊子、玻璃棒、漏斗、双连球、75%酒精棉球、凡士林、温水、温度计等。

【技能训练内容】

1. 采精前准备

(1) 采精场地准备 采精场地应选平坦、宽敞、无灰尘的地方。采精前应洒水防尘。

(2) 采精员的准备 采精员要穿好工作服，剪短手指甲，套上乳胶手套。

(3) 台羊准备 台羊应清洗后躯，在采精架内保定。

(4) 公羊的准备 公羊的腹下与阴茎包皮要清洗、擦干；采精前要有一短暂的性准备阶段，最好让公羊空爬一次，以提高精液质量。

(5) 假阴道准备 采精前调试好假阴道的温度、压力、润滑度，内胎应为40～42℃。

2. 采精

① 采精员右手持假阴道，蹲守在台羊右侧。

② 待公羊爬跨台羊后，迅速接近台羊，右手握调试好的假阴道置于台羊臀部；左手托住公羊阴茎包皮，引导阴茎对准假阴道外口，完成射精。

③ 待公羊阴茎退出后，迅速将假阴道竖放，使精液流入集精瓶。通过工作窗口将集精瓶递入精液处理室。

【作业】

1. 采精前的准备包括哪些方面？
2. 影响公羊采精成败的关键环节是什么？

技能训练三 犬的手握法采精

【目的和要求】

知道犬手握法采精的原理与要求，知道采精前的准备，能完成犬手握法采精操作。

【主要仪器及材料】

公犬；采精台、专用精液收集管、抹布、温水等。

【技能训练内容】

1. 采精前准备

① 采精场地应选平坦、宽敞、无灰尘的地方。采精前应洒水防尘。

② 准备好采精台、专用精液收集管。

③ 采精前，让公犬站立在采精台上，由助手保定头部，剪短公犬阴茎周边犬毛，用温水清洁公犬下腹部。

④ 采精员要穿好工作服，剪短手指甲，套上乳胶手套。

2. 采精

① 采精时用右手拇指和食指握住公犬的阴茎小球体后部，阻断静脉回流；当阴茎开始勃起时，迅速用左手食指把包皮推到阴茎小球体后，并用右手中指钩住，避免包皮卡住勃起的阴茎小球体。

② 左手持精液收集管，当公犬开始射精后，收集第二段浓份精液。当完成第二段射精后，一般公犬会抬起左侧后肢，这时采精员可顺势将公犬阴茎弯曲 180°后，继续收集部分浓份精液。

③ 采精完成后，通过工作窗口将精液收集管递入精液处理室。

【作业】

1. 犬的手握法采精应握住犬阴茎的什么部位？
2. 怎么判断犬进入第二阶段射精，并开始收集精液？

技能训练四 猪的手握法采精

【目的和要求】

知道猪手握法采精的原理与要求，知道采精前的准备，能完成猪手握法采精操作。

【主要仪器及材料】

公猪；假台猪、收集精液保温杯、精液滤布、抹布、温水、生理盐水、灌肠器等。

【技能训练内容】

1. 采精前准备

① 采精场地应选平坦、宽敞、无灰尘的地方。采精前应洒水防尘。

② 对假台猪检查安装是否牢固，做好表面清洁、消毒工作。

③ 在收集精液保温杯口覆盖精液滤布，并使中央略下凹，再用橡皮筋在杯口扎牢固。

④ 采精员要穿好工作服，剪短手指甲，套上乳胶手套，蹲在台猪的右侧，等待公猪爬跨假台猪。

2. 采精

① 采精时，助手驱赶公猪至假台猪旁，诱使公猪爬跨假台猪。

② 当公猪爬跨台猪前，先用温水洗涤公猪下腹部并擦干，再用灌肠器抽吸生理盐水冲洗阴茎包皮憩室并擦干。

③ 当公猪阴茎伸出后，将左手掌握成空拳，将阴茎导入其中，再由松到紧逐渐握住阴茎，不让其滑脱，并用手掌有节律地一松一紧弹性刺激，直至射精。

④ 另一手持盖有过滤布的保温集精杯收集富含精液的部分。

⑤ 采精完成后，通过工作窗口将保温集精杯递入精液处理室。

【作业】

1. 猪的手握法采精应握住公猪阴茎的什么部位？

2. 在公猪采精、收集精液时，要注意什么？

技能训练五　精液品质的感官检查及精子活力检查

【目的和要求】

了解不同活力精液的状态，同时提供原精液、液态保存后精液或冷冻精液进行精子活力检查。通过比较原精液、液态保存后精液或冷冻精液的活力差异，了解不同保存方法对精液活力的影响。

【主要仪器及材料】

(1) 精液　选用牛、羊、猪任意一种动物的新鲜精液、液态保存后精液或冷冻精液。

(2) 药械用品　恒温显微镜（或显微镜及保温箱）、载玻片、盖玻片、搪瓷盘、温度计、滴管、擦镜纸、量筒或刻度试管；0.9%氯化钠溶液。

【技能训练内容】

1. 精液的感官检查

观察测定下列各项结果并进行记载。

(1) 测定射精量　将采得的精液倒入有刻度的试管或量筒中，测量其含量。各动物的射精量平均为：牛 7(5～10)mL、羊 1.0(0.8～1.2)mL、猪 250(150～300)mL。

(2) 色泽、气味观察　观察精液的色泽并嗅闻气味。

(3) 云雾状观察　观察牛、羊精液翻腾滚动的云雾状态，并记录明显程度。

2. 精子活力的估测

① 精子活力的估测必须在37℃恒温显微镜下评定。

② 评定精液活力时，用玻璃棒蘸取 1 滴精液（牛、羊原精液的精子密度大，须用 0.9% 氯化钠溶液先稀释），滴在载玻片上，加上盖玻片，其间应充满精液，不使气泡存在，也可滴在盖玻片上翻放于凹玻片的凹窝上，置于显微镜下放大 160～250 倍观察。注意显微镜的载物台须放水平，最好是在暗视野中进行观察。

③ 在显微镜视野中估测直线前进运动精子所占全部精子的百分率，采用“十级制”评分法评定精子的活力，即直线前进运动的精子为 100% 者评定为 1.0 级；90% 者评定为 0.9 级。

④ 记录不同精液活力，比较液态保存后精液或冷冻精液与原精液活力差异。

【作业】

1. 影响精子活力评定结果准确性的因素有哪些？
2. 为什么要在恒温显微镜上评定精子活力？

技能训练六　精子密度的测定

【目的和要求】

了解精液密度测定的原理，掌握精液测定的方法，会用精液密度分光光度计（密度仪）测定精液密度；会测定牛细管冷冻精液有效精子数。

【主要仪器及材料】

（1）精液　选用牛、羊、猪任意一种动物的新鲜精液或冷冻精液。

（2）药械用品　显微镜，精液密度分光光度计（密度仪），10μL、100μL、1000μL 微量移液器，血细胞计数板，计数器，载玻片，血盖片，搪瓷盘，温度计，滴管，擦镜纸；3% 氯化钠溶液、95%酒精、乙醚等。

【技能训练内容】

1. 精子密度估测

取一小滴精液滴在清洁的载玻片上，加上血盖片，使精液分散成均匀一薄层，不得存留气泡，也不能使精液外流或溢于血盖片上，置于显微镜下放大 160～250 倍观察，按下列等级评定其密度（以牛精液为例）。

密——在整个视野中精子密度很大，彼此之间空隙很小，看不清楚各个精子运动的活动情况。精液含精子数约在 10 亿个/mL 以上，登记时记以“密”字。

中——精子之间的空隙明显，精子彼此之间的距离约有一个精子宽度，精子的活动情况可以清楚看到。精液所含精子数约在 8 亿～10 亿个/mL 之间，登记时记以“中”字。

稀——精子分散于视野内，精子之间的空隙超过一个精子的宽度，这种精液所含精子数是在 8 亿个/mL 以下。登记时记以“稀”字。

各种动物精液密度不同，其估测标准也各有不同，要灵活应用。

2. 精子密度计数测定

① 清洗器械。先将血细胞计数板及血盖片用蒸馏水冲洗，使其自然干燥。试管及吸管洗净后须烘干。

② 精液的稀释。计数前，取微量移液器用 3% NaCl 对牛、羊精液做 100 或 200 倍稀释；猪、马、犬原精液，牛细管冻精做 10 或 20 倍稀释。

如羊原精液200倍稀释，先用1000μL微量移液器吸取3% NaCl 2000μL，注入小试管中；再用10μL微量移液器吸出3% NaCl 10μL弃去；再用10μL微量移液器吸取10μL精液注入小试管中。用拇指按住小试管口，振荡使其混合均匀即可。

③ 将计数室盖上血盖片，水平放置于显微镜载物台上。

④ 在显微镜下先用10倍接物镜找到血细胞计算板的计数室，再用40倍接物镜找到计数室中的中方格。

⑤ 稀释后的精液充分混匀后，用微量移液器吸取少量精液，弃去前面几滴，再把一小滴精液注入计数室血盖片旁边，使其自然渗入计数室中；注意不要使精液溢出于血盖片之外，也不可因精液不足而致计数室内有气泡或干燥之处，如果出现上述现象应重新再做。

⑥ 在放大400倍接物镜下选取有代表性的5个中方格（对角线上5个或4个顶点4个+正中1个）对精子进行计数。

⑦ 计数精子的方法是计头不计尾，计上不计下，计左不计右。

⑧ 计数5个中方格精子数后，按下列公式计算精子密度：

5个中方格精子数×5×10×1000×稀释倍数=每毫升精液的精子数。

如是测定牛细管冻精有效精子数，还需考虑精液的剂量与活力。

⑨ 为了减少误差，必须进行两次精子计数，如果前后两次误差大于10%，则应做第三次检查。最后在三次检查中取两次误差不超过10%的求其平均数，即为所确定的精子数。

3. 光电比色法（密度仪）测定法

① 用计数法测定待测精液密度。

② 建立标准曲线。将待测精液用每升含5mL 10%甲醛的2.9%柠檬酸钠液做等比例稀释，用分光光度计调整波长540nm测定各稀释后精液的光密度或透光率，建立标准曲线或公式，并根据标准曲线斜率确定精液的合适稀释比例。

③ 将另一待测精液经一定的合适比例稀释后，用分光光度计测定其光密度或透光率，再根据标准曲线建立的光密度（透光率）与精子密度的关系计算其精液密度。

4. 牛细管冷冻精液有效精子数的测定

（1）评定精子活力 用常规方法随机取一支细管精液解冻后，较准确地评定精子活力。

（2）测定精液量 在同一批冷冻精液中，随机取4支细管精液在60～80℃热水中经数分钟解冻杀死全部精子，剪去两端后混合，准确测定被检细管平均精液量。

（3）测定精液密度 用计数法或分光光度计法测定精液密度（X）。

（4）计算有效精子数 有效精子数=精液密度(X)×精液量×精子活力

【作业】

1. 分光光度计测定精子密度的原理是什么?
2. 简述计数法测定精液密度的步骤。

技能训练七　精子畸形率检查

【目的和要求】

了解动物精子的正常形态与常见的畸形精子形态；了解精子畸形率与精液品质的关系，

掌握畸形精子的分类和分析方法。通过比较原精液与冷冻精液畸形率差异，了解保存对精液品质的影响。

【主要仪器及材料】

（1）精液 选用牛、羊、猪任意一种动物的新鲜精液或冷冻精液。

（2）器械用品 显微镜、载玻片、盖玻片、搪瓷盘、滴管、擦镜纸等。

（3）染色液 96%酒精、1%亚甲蓝染色液或ABC染色液。

（4）畸形精子形态图。

【技能训练内容】

1. 精液抹片

① 以细玻璃棒蘸取精液1滴，滴于载玻片一端，如是牛、羊原精液应先加0.9% NaCl溶液稀释。

② 以另一平滑载玻片的顶端呈35°抵于精液滴上使精液向载玻片两侧渗透，再向另一端拉（推）去，使精液均匀涂抹于2/3左右载玻片上。

③ 抹片于空气中自然干燥。

2. 精液染色

（1）亚甲蓝染色

① 将做好的涂片完全干燥后用96%酒精固定，挥发干燥。

② 用1%亚甲蓝染色液染色3～5min，水洗、干燥后即可镜检。

（2）Diff-Quik染色（ABC染色法）

① 将做好的涂片完全干燥后放入固定液Diff-Quik A液中10～20s。

② 从A液中取出涂片甩干后，直接放入Diff-Quik B液中染色10～20s。

③ 从B液中取出涂片甩干后，再放入Diff-Quik C液中染色5～10s。

④ 取出涂片，自然晾干。

3. 精子畸形率检查

将制好的抹片置于200～400倍显微镜下，检查不同视野约200个精子，计算出其中所含的畸形精子数，按下列公式求出精子畸形率。

$$\text{精子畸形率}=\frac{\text{畸形精子数}}{\text{所检查精子总数}}\times 100\%$$

4. 畸形精子形态的分类

① 头部畸形精子。包括：窄头、头基部狭窄、梨形头、圆头、巨头、小头、头基部过宽、双头、顶部脱落等，以前6种居多。

② 尾部畸形精子。包括：带原生质滴的精子、无头的尾、单卷尾、多重卷尾、环形卷尾、双尾等。

③ 中段畸形精子。包括：颈部肿胀、中段纤丝裸露、中段呈螺旋状、双中段等。

【作业】

1. 指出各种动物精液正常的精子畸形率范围。
2. 精子畸形率检查染色时要注意哪些事项？
3. 绘出所观察到的各类畸形精子并计算精子畸形率。

技能训练八　精子顶体异常检查

【目的和要求】

掌握精液抹片染色技术；能区分正常精子顶体和异常精子顶体形态，计算精子顶体完整率。

【主要仪器及材料】

(1) 精液　选用牛、羊、猪任意一种动物的新鲜精液，最好是顶体异常率较高的冷冻精液。

(2) 药械用品　显微镜、载玻片、盖玻片、搪瓷盘、滴管、烧杯、小瓷盘、染色架、卫生纸（垫在小瓷盘内，以免瓷盘被染色液污染）、玻璃平皿、血球计数器 2 个、镊子、酒精棉球；吉姆萨（Giemsa）原液（预先一个月配好）、固定液等。

(3) 试液的配制

① 磷酸盐缓冲液：

$Na_2HPO_4 \cdot 12H_2O$ 2.2g、$NaH_2PO_4 \cdot 2H_2O$ 0.55g，先用少量蒸馏水溶解，再用蒸馏水定容至 100mL。用 pH 试纸测 pH 值，应为 7.0～7.2。

② 福尔马林磷酸盐固定液：

a. 将 $Na_2HPO_4 \cdot 12H_2O$ 2.25g、$NaH_2PO_4 \cdot 2H_2O$ 0.55g 置于 100mL 容量瓶中，加入 0.89% NaCl 溶液约 30mL，使之溶解。

b. 加入甲醛 $MgCO_3$ 饱和液 8mL。

甲醛 $MgCO_3$ 饱和液配制方法：在 500mL 福尔马林（40%甲醛）中加入 8g $MgCO_3$。此饱和液必须在一周前配好。

c. 用 0.9% NaCl 溶液少许冲洗装过甲醛的量筒置于容量瓶中，并定容至 100mL。配好后，第二天即可使用。一般在室温下保存，pH 值为 7.0～7.2。

③ Giemsa 原液：

Giemsa 染料：1g，甘油：66mL，甲醇：66mL。将 Giemsa 染料置于研钵中，先加入少量温热（60℃）的甘油，充分研磨至无颗粒呈糨糊状。再将剩余甘油全部倒入，置 56℃ 恒温箱中保温 2h。分次用甲醇清洗容器于棕色瓶中保存。保持一个月后才能使用。此原液放置时间越长越好，但使用前需过滤。

④ Giemsa 染液：必须在染色前配制。

Giemsa 原液∶缓冲液∶蒸馏水的比例为 2∶3∶5。

例如做 40 个片子，每个片子需用 2mL 染液，因此需配 80mL 新鲜染液。则分别取 Giemsa 原液 16mL、缓冲液 24mL、蒸馏水 40mL，混匀即可。

(4) 精子顶体形态图

【技能训练内容】

1. 顶体染色

先准备洁净的载玻片。用洗涤灵擦洗，清水冲洗，再用蒸馏水漂洗，以不挂水珠为净。烘干或晾干备用。

① 抹片。将需测定的样品摇匀，取 1 滴精液滴于载玻片的右端，取另一张边缘光滑平直的载玻片，呈 35°自精液滴的左面向右接触样品，样品精液即呈条状分布在两个载玻片接

触边缘之间。将上面的载玻片贴着平置的载玻片表面，自右向左移动，带着精液均匀地涂抹在载玻片上。切忌直接将精液滴“推”过去，人为造成精子损伤。在制作的抹片背面右端用记号笔编号。每份精液样品需同时制作两个抹片。

② 风干。自然风干5～20min。

③ 固定。将风干的抹片平置于染色架上，用滴管吸取1mL固定液，滴于抹片上，并使固定液布满整个抹片表面。静置固定15min。

④ 水洗。用玻片镊夹住抹片一端，将固定液弃去倒入染色缸或平皿内，在装有蒸馏水的烧杯中，上下左右摇晃漂洗，夹住松开镊子几次，取出抹片于搪瓷盘边，待干。

⑤ 染色。将固定后的抹片平置于染色架上，用滴管吸取新配制Giemsa染液约2mL，置于要染的抹片上方平行。自左至右挤出染液于抹片上，使染液均匀布满在抹片上。静止染色90min。

⑥ 水洗。用镊子夹住染片，将染片上的染液弃去倒入平皿内，再在装有自来水的烧杯中冲洗，冲洗方法同上。经数次漂洗，直至水洗液无色为止。洗的过程中，若水已变蓝，则需及时换清水。洗净后可立于搪瓷盘边，待干。

2. 精子顶体观察

将精液染片置于显微镜下，先用低倍镜找到精子，再在1000倍油镜下观察。精子顶体呈紫色，包围精子头的前部。根据精子顶体完整和损伤与否，将精子顶体形态分为4种类型：

① 顶体完整型：精子头部外形正常，着色均匀，顶体完整，边缘整齐，可见微隆起的顶体嵴，赤道带清晰。

② 顶体膨胀型：顶体轻微膨胀，边缘不整齐，顶体嵴肿胀，核前细胞膜不明显或缺损。

③ 顶体破损型：顶体破损，核前细胞膜严重膨胀破损，着色浅且不均匀，头前部边缘不整齐。

④ 顶体全脱型：精子顶体全部脱落，精子核裸露。

根据以上4种类型分别统计、观察300个精子，并计算出精子顶体完整率。

$$精子顶体完整率=\frac{顶体完整精子数}{所检查精子总数}\times 100\%$$

要求两张抹片精子顶体完整率差异不超过15%，求平均值。

一般精子冷冻前顶体完整率较高，如我国绵羊为44%～45%，解冻后1h为25%。牛精液精子顶体完整率比羊高，猪比羊低。

【作业】

1. 分析影响顶体染色的因素。

2. 观察并画出各种类型精子顶体形态。计算精子顶体完整率。

单元检测

一、相关名词

采精、精液活力、精液密度、精子畸形率

二、思考与讨论题

1. 简述采取动物精液的方法。

2. 雄性动物的生殖器官包括哪些?

3. 雄性动物副性腺的主要生理功能是什么?

4. 简述牛、羊、猪副性腺的结构特点?

5. 假阴道采精的原理是什么?

6. 假阴道由哪些基本部件组成?

7. 哪些家畜适合于假阴道法采精?

8. 采精有哪些基本要求?

9. 牛精子从精原细胞到精子生成并成熟全过程约需几天?

10. 哺乳动物是怎样确保睾丸温度比体温低的?

11. 如何评定精液的活力与密度?

12. 简述精液密度比色法测定的原理。

13. 如何测定牛细管冷冻精液有效精子数?

13. 为什么说精液品质检查是确保输精受胎的重要措施?

14. 通过哪些途径可以提高采集精液的品质?

15. 为什么说雄性动物生精能力一旦受到严重影响，往往需要2个月左右的时间才能恢复正常?

项目二　精液的稀释与保存

学习目标

1. 知道精液稀释液的组成与作用。

2. 了解环境因素对精子体外存活的影响。

3. 掌握精液保存的原理与保存方法，特别是精液冷冻保存原理与方法。

4. 知道液氮罐的工作原理。

5. 会配制精液稀释液，会计算精液稀释比例和精液稀释，会实施精液的常温、低温、冷冻保存；能正确使用液氮罐保存冷冻精液。

知识准备

一、精子的代谢

精子的代谢活动，是精子维持其生命和运动的基础。精子由于缺乏许多胞质成分，只能利用精清的代谢基质和自身的某些物质进行分解代谢，从中获得能量以满足精子的生理活动需要。

（1）精子的糖酵解　精清中所含的糖类是维持精子存活的主要能量来源。果糖酵解是无氧时精子获得能量的主要途径。果糖经过酵解变成丙酮酸或乳酸，并释放出能量。1mol 果糖经糖酵解能产生 150.7kJ 能量。精子糖酵解的能力在不同动物中有很大差异，例如牛的精子可分解果糖、葡萄糖及甘露糖，但几乎不能利用半乳糖和蔗糖。猪精液中果糖含量很少，精子无氧时利用果糖酵解产生乳酸的能力很低。

糖酵解产生的有机酸会使精液 pH 值缓慢下降。

（2）精子的呼吸　为需氧分解代谢过程，与糖酵解过程密切相关。在有氧的情况下，精子可将糖酵解过程中的乳酸及丙酮酸等有机酸，通过三羧酸循环彻底分解为 CO_2 和 H_2O，从而产生更多的能量。1mol 果糖在有氧时最终可分解产生 2872.1kJ 能量，是无氧酵解的 19 倍。山梨醇、甘油磷酸胆碱、缩醛磷脂、果糖、葡萄糖也可作为精子呼吸的代谢底物。

精子的呼吸主要在尾部线粒体内进行，分解代谢产生的能量转化为 ATP，大部分用于满足精子活力的能量需要。

当精子大量消耗氧而代谢基质得不到补充时，不久就会因能量耗竭而丧失生存能力。因此，在保存精液时，要采取隔绝空气或充入 CO_2、降低温度及 pH 等方法来延长精子的存活时间。

（3）精子对脂类的代谢　在有氧条件下，精子内源性的磷脂可以被氧化，以维持精子的呼吸和活力。精子也可利用精清中的磷脂，先分解为脂肪酸，再进一步氧化并释放出能量。但是，精子的代谢以糖类代谢为主，当糖类代谢基质耗竭时，脂类代谢就显得非常重要。

（4）精子对蛋白质和氨基酸的代谢　在正常情况下，精子不从蛋白质成分中取得能量，精子对蛋白质的分解表明精液已开始变性。在有氧时，牛的精子能使某些氨基酸氧化成氨和过氧化氢，这些物质对精子有毒性作用。

二、环境因素对精子的影响

影响精子的环境因素有很多，如温度、渗透压、pH 值、光照和辐射、电解质等。它们影响精子的存活、运动和代谢等。在人工授精实践中，应注意防止有害因素的作用，利用有利因素，不断提高精液体外保存效果。

1. 温度

动物体温是精子进行正常代谢和运动的最适温度，但不利于精子长时间保存，甚至影响哺乳动物精子的正常发生（如隐睾）。

精子对高温耐受性差。当超过 45℃时，精子经过短促的热僵直后立即死亡。在 40～44℃高温环境中，精子的代谢和运动异常强烈，但很快就因能量物质耗竭而死亡。

在低温环境中，精子的代谢活动受到抑制，有利于延长精子存活时间，当温度恢复时，仍能保持活力，这是精液低温和冷冻保存的主要理论依据。但当精液由体温快速下降至 10℃以下时，精子很快就失去了活力，而且不能复苏。这种现象叫精子冷休克。

造成精子冷休克死亡的原因：一是当精子发生冷休克后，能使 ATP 迅速破坏，而且不能再使它合成，以至严重影响糖酵解和呼吸；二是当精子发生冷休克时，精子细胞膜受到破坏，渗透压升高，往往使细胞内的 K^+ 和蛋白质渗出，严重损害了细胞的结构。

因此，采取低温或冷冻保存精液时，要在稀释液中加入卵黄、奶类、甘油等，并控制降温速度防止冷休克发生。

2. 渗透压

各种动物精子最适宜的渗透压与精清渗透压相同，以冰点下降度表示约为－0.6℃，目前改用渗压摩尔浓度表示，即 0.324 渗压摩尔浓度。渗透压过高容易引起精子细胞内水分的外渗，致使尾部呈锯齿状，头部缩小；渗透压低则水分向精子内渗透，使精子头部膨大。精子对渗透压的耐受范围为等渗压的 50％～150％。一般来说，低渗比高渗危害更大。

3. pH 值

各种动物精液 pH 值都有一定的范围，如牛 6.9～7.0、猪 7.2～7.5、绵羊 7.0～7.2。过高过低对精子的活动都有影响。pH 值偏低即弱酸性环境，精子呼吸作用、糖酵解作用也降低，精子活动受到抑制，利于精子存活；pH 值偏高即弱碱性环境，精子呼吸作用、代谢活动和运动都增强，以至容易耗费能量，存活时间不能持久。在精液保存时，常加入一些缓冲剂，如柠檬酸盐、磷酸盐以维持 pH 的稳定，防止 pH 值变动过大。

4. 光照和辐射

可见光、紫外光及各种射线均对精子活力有影响。日光（尤其是直射光线）对精子的有害作用，主要是引起光化学反应，产生过氧化氢引起精子中毒、死亡。在精液中加入过氧化氢酶，可以破坏形成的过氧化氢。

紫外光照射对精子代谢和运动有抑制作用，尤其是 240nm 波长紫外光产生的不良影响最大，可造成精子死亡。X 射线也有破坏、杀死精子的作用。因此，在精液处理时，要避免光线直射，盛装精液的玻璃容器最好用棕色瓶，以阻隔光线的影响。

5. 电解质

电解质浓度会影响精子的代谢、运动和渗透压。少量的电解质能促进精子呼吸、糖酵解和运动，过量时对精子的代谢和运动有抑制作用。精液中的电解质对细胞膜通透性比非电解质弱，高浓度的电解质易破坏精子与精液的等渗性，造成精子的损害。但少量电解质，特别是弱酸盐，如柠檬酸盐对维持精液 pH 稳定是必需的。

阴离子能使细胞表面失去脂类，易使精子凝集。故阴离子对精子的损害一般要大于阳离子。这是由于溶液中相对电荷的离子会中和细胞表面的电荷。

总之，精液保存中要降低电解质浓度。

6. 稀释

原精液经过稀释后不仅容量扩大，而且还可能引起精子代谢和活力的变化。对精液进行过高倍数稀释后，精子的活力和受精力都明显下降。这可能是精液高倍数稀释后，精子表面的膜发生变化，细胞通透性增大，精子内各种成分渗出，而精子外离子又向内渗入，影响了精子代谢和生存。在稀释液中加入卵黄成分，并做分次稀释，可减小高倍数稀释的影响。

7. 药品影响

一般消毒剂、防腐剂、具有挥发性异味的药物对精子都有很强的毒害作用，应避免这类药物残留。有些药品则对精液的保存有保护作用，如稀释液中加入适量的抗生素能抑制微生物生长，加入适量的甘油能对精子产生防冷冻保护作用，但在精液处理中加入这类药品时，也要注意浓度与纯度。

单元一　精液的稀释

精液的稀释是采精和精液品质检查后，向合格精液中添加适合精子体外存活并保持受精能力的溶液。

精液通过稀释，可以增加精液量，扩大配种头数；补充精子代谢所需营养，消除副性腺分泌物的有害影响；缓冲精液保存过程中 pH 值的变化，抑制微生物繁殖；便于精液的保存和运输。

一、精液稀释液的成分及作用

精液稀释液要求能补充精子生存所需的养分；渗透压与精子基本等渗，对细胞膜无破坏作用；pH 值与精液相近或呈弱酸性并能保持稳定；能抑制微生物活动；同时最好成本低廉、制备简单、容易推广。因此，一般精液稀释液多由以下成分组成。

1. 稀释剂

稀释剂主要用以扩大精液容量，要求所选药液必须与精液有相同的渗透压，如等渗氯化钠、葡萄糖等。但一般精液稀释液为提高精液保存效果，除要求保持渗透压与精液相同外，还要添加多种成分，以延长精子的存活时间。

2. 营养剂

主要为精子体外代谢提供营养，补充精子消耗的能量，如糖类、奶类、卵黄等。

3. 保护剂

(1) 缓冲物质 主要是一些弱酸盐，如柠檬酸钠、磷酸二氢钾等，具有保持精液 pH 值稳定的作用。因精子在体外代谢过程中，随着代谢产物（如乳酸和 CO_2 等）的积累，精液的 pH 值会逐渐下降，超过一定范围后精子会不可逆的失去活力。

(2) 非电解质和弱电解质 精清中的强电解质（如 Ca^{2+}、Mg^{2+} 等）含量较高，生理上具有激发精子活力，有利于精子和卵子受精的作用。但同时又促使精子早衰，缩短精子保存时间。为此需向精液中添加非电解质和弱电解质（如各种糖类、氨基己糖等），以降低精液电解质浓度。

(3) 抗冷物质 精液在保存过程中，常进行降温处理，如果温度变化过快，尤其是20℃急剧下降到 0℃，会因精子内部的缩醛磷脂在低温下冻结而凝固，影响精子正常代谢，出现不可逆的变性死亡。而卵黄、奶类中所含的卵磷脂在低温下不易冻结，并能渗入精子内部取代部分缩醛磷脂，从而保护精子。因此，在保存精液的稀释液中常加入这类抗冷物质，使精子免于伤害。

(4) 抗冻物质 在精液冷冻保存过程中，精液由液态向固态转化，这种物态的转化对精子的存活极为有害，而抗冻物质如甘油、二甲亚砜（DMSO）等有助于消除这种危害。

(5) 抗菌物质 精液与稀释液中都含有丰富的营养物质，是微生物繁殖的适宜环境。同时在采精与精液处理过程中，虽严格遵守无菌操作规程，也难免使精液受到微生物污染。精液中微生物的过度繁殖不但影响精液品质，输精后还会使雌性动物生殖道感染。因此，稀释液中必须添加适量的抗菌物质，如青霉素、链霉素、氨苯磺胺等。

4. 其他添加剂

除了上述成分外，有时为了提高精液的保存效果和受精能力，在精液稀释液中还添加其他成分。

(1) 激素类 向精液中添加催产素、前列腺素等，能促进雌性动物子宫和输卵管的蠕动，有利于精子运行，提高受胎率。

(2) 维生素类 某些维生素如维生素 C、维生素 B_{12}、维生素 B_1、维生素 B_2、维生素 E 等具有增进精子活力，提高受胎率的作用。

(3) 酶类 过氧化氢酶能分解精子代谢过程中产生的过氧化氢，提高精子活力；β-淀粉酶具有促进精子获能，提高受胎率的作用。

另外，向精液中添加己酸、CO_2、番茄汁等能调节稀释液的 pH，有利于精液常温保存；添加乙二胺四乙酸二钠、精氨酸、咖啡因具有提高精子保存后活力的作用。

二、精液稀释液的种类及配制原则

1. 稀释液的种类

根据稀释液的性质和用途不同，可分为下列四类。

(1) 现用稀释液 成分简单，只要求渗透压与精子等渗，有利于精子存活。如等渗盐水、葡萄糖，适用于稀释后立即输精。

(2) 常温保存稀释液 以糖类、弱酸盐为主，具有较低的 pH 值，含一定的抗生素，能在常温下抑制精子的代谢，适于精液常温保存。

(3) 低温保存稀释液 含卵黄、奶类等抗冷剂，能避免精子低温保存时发生冷休克，适于精液低温保存。

(4) 冷冻保存稀释液 以含卵黄、甘油等抗冷剂、抗冻剂为主，适于精液的冷冻保存。

2. 稀释液的配制原则

① 配制稀释液的一切用具，必须彻底洗涤干净、无残留，用前须消毒、干燥。

② 稀释液应现配现用，保持新鲜。如确需保存的，应经密封、消毒后低温保存。卵黄、抗生素等必须在用前临时添加。

③ 所用药品要纯净，一般用分析纯、化学纯的试剂。药品称量要准确，经溶解、过滤、消毒后方能使用。

④ 使用的奶类要新鲜，并经水浴灭菌；卵黄要取自经消毒的新鲜鸡蛋，尽量不要混入蛋清。

⑤ 抗生素、卵黄、酶类、维生素等添加物，必须在稀释液经水浴煮沸消毒冷却后，才能按用量加入，并充分搅拌。

三、精液的稀释方法与稀释倍数

1. 精液的稀释方法

应在采取精液并经品质检查合格后迅速稀释，稀释精液时要求精液与稀释液等温，并按稀释倍数将稀释液缓慢倒入精液中，如稀释倍数较高（如牛的精液）还应分步稀释，稀释后立即进行精液品质检查。

2. 精液的稀释倍数

精液的稀释倍数应根据动物种类、精液活力与密度、每次输精的剂量、每个剂量所需有效精子数、保存对精子存活影响等因素确定。现以生产牛细管冻精为例，说明精液稀释倍数的计算方法。

如一头荷斯坦公牛一次采得原精液 10mL，经检查活力是 0.7，密度是 11 亿/mL。如将这些精液用于生产 0.25mL 剂型的细管冻精，估计精液冷冻后解冻活力为 0.4，要求每个剂量有效精子数不少于 1000 万。这些原精液处理后能生产多少支细管冻精?

① 每毫升原精液有效精子数＝原精液密度×冻后活力(原精液活力只是判定是否可生产冷冻精液的质量标准)＝11 亿/mL×0.4＝4.4(亿/mL)

② 每毫升输精前(冻后)精液有效精子数＝细管冻精每个剂量的有效精子数/细管冻精剂量＝0.1 亿/0.25mL＝0.4(亿/mL)

③ 原精液可稀释的倍数＝每毫升原精液有效精子数/每毫升冻后精液有效精子数＝4.4(亿/mL)/0.4(亿/mL)＝11(倍)

④ 生产的细管冻精数＝10mL×11 倍÷0.25mL＝440(支)

如精液稀释倍数过大，对精子存活不利且严重影响受胎率；稀释倍数过小则不能发挥精液的利用率。各种动物精液稀释倍数见表 2-1。

表 2-1 各种动物精液稀释倍数

畜种	奶牛	羊	猪	兔	马
精液稀释倍数	5～40	2～4	2～4	3～4	2～3

单元二 精液的液态保存

精液的保存方法主要有常温（13～20℃）、低温（0～5℃）、冷冻（－79℃干冰或－196℃液氮）保存三种方法。其中常温和低温保存是精液液态保存。

一、常温保存

精液常温保存比较适合猪精液的保存。

1. 保存原理

精液常温保存是通过增加稀释液的酸度，降低精液的pH值，可逆性的抑制精子的代谢，减少能量的消耗，从而延长精子的存活时间。

为使稀释液的pH值尽快达到所需范围，可采取装满并密闭保存，利用精子自身的糖酵解代谢达到弱酸性环境；也可采取向稀释液中充入CO_2或氮气、添加有机酸等方法。

2. 常温保存的方法

理论上的常温是指20～25℃，但对于精液的保存则需根据不同的动物精液而异，为尽可能降低精子的代谢，以适当降低保存温度为宜。根据大量研究发现，猪精液的常温保存以17℃（或13～18℃）较理想。为达到这一温度，可采用专用恒温保温箱保存，也可用干井、水井、地窖保存；在运输时可用专用保温运输箱或广口保温瓶保存。

由于猪精液输精剂量较大，为避免在保存过程中精液沉淀代谢产物累积，应间隔一定时间翻动一次。

常温下精液中微生物的增殖也较旺盛，因此还必须添加有效的抗生素抑制微生物的增殖。

猪精液常温保存常用稀释液见表2-2，常温保存的有效时间达3～5d，如葡萄糖-蔗糖-柠檬酸钠液能保存120h且保存后活力达0.6。根据试验，猪的常温保存稀释液中不需要添加卵黄，目前猪精液的常温保存稀释液已有成品销售（又称营养粉）。

表2-2 猪精液常温保存常用稀释液

成分	葡萄糖-柠檬酸钠液	葡萄糖-蔗糖-柠檬酸钠液	葡萄糖-柠檬酸钠Ⅱ液	葡萄糖-柠檬酸钠Ⅲ液	葡萄糖液
柠檬酸钠/g	0.5	0.7	0.6	2.0	
葡萄糖/g	5.0	2.0	3.715	0.3	6.0
EDTA/g	0.1		0.125		
蔗糖/g		2.7			
碳酸氢钠/g			0.125	0.21	
氯化钾/g			0.075	0.04	
氨苯磺胺/g				0.3	
蒸馏水/mL	100	100	100	100	100

注：各种稀释液都应加青霉素和链霉素各1000U/mL。

二、低温保存

低温保存较适合牛、羊等多数动物精液的液态保存。

1. 保存原理

低温保存是通过降低温度，抑制精子的代谢，当温度降到0～5℃时，精子几乎处于休眠状态。此时精子的物质代谢和能量代谢均降到最低水平，代谢产物累积减少，且温度也不利于微生物的繁殖，使精子保存时间延长。

但当精液温度从室温降到10℃以下时，会造成精子冷休克现象，即精子不可逆的死亡。造成精子冷休克死亡的原因是精子细胞膜上的缩醛磷脂疏水并在低温时易固化，造成细胞膜的破坏，使细胞内的K^+和蛋白质渗出，严重损害了细胞的结构；还能使细胞内ATP迅速破坏，而且不能再使它合成，以至严重影响精子的代谢和呼吸。

为此，在低温保存稀释液中添加低温保护剂如卵黄、奶类等，并控制降温速度，避免精子遭受冷休克。卵黄、奶类中含有亲水且在低温下不易固化的卵磷脂，能取代精子细胞膜上的部分缩醛磷脂，从而避免降温过程中的冷休克现象。

2. 保存方法

精液低温保存的关键是添加抗冷休克物质和控制降温速度。为控制降温速度，可将稀释后的精液按每次输精量进行分装，再外包数层棉花或纱布，最外层用塑料袋包好放入0～5℃冰箱中保存。使用前要先升温，并经活力检查合格后方可用于输精。

牛精液在0～5℃下有效保存时间可达3～5d，并可做30～40倍稀释；山羊的精液在0～5℃下可保存2～3d；马和绵羊的精液低温保存效果不如牛的效果好。

3. 各种动物精液常用的低温保存稀释液

精液低温保存常用稀释液见表2-3，目前各种动物有成分复杂、保存效果更好的成品稀释液销售。

表2-3 精液低温保存常用稀释液

成分		牛低温稀释Ⅰ液	牛低温稀释Ⅱ液	牛羊低温稀释Ⅲ液	羊低温稀释Ⅰ液	羊低温稀释Ⅱ液	犬低温稀释Ⅰ液	犬低温稀释Ⅱ液	牛奶稀释液
基础液	柠檬酸钠/g	0.3		1.4	2.8		1.8	1.7	
	葡萄糖/g	5.0	5.0	3.0	0.8	2.7		1.25	
	EDTA/g	0.1							
	氨基己酸/g		4.0			0.36			
	Tris/g							3.04	
	棉籽糖/g						4.2		
	牛奶/mL								100
	氨苯磺胺/g								0.3
	蒸馏水/mL	100	100	100	100	100	100	100	
稀释液	基础液/mL	80	70	80	80	80	80	80	80
	卵黄/mL	20	30	20	20	20	20	20	20

注：1. 除牛奶稀释液外，各种稀释液都应加青霉素和链霉素各1000U/mL。

2. Tris是三羟甲基氨基甲烷。

知识拓展　　卵黄的保护作用

卵黄对精子保护的有效成分是磷脂与低密度脂蛋白（LDL），卵黄固体物质大约由2/3 LDL和1/3其他物质组成，LDL由85%～90%的脂质和10%～15%的蛋白质组成。

LDL的分子结构以甘油三酯为核心，周围包裹一层蛋白质和磷脂组成的膜。在超低温冷冻时，脂质和蛋白质间的相互作用遭到破坏或抵消，导致LDL的结构在冷冻条件下被破坏，甘油三酯和磷脂释放到介质中。来源于LDL的磷脂能够部分替换精子细胞膜中的磷脂，磷脂在精子膜表面形成一层保护膜，达到保护精子抗冷休克的作用。

卵黄中LDL的提取：先用等渗的氯化钠（0.17mol/L），将卵黄稀释2～3倍，低温下搅拌1h，4℃下10000g离心45min；分离上清液后再次离心，将上清液与40%硫酸铵混合，4℃下搅拌1h，10000g离心45min，以沉淀卵黄蛋白。取上清液用蒸馏水透析12h，以除去硫酸铵，再次4℃下10000g离心45min，所残余的漂浮物即为LDL，纯度为97%。

单元三　精液的冷冻保存

1950年英国科学家Polge和Smith采用卵黄和甘油作保护剂，用干冰作冷源进行精液的冷冻，解冻后授精成功，开创了世界人工授精的新时代。到20世纪90年代，发达国家的全部奶牛和绝大多数肉牛都采用冷冻精液输精，一头顶尖优秀公牛冷冻精液的终生产量可以达到100万支以上。

精液冷冻保存是用液氮（−196℃）或干冰（−79℃）作冷源，将精液稀释后冷冻起来，达到长期保存的目的，是目前精液保存最有效的方法。

一、冷冻保存的原理

1. 精液在冷冻过程中的伤害

精子在冷冻过程中的伤害主要包括化学伤害和物理伤害。

(1) 化学伤害　精液冷冻过程中，精子细胞外的水分（溶剂）先冻结，使溶液渗透压升高，从而形成精子内外的渗透压差，导致精子细胞内水分子外渗，精子细胞内渗透压升高，电解质浓度升高，酸碱失去平衡，导致精子化学伤害。

(2) 物理伤害　精液冷冻过程中，一定结构冰晶（结晶态）的形成产生机械压力，导致精子细胞膜的破坏；精子内部形成的冰晶则破坏精子细胞器，导致精子物理伤害。

2. 精液冷冻保存的原理

(1) 卵黄保护作用　精液稀释后在0～4℃平衡时同样会出现冷休克现象，因此需要添加卵黄类抗冷物质避免冷休克现象发生。

(2) 甘油保护作用　甘油即丙三醇，是小分子有机物，渗透精子细胞内，可降低电解质浓度；甘油具有亲水性，其羟基可与水分子形成氢键，减缓精子细胞内水分子的外渗，减轻精子细胞内高渗引起的化学伤害，并干扰晶格的排列形成“过冷溶液”。

(3) 玻璃化冷冻学说 物质的存在形式有气态、液态和固态。其中，固态根据其分子排列不同，又分为结晶态（冰晶分子有规则排列）和玻璃态（冰晶分子无规则排列）。在不同的温度条件下，这两种形式可以相互转化。

研究证明，在－60～0℃是冰晶形成的温度区域，尤其是在－25～－15℃范围。在逐渐降温通过这一温区时就形成结晶态；如果溶液快速降温通过这一温区，使水分子来不及移动和排列，就失去了能量，进一步促使“过冷溶液”的形成；快速降温使液体只能形成极微小的“微晶”，即玻璃态，使精子细胞结构不容易受到损伤，解冻后又能恢复活力。

精液的冷冻保存就是通过添加抗冷物质、抗冻物质，并控制降温速度，避免在冷冻过程中冰晶的形成和高渗危害，使精子处于“零”代谢状态，升温后能使精子复苏并且不失去受精能力。

3. 各种动物常用精液冷冻稀释液

各种动物成分简单的常用精液冷冻稀释液见表 2-4，目前各种动物有成分复杂、冷冻效果更好的成品稀释液销售。

表 2-4 常用精液冷冻稀释液

项目	牛颗粒冻精液	牛细管冻精液	羊颗粒冻精液	解冻液	犬冷冻精液(注)	猪颗粒冻精液
柠檬酸钠/g		1.45	3.0	1.4	1.26	
葡萄糖/g			3.0	3.0		8.0
EDTA/g						
蔗糖/g	12.0	6.0				
乳糖/g						
Tris/g					2.42	
果糖/g		1.0			0.9	
蒸馏水/mL	100	100	100	100	100	100
基础液/mL	75	73	74		72	77
卵黄/mL	20	20	20		20	20
甘油/mL	5	7	6		8	3

注：1. 各种稀释液都应加青霉素和链霉素各 1000U/mL。

2. 犬冷冻精液分两步稀释，先用不含甘油的Ⅰ液稀释，降温平衡后，再用含甘油的Ⅱ液稀释。Ⅰ液、Ⅱ液除甘油外，其他组成相同。

近几年，乙二醇作为抗冻剂有逐渐被应用的趋势。刘玉峰（2002 年）以等量的乙二醇替换甘油做相应的试验，研究乙二醇对绵羊精液冷冻效果的影响。结果表明，试验组解冻后精子活力、顶体完整率显著高于对照组（$P<0.05$），并确定了基础液：乳糖 4.6g、柠檬酸钠 1.5g、葡萄糖 3.1g、蒸馏水 100mL。Ⅰ液：基础液 85mL、卵黄 15mL。Ⅱ液：Ⅰ液 90mL、乙二醇 10mL，其为最适精液冷冻配方。

知识拓展　　精液冷冻保存和解冻过程的变化

精液冷冻时形成的冰晶很微小，所以表面能很高，微晶总是力图合并成大的冰晶；一旦吸收一定的能量（如升温），微晶就会合并成大冰晶，从而使精子受到破坏。因此，在保存过程中，即使冻精温度只升高到－60℃，也可能使精子死亡。

冷冻精液解冻是冷冻的逆过程，在解冻时也需要快速升温，才能防止微晶合并成大冰晶，保证精子复苏且不失去受精能力。

精液冷冻保护剂虽然能增强精子的抗冻能力，避免冰晶形成，但浓度过高时，会对精子产生危害，如伤害精子的顶体和颈部，使尾部弯曲，破坏某些酶类等，影响受精。猪的精子对甘油尤其敏感，因此要控制甘油用量，在稀释时最好先用不含甘油的Ⅰ液稀释，降温平衡后再用含甘油的Ⅱ液稀释。除甘油外，还有多羟基化合物如二甲亚砜（DMSO）、三羟甲基氨基甲烷（Tris）、糖类等都具有抗冻作用。

二、冷冻精液生产过程

冷冻精液生产过程包括采精与品质检查、稀释与浓缩（猪、犬精液需浓缩处理）、降温平衡、精液的剂型与分装、冻结平衡、冻精解冻几个步骤。

1. 采精与品质检查

精液冷冻效果与精液品质密切相关，必须做好采精前的准备和规范操作，争取获得高质量的精液。一般牛、羊采用假阴道法，猪采用手握法采精，要求原精液活力达0.7以上、密度中等以上才能用于生产冷冻精液。

2. 稀释与浓缩

(1) 精液稀释　根据冷冻精液种类、分装剂型及稀释倍数的不同，精液的稀释方法有一次或二次稀释。

① 一次稀释。将含有甘油、卵黄的稀释液按一定比例加入精液中，适合于精液对甘油不敏感的低倍稀释。

② 二次稀释。因甘油对精子的危害随着温度的升高而加重，为避免甘油对精子的危害，猪、犬的精液先用不含甘油的Ⅰ液在室温下对精液做最后稀释倍数的一半稀释；然后精液连同含甘油的Ⅱ液一起缓慢降温至0～5℃（猪精液应5～8℃），再在此温度下用Ⅱ液做第二次稀释；当然，为提高冷冻精液质量，牛、羊的精液也可二次稀释。

(2) 精液浓缩　对于原精液精子密度低的猪、犬等动物精液，稀释前需先在低温下（犬0～5℃、猪17℃）700～800r/min，5～10min离心浓缩，去除精清，提高精子密度；再缓慢加入与精液等温的稀释液。也可先对原精液用不含甘油的稀释液稀释后再离心浓缩。

3. 降温平衡

平衡是降温后，把稀释后的精液放置在0～5℃的环境中停留2～4h，使甘油充分渗入精子内部，增强精子的耐冻性。

为避免从室温降至0～5℃时降温速度过快而产生精子冷休克现象，应在精液容器外包裹多层棉花或纱布，控制降温速度。

4. 精液的剂型与分装

冷冻精液剂型有安瓿、颗粒、袋装（大管）、细管几种，目前生产中应用最多的是细管冻精。

(1) 安瓿冻精 是将稀释平衡后的精液灌装于0.5～1mL的安瓿中封口后在液氮面上冷冻后保存。由于安瓿冻精体积大，且解冻时易爆裂，仅在冷冻精液研究的早期有使用，早已淘汰。

(2) 颗粒冻精 是将稀释平衡后的精液在冷冻前直接按0.1mL/颗左右滴在经液氮预冷的冷冻面（氟板或铜纱网）上进行冷冻保存。

颗粒冻精具有成本低、制作方便等优点。但不易标记、解冻时需解冻液、易受污染。目前主要在实验教学中应用。

(3) 细管冻精 细管冷冻精液有0.25mL、0.5mL两种剂型，当前多采用0.25mL剂型（图2-1）。细管冻精是将稀释平衡后的精液在低温下用灌装打印一体机进行自动或手动灌装于0.25mL细管中，并两端封口（一端塑粉封口，一端超声波封口），再进行冷冻保存。

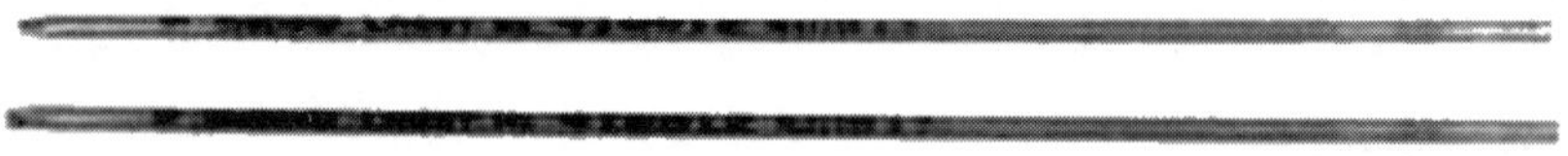

图2-1 0.25mL细管冻精

细管冻精在冷冻前可对细管进行详细标记；保存至输精前都密闭包装，不与外界接触；解冻时可直接用镊子夹取投入温水浴中解冻；解冻后直接用输精枪输精。因此，具有便于标记、卫生安全、使用方便等优点，适于机械化生产，是理想的剂型。

(4) 袋装（大管）冻精 由于猪的原精液密度低，且输精要求的有效精子数较多，用上述几种剂型冷冻保存不理想，故有研究用10mL袋装、5mL大管剂型冷冻保存的。

由于袋装（大管）冻精冷冻效果不理想，目前多采用0.5mL剂型细管冷冻保存，解冻多个剂量后混合在一起用于一头母猪的输精。

5. 冻结平衡

精液冷冻的冷源现都采用液氮。在冷冻时，为控制降温速度应注意冷冻面离液氮面的距离，并控制平衡时间。

(1) 颗粒冻精 先将氟板或铜纱网浸入液氮预冷，再悬挂于液氮面上方1～2cm（铜纱网）或1～3cm（氟板）处，将精液按0.1mL/滴均匀地滴在氟板（铜纱网）上，平衡3～5min，待精液颗粒充分冻结、变乳白色后，浸入液氮中，再用小铲轻轻铲下冷冻精液，每50～100粒装入纱布袋中标记后保存。

(2) 细管冻精 先将分装好并封口的细管精液均匀平铺在细管架上，置于液氮面上方1～2cm处进行降温平衡3～5min，待精液充分冻结、变乳白色后，浸入液氮中分装保存。在大批量生产细管冻精时，目前多将细管架放入特制的液氮冷冻柜中，进行程序控制冷冻降温。

如猪精液程序冷冻降温：以3℃/min从平衡温度5℃降到－5℃；在－5℃条件下平衡1min结晶；然后以50℃/min从－5℃降至－140℃，最后投入液氮贮存。

犬精液程序冷冻降温：以3℃/min从平衡温度5℃降到－10℃；以40℃/min从－10℃降到－100℃；再以20℃/min从－100℃降到－140℃，最后投入液氮贮存。

6. 冻精解冻

冷冻精液解冻是检验精液冷冻效果的必要环节，也是输精前必须做的准备工作。冻精解冻后必须尽快检查活力，达到0.35以上方可用于输精。解冻前要对镊子进行预冷，即先放入提筒浸入液氮中冷却。

(1) 颗粒冻精解冻 解冻时取一小试管，加入1mL解冻液，放入38～40℃温水中水浴，再用长镊子夹取一粒冻精于小试管中，轻轻摇晃使2/3冻精融化时取出，再摇晃小试管至完全融化。

(2) 细管冻精解冻 细管冻精解冻时，可用长柄镊子从提筒中夹取一支细管冻精直接投入38～40℃温水中水浴解冻，待细管由乳白色变透明时即可取出。

(3) 解冻后的保存 理论上冷冻精液解冻后应在15min内输精，但在农村散养条件下很难做到，也就存在解冻后保存的问题。冻精解冻后保存的效果主要取决于解冻液与保存温度。据试验，牛颗粒冻精解冻后以柠檬酸钠0.3g、葡萄糖5.0g、EDTA 0.1g、H_2O 100mL为解冻液，解冻后以7～10℃保存效果较好，绝对存活时间达130h左右，极显著地优于传统的2.9%柠檬酸钠解冻液。

细管冻精由于含有高浓度的抗冻剂甘油，据试验，解冻后以0～4℃保存效果较好，绝对存活时间达161h，而且解冻后在0～4℃保存10h以内不影响受胎率。而解冻后在室温（24～27℃）保存仅能存活12h左右。

7. 各种动物精液冷冻保存效果

在各种动物精液冷冻保存中，以牛的精液冷冻保存效果最好，绵羊冷冻精液于子宫颈内输精受精率较低，现在用腹腔镜子宫内输精可取得较好的产羔率。山羊精液中含有一种不利于精子保存的酶，这种酶与卵黄发生反应后可能产生一种能杀死精子的毒性物质，在海藻糖-卵黄液中加入适宜浓度的SDS（sodium dodecyl sulfate，十二烷基硫酸钠）对山羊精液的冷冻保存有改良作用。猪的冷冻精液因原精液密度低、精子耐冻性差、而输精要求有效精子数多，精液冷冻保存效果不理想。

知识拓展　　猪精液冷冻保存的浓缩与稀释

猪的原精液密度仅2亿～3亿/mL，而猪冷冻精液在输精时要求一个剂量有效精子数达10亿～20亿/mL。因此，为提高猪精液冷冻保存的有效性，稀释前需先对猪精液离心浓缩后再分次稀释、灌装、冷冻。

目前有商品稀释液套装产品，如猪冷冻精液稀释液产品由5个组分组成（2～8℃储存，有效期6个月）。使用前分别配制成预稀释液、冷冻稀释液Ⅰ、冷冻稀释液Ⅱ、解冻稀释液。猪冷冻精液稀释过程如下。

(1) 预稀释　取合格的鲜采原精液（活力80%以上，畸形率10%以下）用37℃预稀释液一倍稀释后，于室温（25℃）静置约1h，转入17℃恒温冰箱，平衡2～3h。

(2) 离心浓缩　17℃下将预稀释精液800～900g离心10～15min，去掉上清液；再用17℃的冷冻稀释液Ⅰ重悬浮精子，使精子密度达到20亿/mL。

(3) 降温平衡　冷冻稀释液Ⅰ重悬浮后的精子置于盛有17℃水的烧杯中，于4℃冰箱或低温操作柜中降温平衡，使精液在2.5～3h缓慢降温至4～5℃，并在4～5℃平衡0.5～1h。

(4) 灌装　精液在4℃平衡后用冷冻稀释液Ⅱ作一倍稀释，稀释混匀后立即在低温操作柜中进行0.5mL细管灌装操作，并在细管托架上码好。

(5) 冷冻　在精液进行0.5mL细管灌装的同时启动冷冻仪，将腔室温度降至4～5℃。灌装完毕后，迅速将码好的细管精液放入冷冻仪中，启动冷冻程序，待程序跑完后取出精液浸入液氮中。

(6) 解冻及品质检查　取浸入液氮的细管冻精一支在50℃水浴解冻16s，剪去细管两端，将精液移入4mL离心管中，用预热30℃的解冻液稀释后，在显微镜下检查解冻后精子活力，合格的冷冻精液用于输精或液氮罐储存，并做好标记。

(7) 输精　输精时，解冻后精液用解冻液稀释约10倍，在30min内进行子宫深部输精，建议一个输精剂量不低于同等条件下的鲜精。

三、冷冻精液的贮存与运输

目前，冷冻精液普遍采用液氮作冷源，液氮罐作容器进行贮存和运输。

1. 液氮及其特性

液氮是空气中的氮气经压缩、分离形成的一种无色、无味、无毒液体，相对密度0.8，沸点温度－196℃。液氮具有很强的挥发性，当温度升至18℃时，其体积可膨胀680倍。此外，液氮又是不活泼的液体，渗透性差，无杀菌能力。

基于液氮的上述特性，在使用时要注意防止冻伤、喷溅、窒息等，用氮量大时要保持空气流通。

2. 液氮罐

液氮罐由罐壁、罐颈、罐塞、提筒组成（图2-2），是利用绝热材料制成的高真空保温容器，真空度为133.3×10^{-6}Pa，保温原理类似保温瓶。使用时要小心轻放，避免撞击、倾倒，特别注意保护罐颈和真空嘴，存放时不可密闭，要定期检查液氮的消耗情况，当液氮减少了2/3时，要及时补充。

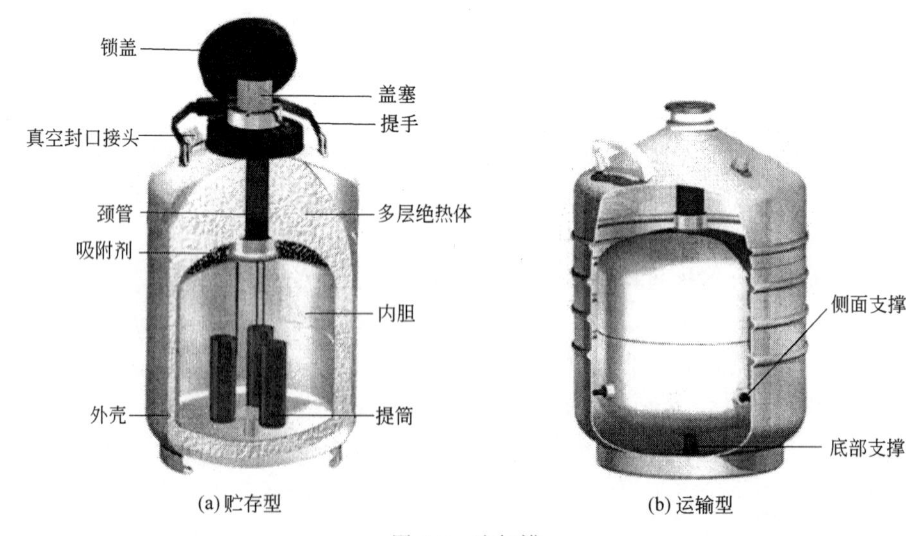

图2-2　液氮罐

取用冷冻精液时，冷冻精液不可离开液氮面太久，盛放冷冻精液的提筒不可高于液氮罐颈基部，避免温度回升。目前为降低冷冻精液在解冻过程中的影响，已采用不漏液氮的提筒或小塑料管存放冻精。

技能训练一 精液稀释液的配制及精液稀释

【目的和要求】

掌握精液稀释液的组成与作用，会配制各种动物常用的精液稀释液，会进行精液稀释。

【主要仪器及材料】

① 蔗糖、葡萄糖、果糖、鲜鸡蛋、二水柠檬酸钠、EDTA、甘油、青霉素、链霉素、双重蒸馏水等试剂。

② 猪、牛、羊的原精液。

③ 量筒、量杯、烧杯、锥形瓶、小试管、玻璃棒、漏斗与漏斗架；温度计、一次性注射器、水浴消毒锅、天平、恒温显微镜、磁力搅拌器、定性滤纸、脱脂棉等。

【技能训练内容】

1. 各种动物精液常用稀释液配制

各种动物精液常用稀释液组成见表 2-5。

表 2-5 各种动物精液常用稀释液组成

项目		低温保存稀释液	猪常温保存精稀释液	羊颗粒冻精稀释液	颗粒冻精解冻液	牛细管冻精稀释液
基础液	二水柠檬酸钠/g	1.4	0.5	3.0	2.9	1.45
	葡萄糖/g	3.0	5.0	3.0		
	蔗糖/g					6.0
	EDTA/g		0.1			
	蒸馏水/mL	100	100	100	100	100
稀释液	基础液/mL	75		74		73
	卵黄/mL	20		20		20
	甘油/mL			6		7

注：每 100mL 稀释液均需添加青霉素和链霉素各 10 万 U；EDTA 为乙二胺四乙酸。

2. 稀释液配制方法

(1) 基础液配制

① 称量。先用合适的天平准确称量各稀释液成分后，倒入烧杯中；再用量筒准确量取双重蒸馏水，倒入烧杯中并搅拌溶解。

② 过滤。用漏斗架支撑三角漏斗过滤，用锥形瓶承接滤液；过滤中确保“三靠”。

③ 消毒。过滤完成后，用另一滤纸盖住锥形瓶口，置水浴消毒锅中水浴消毒 10～20min。

④ 冷却备用。

(2) 稀释液配制 常温保存稀释液在基础液配制完成后，按比例添加青霉素、链霉素即可；低温、冷冻保存稀释液，还需按比例添加卵黄、甘油、抗生素等不耐热的成分。

① 量取基础液。根据稀释液组成，按比例用量筒量取基础液。

② 卵黄抽取。卵黄应取自新鲜洁净的鸡蛋。抽取前用75%酒精消毒蛋壳，酒精挥发后，用镊子在气室端打一小孔，把蛋清倒净，然后把蛋壳孔扩大暴露卵黄，用去针头的注射器穿破卵黄膜，小心抽取一定量的卵黄注入基础液中。

③ 甘油抽取。将适量甘油倒入量杯中，用去针头的注射器抽取一定量的甘油注入基础液中。

④ 添加抗生素。用剩余的基础液溶解青霉素、链霉素，并按比例注入基础液中。

如配方中有奶粉，在溶解时先加等量蒸馏水调成糊状，再加至定量的蒸馏水，用脱脂纱布过滤。

⑤ 搅拌。基础液按比例依次加入卵黄、甘油、抗生素等不耐热的成分后，再用磁力搅拌器充分搅拌，即完成稀释液配制。

3. 精液稀释

① 稀释精液时要做到等温稀释，即稀释液要先经33～37℃水浴，所用器械用前也要适当升温。

② 用量筒量取一定量经品质检查合格后的待稀释精液，倒入锥形瓶中。

③ 用量筒按稀释比例量取相应的稀释液。

④ 将稀释液沿着器壁徐徐加入装有精液的锥形瓶中，边加入边搅拌。要等温稀释、缓慢稀释。

⑤ 稀释结束后，取少许经稀释后的精液进行品质检查，观察稀释对精液质量的影响。

⑥ 将稀释好的精液置于规定温度下保存备用。

【作业】

1. 稀释液配制过程中要注意哪些环节?
2. 卵黄、二水柠檬酸钠、甘油在稀释液中各有什么作用?
3. 稀释精液时，要注意哪些问题?

技能训练二　精液保存试验

【目的和要求】

掌握影响精液保存的因素，会设计精液保存方法筛选试验，会组织实施精液保存试验。

【主要仪器及材料】

① 蔗糖、葡萄糖、果糖、鲜鸡蛋、二水柠檬酸钠、EDTA、甘油、青霉素、链霉素、蒸馏水等试剂。

② 量筒、量杯、烧杯、锥形瓶、小试管、玻璃棒、漏斗与漏斗架；温度计、一次性注射器、水浴消毒锅、天平、恒温显微镜、磁力搅拌器、定性滤纸、脱脂棉等。

③ 猪的原精液（因猪精液量大，容易分几组做试验）。

【技能训练内容】

① 根据精液稀释与保存方法的介绍，通过网络或书籍收集猪精液保存方法的试验报道。

② 通过分析与综合相关报道，根据选择保存温度、稀释液配方等因素设计猪精液保存方法试验。

③ 根据试验设计要求，按技能训练一的方法，配制相应的稀释液。

④ 将猪原精液分成若干等份，按 1∶2 比例稀释后，在规定温度下保存。

⑤ 对不同稀释液或不同方法保存的猪精液，间隔 8～12h 定时观察、记录精液保存后的活力变化情况，并计算精子绝对存活时间和精子生存指数。

⑥ 根据试验结果，确定猪精液的最佳保存方法。

【作业】

1. 影响精液保存效果的因素有哪些?

2. 谈谈选择精液保存方法试验的体会。

技能训练三　冷冻精液的制作

【目的和要求】

知道精液冷冻保存原理和冷冻精液生产程序，会实施颗粒（细管）冷冻精液的制作。

【主要仪器及材料】

① 公羊、假阴道、凡士林、双链球、玻璃棒、温度计等。

② 葡萄糖、柠檬酸钠、甘油、青霉素、链霉素、蒸馏水、鲜鸡蛋、75%酒精等。

③ 恒温显微镜、冰箱、液氮罐、液氮冷冻槽、氟板或细管分装机打印一体机、滴管、锥形瓶、小试管、漏斗、镊子、量杯、量筒、纱布、棉花、盖玻片、载玻片等。

【技能训练内容】

1. 按技能训练一方法配制山羊精液冷冻保存稀释液

基础液：葡萄糖 3.0g、柠檬酸钠 3.0g、蒸馏水 100mL。

稀释液：基础液 74mL，卵黄 20mL，甘油 6mL，青、链霉素各 10 万 U。

2. 配制解冻液

柠檬酸钠 2.9g、蒸馏水 100mL，溶解水浴消毒后备用。

3. 稀释

取活力为 0.7 以上的新鲜羊精液，用等温的稀释液做 1～2 倍稀释，保证每个输精剂量中有效精子数不少于 5000 万。

4. 平衡

把稀释后的精液包裹棉花或等温水浴后放在 0～5℃的冰箱中，缓慢降温平衡 2～4h；也可以同时取部分精液不经过保温处理，直接放冰箱快速降温平衡，观察与缓慢降温平衡对精液冷冻效果的影响。

5. 冷冻

(1) 颗粒冻精

① 取一个液氮冷冻槽，在液氮槽中盛 2/3 左右的液氮，将一片氟板浸入液氮预冷后，再悬挂于距液氮面 1～3cm 处；

② 用滴管将平衡后的精液以 0.1mL/滴左右滴在氟板的孔洞中，再降温平衡 3～5min；

③ 当颗粒冻精的颜色由黄色变乳白色、温度降到－110℃以下时，将氟板沉入液氮中，等待解冻及品质检查。

（2）细管冻精

① 在0～5℃平衡降温过程中，用细管分装机将平衡后的精液分装、封口；

② 取一个液氮冷冻槽，在液氮槽中盛2/3左右的液氮，将一网盘浸入液氮预冷后，平置于距液氮面1～2cm处；

③ 将适量细管冻精均匀平铺于网盘上，熏蒸降温3～5min；

④ 当细管冻精的颜色由黄色变乳白色、温度降到－110℃以下时，将网盘沉入液氮中，等待解冻及品质检查。

6. 解冻

（1）颗粒冻精的解冻

① 取一小试管，倒入0.5～1mL解冻液；

② 在铝饭盒中盛1cm深38～40℃的温水，把装有解冻液的小试管置于温水中水浴升温；

③ 当小试管解冻液与水温相近时，用镊子先浸入液氮预冷后，夹一粒颗粒冻精放在小试管中并振荡促进融化，当有2/3精液融化时即取出，继续振荡至完全融化；

④ 取少许解冻后的精液滴到载玻片上，盖上盖玻片，用恒温显微镜检查精子活力，活力在0.35以上为合格。

（2）细管冻精的解冻

① 在铝饭盒中，加入38～40℃温水；

② 将长柄镊子预冷后夹取一支细管冻精，放入温水中轻轻摇晃，至细管中精液由乳白色变透明，表明已融化即取出；

③ 擦干细管表面水分，剪去细管一端，挤出一滴精液滴到载玻片上，盖上盖玻片，用恒温显微镜检查精子活力，活力在0.35以上为合格。

7. 保存

经品质检查合格的冻精，颗粒冻精每50或100粒装入小塑料管中或纱布袋中，放入液氮罐的提筒内保存；细管冻精每25支装入小塑料管中，放入液氮罐的提筒内保存。

【作业】

1. 简述冷冻精液的生产过程和注意事项。

2. 评定本次冻精制作的质量，分析存在的问题。

单元检测

一、相关名词

常温保存、低温保存、冷休克、冷冻保存、解冻

二、思考与讨论题

1. 精液稀释的主要目的是什么？稀释液成分有哪几类？
2. 试述精液的低温保存和常温保存的原理。
3. 试述精液冷冻保存的意义与原理。
4. 稀释液的保护剂有哪些？
5. 影响冷冻精液解冻后保存的因素有哪些？

6. 哪些因素会影响精液的稀释倍数？

7. 为什么冷冻精液解冻后，不可能达到冷冻前的精子活力？

8. 精液常温、低温、冷冻保存的稀释液成分有哪些区别？

9. 为什么细管冻精是目前牛精液保存中应用最广泛的剂型？

10. 液氮罐在使用中要注意哪些问题？

11. 冷冻精液解冻时要注意什么？

12. 为什么夏季公猪精液的不合格率明显高于其他季节？

三、计算题

1. 计算2.9%的柠檬酸钠稀释液1500mL所含柠檬酸钠质量（g）。

2. 已知某公牛一次射精6mL，精子密度12亿个/mL，精子活力0.75，准备用于低温保存，要求稀释精液中应含有效精子数为1200万/mL以上。试求该精液的稀释倍数、应加多少毫升稀释液？

3. 已知某公牛一次射精7mL，精子密度12亿个/mL，精子活力0.75。如用这些精液生产0.25mL细管冻精，要求每剂量有效精子数800万个以上。假设精子冷冻后活力为0.4。问这些原精液可做几倍稀释？能生产多少支细管冻精？

4. 已知某公猪一次射精300mL，精子密度3亿个/mL，精子活力0.75。如将这些精液分装成80mL剂量，要求保存后输精前精液活力不低于0.6，每剂量有效精子数25亿个以上。问可做几倍稀释？要加多少毫升稀释液？能分装多少剂量？

项目三　雌性动物发情鉴定

学习目标

1. 知道雌性动物生殖器官的结构与特点；发情与发情周期的概念；发情周期中机体的变化和调节；异常发情与产后发情。

2. 会正确观察发情雌性动物的表现，能通过外部观察法、直肠检查法、试情法等发情鉴定方法区别正常发情与异常发情，会正确确定发情雌性动物适时输精的时间。

发情鉴定是动物繁殖技术的关键环节。通过发情鉴定，可以判断动物发情的真假、发情是否正常、发情的阶段，预测排卵的时间，确定适时输精的时间。

实施发情鉴定先要了解雌性动物的生殖器官组成，了解雌性动物发情的概念及发情雌性动物的生理变化。

雌性动物的生殖器官由卵巢、输卵管、子宫、阴道、外生殖器官组成（图 3-1）。

一、卵巢

1. 卵巢的形态位置

卵巢是雌性动物的生殖腺体，其形态、位置因畜种、年龄、发情周期和妊娠而异。卵巢附着于卵巢系膜上，其附着缘为卵巢门，血管、神经由此进入卵巢内，未附着于卵巢系膜的部分（即游离缘）露于腹腔内。

在性成熟前雌性动物卵巢一般较小，呈卵圆形，表面光滑，位于骨盆腔中。经产雌性动物卵巢多在耻骨前缘。性成熟后，猪的卵巢因有大小不等的卵泡、红体和黄体突出于表面而呈葡萄状；牛、羊的卵巢为稍扁的卵圆形，位于子宫角端部的两侧；马的卵巢游离缘上有凹陷的排卵窝，卵泡均在此凹陷内破裂排卵；犬的卵巢位于第三或第四腰椎的腹侧，肾脏的后方，呈长卵圆形，稍扁平。

2. 组织构造

卵巢的表层为一单层的生殖上皮，其下是由致密结缔组织构成的白膜。白膜下为卵巢实质，分为皮质部和髓质部。皮质部包在髓质部的外面，内含不同发育阶段的卵泡和黄体；皮质部的结缔组织中含有许多成纤维细胞、胶原纤维、血管、神经、平滑肌纤维等。髓质部内

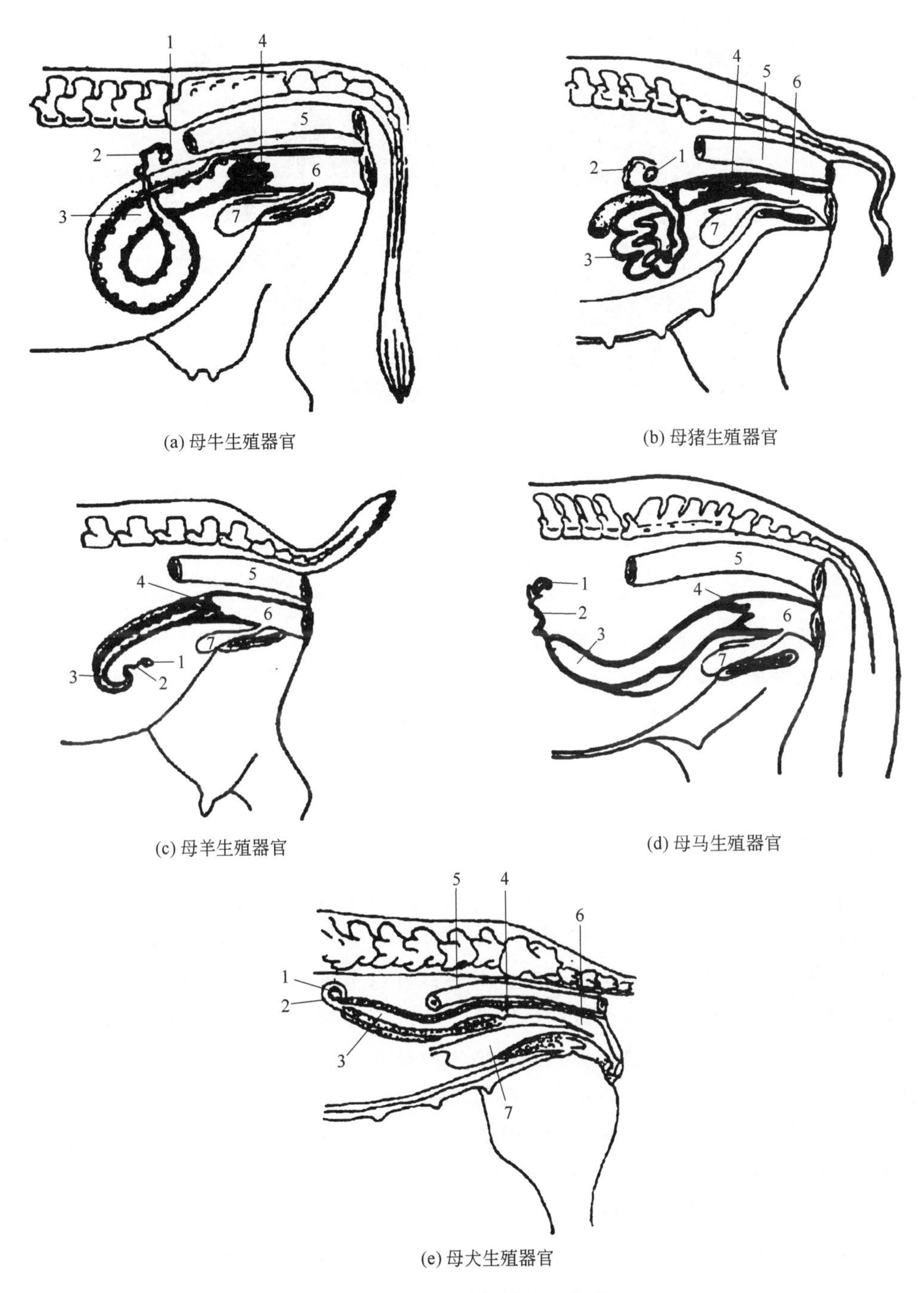

图 3-1　雌性动物的生殖器官

1—卵巢；2—输卵管；3—子宫角；4—子宫颈；5—直肠；6—阴道；7—膀胱

含有丰富的弹性纤维、血管、神经、淋巴管等，它们经卵巢门出入，与卵巢系膜相连（图 3-2）。

3. 生理功能

（1）卵泡和黄体的发育　卵巢皮质部分布着许多原始卵泡，它经过初级卵泡、次级卵

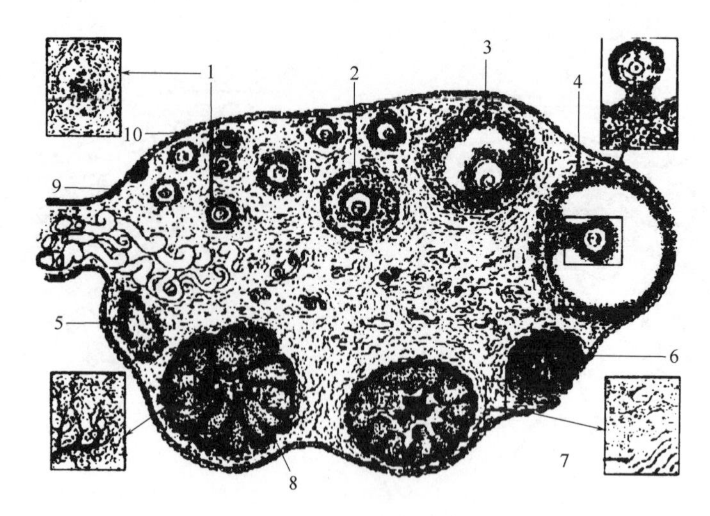

图 3-2 卵巢的组织构造

1—初级卵泡；2—次级卵泡；3—生长卵泡；4—成熟卵泡；5—白体；
6—闭锁卵泡；7—间质细胞；8—黄体；9—生殖上皮；10—白膜

泡、生长卵泡、成熟卵泡等几个发育阶段，最终有部分卵泡发育成熟、排卵，原卵泡腔处便形成黄体；多数卵泡在发育到不同阶段时会退化、闭锁。

(2) 分泌雌激素与孕激素 在卵泡发育过程中，包围在卵泡细胞外的两层卵巢皮质基质细胞形成卵泡膜。卵泡膜分为血管性的内膜和纤维性的外膜，卵泡内膜细胞能合成雄激素，后者由卵泡颗粒细胞转化为雌激素，雌激素是导致雌性动物发情的直接因素。而排卵后形成的黄体，可分泌孕激素，它是维持妊娠所必需的激素之一。

4. 卵母细胞与卵泡、黄体的发育

(1) 卵母细胞的发育 卵母细胞的生长主要包括原始生殖细胞经有丝分裂、无丝分裂，发育为具有受精能力的卵细胞的过程。在胚胎时期性别分化后，雌性胎儿的原始生殖细胞便分化为卵原细胞。卵原细胞为二倍体细胞，经有丝分裂增殖为许多卵原细胞；卵原细胞经最后一次有丝分裂之后，即发育为初级卵母细胞。初级卵母细胞进一步发育，被卵泡细胞所包被而形成原始卵泡。大多数动物在胎儿期或出生后不久，初级卵母细胞已发育到第一次减数分裂前期的双线期。双线期开始后不久，卵母细胞第一次减数分裂中断，进入静止期，到排卵前 3h 才重新开始分裂，前 1h 完成第一次减数分裂，形成次级卵母细胞，排出第一极体。当精子穿透卵母细胞时，次级卵母细胞被激活，完成第二次减数分裂，并排出第二极体。有时第一极体也可能分裂为两个极体，称第三、第四极体。

少数动物如家兔、仓鼠等出生时还在卵原细胞阶段，没有发育为初级卵母细胞。而犬、狐卵泡排卵时，卵原细胞还没完成第一次减数分裂，在精子穿透时才恢复第一次减数分裂。因此，真正意义上的卵细胞存在时间极短。

(2) 卵母细胞发育与精子发育的区别 卵母细胞被卵泡细胞包围，卵母细胞发育与卵泡发育有关，精母细胞游离于精细管中；精子发生是一个连续的过程，卵母细胞发育到减数Ⅰ的双线期后不久就停止分裂，进入静止状态；一个初级卵母细胞经过两次减数分裂最终仅形成一个卵细胞和 1～3 个极体，每个初级精母细胞经过两次减数分裂可形成 4 个精子；卵母细胞发育持续时间较长，排卵时尚未完成减数Ⅱ分裂，在受精过程中才完成，精子在射精时已完成减数Ⅱ并蜕变成蝌蚪状精子。

（3）卵泡细胞的生长 卵泡是位于卵巢上皮、包裹着卵母细胞的特殊结构，各种动物的卵巢大小略有差异。卵泡发育是卵泡由原始卵泡发育成为成熟卵泡的过程，可分为以下几个阶段：

① 原始卵泡。排列在卵巢皮质部外周，其核心是卵母细胞，周围为一层扁平状卵泡上皮细胞，没有卵泡膜和卵泡腔。原始卵泡除少数能发育成熟外，其他均在贮备或发育过程中退化。如初生母犊有 7.5 万个左右卵泡，10～14 岁时有 2.5 万个左右卵泡，到 20 岁时只有 0.3 万个左右卵泡。

② 初级卵泡。由卵母细胞和周围一层单层柱状卵泡细胞组成。多数初级卵泡在发育过程中退化。

③ 次级卵泡。卵泡上皮由单层变多层柱状细胞，细胞体积变小，称颗粒层细胞。由卵母细胞和颗粒层细胞共同分泌的物质聚集在卵黄膜与颗粒层细胞之间形成透明带。

④ 生长卵泡。颗粒层细胞进一步增多，并出现分离，形成许多不规则的腔隙，充满卵泡细胞分泌的卵泡液，最终形成半月形卵泡腔。在卵母细胞和颗粒层细胞之间，卵母细胞挤向一侧，并被包裹在一团颗粒层细胞中，在卵泡腔中形成半岛状突出，称为卵丘。

⑤ 成熟卵泡。卵泡液增多，卵泡腔增大，卵泡扩展到整个卵巢的皮质部而突出于卵巢表面。

发育成熟的卵泡结构由外向内分别是卵泡外膜、卵泡内膜、颗粒层细胞、卵丘、透明带、卵母细胞。

（4）卵泡排卵的类型 大多数哺乳动物排卵都是周期性的，根据卵巢排卵特点和黄体的功能，哺乳动物可分为自发性排卵与诱发性排卵两种。

① 自发性排卵。卵泡发育成熟后便自发排卵和自动形成黄体。这种排卵类型所形成的黄体有功能性及无功能性之分。一是在发情周期中黄体功能可以维持一定时期，且具有功能，如猪、牛、马、羊等动物；二是除非交配，否则形成的黄体没有功能，即不具备维持妊娠的功能，如鼠类中的大鼠、小鼠和仓鼠等，如未交配则发情周期只有 5d，如已交配未孕则发情周期有 12～14d。

② 诱发性排卵。成熟卵泡必须通过交配或子宫颈受到某些刺激才能排卵。如兔、猫、骆驼、貂、袋鼠等。

排卵是由于雌二醇引起促黄体素（LH）在排卵前达分泌高峰，引发卵泡内一系列生理生化反应，包括前列腺素和类固醇合成与释放的增加，某些生长因子和蛋白酶活性的增强，促进排卵前卵泡凸出部顶端细胞和血管破裂以及细胞死亡，最终导致卵泡壁变薄破裂，释放出卵子和卵泡液。

无论是自发性或诱发性排卵都与 LH 作用有关，但其作用途径有所不同。自发性排卵的动物，排卵前 LH 峰是在发情周期中自然产生的；而诱发性排卵必须经过交配刺激，引起神经-内分泌反射而产生排卵前 LH 峰，促进卵泡成熟和排卵（图 3-3）。

（5）黄体的形成与退化

① 黄体的形成。卵泡细胞的黄体化从排卵前 LH 峰之后开始，位于卵泡内膜和卵泡壁颗粒层之间的基底膜崩解，血管进入卵泡腔并发育为密集的血管网。卵泡成熟排卵后，由于液体排空，遗留下的卵泡腔内产生了负压，使卵泡膜血管破裂出血，并积聚于卵泡腔内形成凝块，称为红体。绵羊、山羊一般在排卵后出血较少，而马、牛及猪较多，几乎充满整个卵

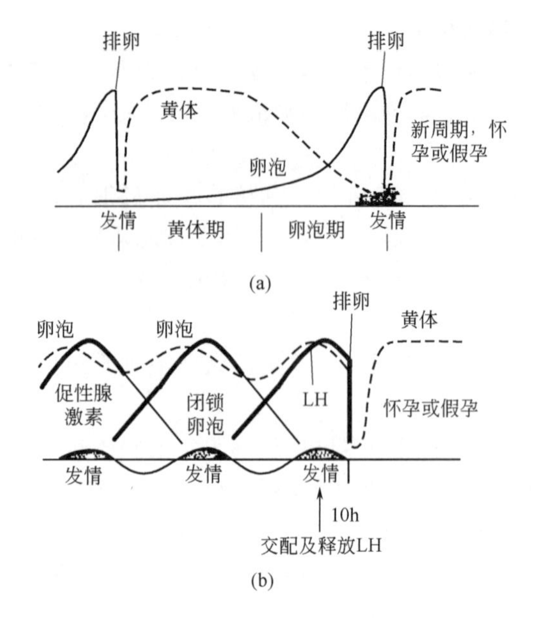

图 3-3　动物自发性排卵与诱发性排卵卵巢变化的比较

（a）自发性排卵；（b）诱发性排卵

泡腔。此后颗粒层细胞增生变大，并吸取类脂质而变为黄体细胞，同时卵泡内膜分生出血管，布满于发育中的黄体，此为卵泡内膜来源的黄体细胞；另外，还有一些来源不明的黄体细胞。

黄体（图 3-4）是一种暂时性的分泌器官。黄体开始时生长很快，牛和绵羊在排卵后第 4d，可达最大体积的 50%～60%。黄体发育至最大体积的时间，牛、绵羊、猪、马分别在排卵后第 10d、第 7～9d、第 12～13d、第 14d。

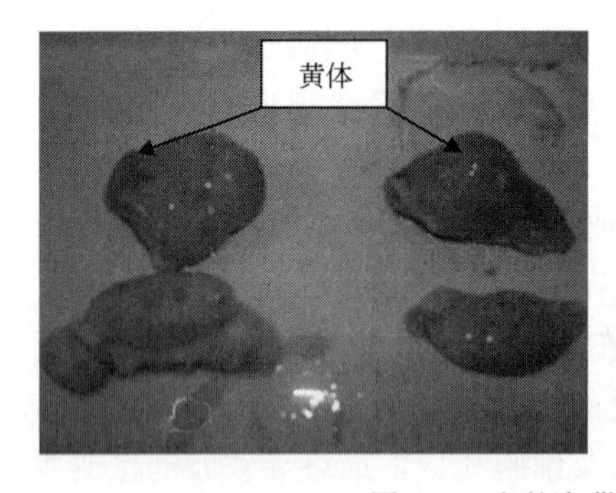

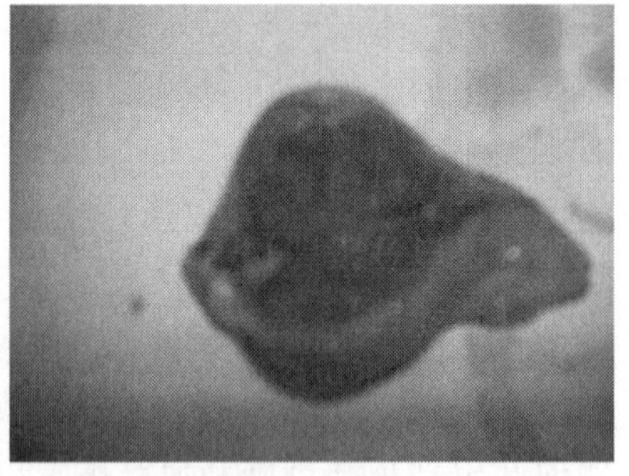

图 3-4　牛的卵巢黄体与黄体剖面

② 黄体的类型

a. 周期黄体（假黄体）。雌性动物如果没有妊娠，所形成的黄体在黄体期末退化，这种黄体叫周期黄体或假黄体。

b. 妊娠黄体。如果雌性动物妊娠，则周期黄体转化为妊娠黄体，此时黄体体积稍大。大多数动物妊娠黄体一直维持到妊娠结束后退化，而马、绵羊例外。绵羊妊娠后前 1/3 靠卵巢黄体维持妊娠，后期由胎盘分泌孕酮维持妊娠；马妊娠后前 40d 靠主黄体，41～120d 靠副黄体，90d 后胎盘开始分泌孕酮维持妊娠。

c. 副黄体。由妊娠雌性动物卵巢上卵泡排卵后形成的黄体叫副黄体，主要见于孕马；而排卵受精的卵泡形成的黄体叫主黄体。

d. 持久黄体。雌性动物子宫内没有孕体，但卵巢上有持续 30d 以上保持有分泌孕酮能力的病理黄体。

③ 黄体的退化。与妊娠与否有关，发情后如未配种或配种后未妊娠，即于发情周期的一定时间退化。黄体退化时，由颗粒层细胞转化的黄体细胞退化很快，表现在细胞质空泡化及核萎缩，着色变白，叫白体，残留在卵巢上。

母牛大多排出一个卵子，排卵后第 10d 黄体最大，第 14～15d 退化，但不完全；猪排卵数为 10～25 个，排卵后第 6～8d 黄体最大，第 16d 迅速退化；母羊排卵数为 1～5 个，排卵后第 6～8d 黄体最大，12～14d 很快退化；兔交配后即使未妊娠黄体也要到 20d 后才退化（假妊娠）。

在家畜和多数啮齿动物中，子宫内膜产生的前列腺素 $F_{2\alpha}$（$PGF_{2\alpha}$）是黄体退化的主要因素。在灵长类中，子宫对于正常的黄体退化似乎不是必需的，因此黄体内产生的 $PGF_{2\alpha}$ 可能对调节黄体寿命很重要。在猴和绵羊中，$PGF_{2\alpha}$ 和雌激素的相互作用对于正常的溶解黄体是重要的，雌激素的作用可能是调节黄体 $PGF_{2\alpha}$ 受体水平。

二、输卵管

1. 形态位置

输卵管是一对多弯曲的细管，它位于每侧卵巢和子宫角之间，是卵子进入子宫必经的通道，由子宫阔韧带外缘形成的输卵管系膜所固定。输卵管可分为三个部分：

（1）漏斗部 输卵管的前端接近卵巢，扩大成漏斗状，称为漏斗部。漏斗部的边缘上有许多皱褶并突出，呈瓣状，称为输卵管伞。

（2）壶腹部 输卵管的前 1/3 段较粗，称为壶腹部，是卵子与精子受精的部位。

（3）峡部 输卵管的其余部分较细，称为峡部。壶腹部与峡部连接处叫壶峡连接部。峡部的末端以小的输卵管子宫口与子宫角相连，称为宫管结合部。

2. 生理功能

（1）接受并运送卵子和精子 借助纤毛的运动、管壁蠕动和分泌液的流动，使卵子经过漏斗部向壶腹部运送，同时将精子反向由峡部向壶腹部运送。

（2）精子完成获能、卵子受精和受精卵分裂的场所 子宫和输卵管为精子获能部位，输卵管壶腹部为精子与卵子受精形成合子的部位。

（3）具有分泌功能 输卵管的分泌物主要是糖胺聚糖和黏蛋白，是精子、卵子的运载工具，也是精子、卵子和早期胚胎的营养液。

三、子宫

1. 形态位置

子宫是一个有腔的肌质性器官，富有伸展性。它前接输卵管，后接阴道，背侧为直肠，腹侧为膀胱。子宫大部分在腹腔，小部分在骨盆腔，借子宫阔韧带附着于腰下和骨盆的两侧。

子宫分为子宫角、子宫体及子宫颈三部分。子宫角成对，子宫角的前端接输卵管，后端会合而成子宫体，最后由子宫颈接阴道。

牛、羊、犬和猫的两侧子宫角基部内有纵隔将两角分开，为对分子宫，子宫角前端逐渐变细，延伸为输卵管。猪、马的子宫角基部纵隔不明显，为双角子宫，输卵管开口于子宫黏膜乳头上。兔有两个完全分离的子宫，共同开口于阴道，属于双子宫型（图 3-5）。

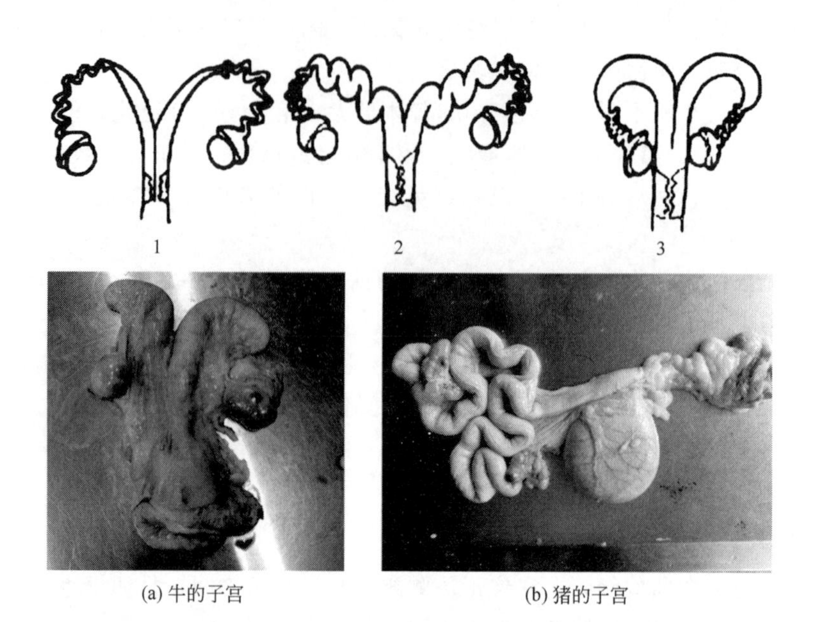

(a) 牛的子宫　(b) 猪的子宫

图 3-5　动物的子宫类型

1—双子宫型（兔）；2—双角子宫（猪、马）；3—对分子宫（牛、羊）

牛的子宫角弯曲如绵羊角，两角基部之间的纵隔处有一纵沟，称为角间沟。子宫黏膜上有 70～120 个突出于表面的半圆形隆起（子宫阜），妊娠时子宫阜发育为母体胎盘。子宫颈外口突出于阴道，子宫颈管发达、壁厚而硬，直肠检查时容易触及。

羊的子宫与牛的基本相同，只是羊的子宫较小。

马的子宫呈“Y”形，子宫体最发达。子宫颈阴道部长 2～4cm，阴道穹隆明显，发情时子宫颈开张很大，可容纳一指。

猪的子宫角长而弯曲，可达 1.2～1.5m，形似小肠。子宫颈较长，管腔中有若干个断面为半圆形突起的环形皱襞，后端逐渐过渡为阴道，没有明显的子宫颈阴道部（图 3-6）。

犬、猫的子宫体较短，但子宫角特别长。

2. 组织构造

子宫的组织构造从外向里为浆膜、肌层及黏膜。浆膜与子宫阔韧带相连。肌层由较薄的外纵行肌和较厚的内环行肌构成。黏膜又称子宫内膜，其上皮为柱状细胞，膜内有分支盘曲的管状腺（子宫腺）。子宫阜以子宫角最为发达，子宫体较少。

3. 生理功能

（1）贮存、筛选和运送精子，有助于精子获能　雌性动物发情时子宫颈口开张，有利于精子逆流进入，并具有阻止死精子和畸形精子进入子宫的能力。大部分通过的精子先贮存在子宫颈黏膜的隐窝内，逐步进入子宫。进入子宫的精子借助子宫肌的收缩作用运送到输卵

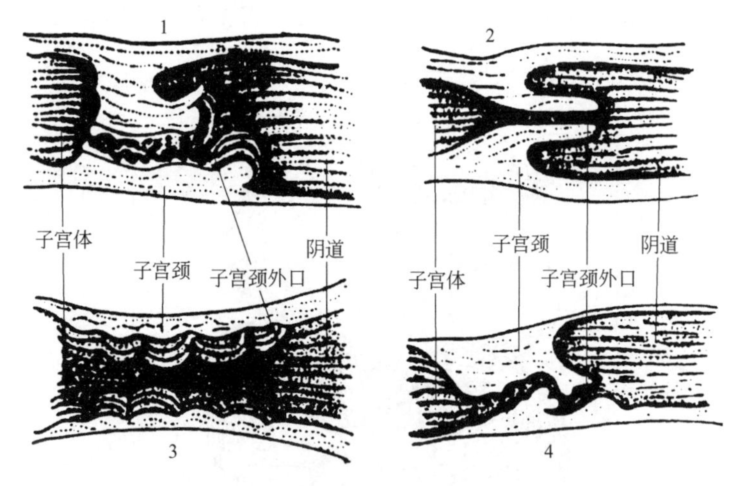

图 3-6 各种动物的子宫颈（正中矢状剖面）

1—牛的子宫颈；2—马的子宫颈；3—猪的子宫颈；4—羊的子宫颈

管，并在子宫内膜分泌液的作用下，使精子获能。

(2) 孕体的附植、妊娠和分娩 子宫内膜还可供孕体附植，附植后子宫内膜（牛、羊为子宫阜）形成母体胎盘，与胎儿胎盘结合，为胎儿生长发育创造良好的条件。妊娠时子宫颈黏液高度黏稠形成栓塞，封闭子宫颈口，起屏障作用，既可保护胎儿，又可防止子宫感染。分娩前栓塞液化，子宫颈扩张，以便胎儿排出。

(3) 调节卵巢黄体功能，导致再次发情 配种未孕的雌性动物在发情周期的一定时间，子宫分泌前列腺素 $F_{2\alpha}$，使卵巢的周期黄体溶解退化，在促卵泡激素的作用下引起卵泡发育，导致再次发情。妊娠后，子宫内膜不再分泌前列腺素，周期黄体转化为妊娠黄体，维持妊娠。

四、阴道和外生殖器官

1. 阴道

阴道是雌性动物的交配器官，也是产道。阴道背侧为直肠，腹侧为膀胱和尿道，输精时要防止误入尿道。阴道腔为一扁平的缝隙，前端有子宫颈阴道部突入其中，子宫颈阴道部周围的阴道腔称为阴道穹隆；后端和尿生殖前庭之间以尿道口、阴瓣为界。

阴道环境不利于精子存活。

2. 外生殖器官

包括尿生殖前庭、阴唇、阴蒂。

(1) 尿生殖前庭 从阴瓣到阴门裂的短管。前高后低，稍微倾斜，既是生殖道，又是尿道。

(2) 阴唇 构成阴门的两侧壁，两阴唇间的开口为阴门裂。阴唇的外面是皮肤，内为黏膜，两者之间有阴门括约肌及大量结缔组织。

(3) 阴蒂 由勃起组织构成，相当于雄性动物的阴茎。凸起于阴门下角内的阴蒂窝中。

五、母禽的生殖器官

母禽（以母鸡为例说明）生殖器官主要包括卵巢、输卵管两大部分，并只有左侧生殖器官，右侧在孵化的 7～9d 就停止发育，到孵出时退化，仅留残迹（图 3-7）。

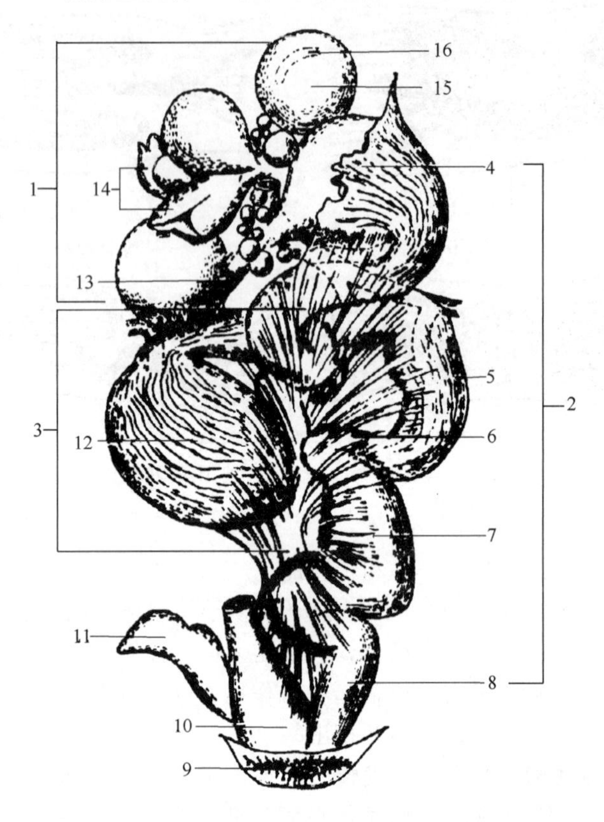

图 3-7　母鸡的生殖器官

1—卵巢；2—输卵管；3—输卵管系膜；4—漏斗部；5—膨大部；6—峡部；
7—子宫；8—阴道；9—泄殖腔；10—直肠；11—右侧退化输卵管；
12—有蛋存在的膨大部；13—骼总静脉；14—排卵后的卵泡膜；
15—成熟卵泡；16—卵泡上卵带区破裂口

1. 卵巢

卵巢位于腹腔中线稍偏左侧，在肾脏前叶的前方，由卵巢、输卵管系膜韧带附于体壁。家禽成熟的卵巢呈葡萄状（图 3-8），上面有许多不同发育阶段的白色卵泡和黄色卵泡，

图 3-8　成年母鸭的卵巢

每个卵泡含有一个卵母细胞。一个成熟的卵巢，肉眼可见 1000～1500 个卵泡，在显微镜下可观察到 12000 个，但实际发育成熟并排卵的很少。每个卵泡由卵巢柄附着于卵巢上，表面有血管与卵巢髓质相通，供卵子生长发育所需的营养物质。成熟母鸡产蛋期卵巢重约 40～60g，主要是 4～6 个卵泡的重量，休产期时仅 4～6g 左右。

2. 输卵管

输卵管是一条弯曲的管道，前端开口于卵巢下方，后端开口于泄殖腔。根据形态和特征，可分为喇叭部、膨大部、峡部、子宫部、阴道部五个部分。处于产蛋期的母禽输卵管粗而长，重约 75g，长约 70cm；而休产期时有所萎缩。

（1）喇叭部（漏斗部） 受精部位，长约 3～9cm，卵子停留约 18min。

（2）膨大部（蛋白分泌部） 长 30～50cm，密生两种腺管，管状腺分泌稀蛋白，单细胞腺分泌浓蛋白，卵子停留约 2～3h。

（3）峡部（管腰部） 长约 10cm，分泌部分蛋白，形成蛋白内外壳膜，卵子停留约 1h 15min。

（4）子宫部（蛋壳分泌部） 长约 10～12cm，为峡部下面一段较膨大的部分，壁厚肌肉发达，约有 50%的稀蛋白在此处经蛋壳膜渗入，但其主要作用是形成蛋壳，有色蛋的色素在此形成，卵子停留约 12～19h。

（5）阴道部 长约 10～12cm，为输卵管最后一段，开口于泄殖腔左侧，蛋在此等候产出。产蛋时，阴道自泄殖腔翻出，交配时阴道同样翻出接受公禽射出的精液。

单元一　雌性动物的发情与发情周期

一、雌性动物的发情与发情周期

1. 发情

发情是雌性动物发育到一定年龄（性成熟）后，在生殖激素的调节下，伴随卵巢上卵泡发育，雌性动物出现的卵巢、生殖道、性行为的变化。如鸣叫不安、食欲减退、泌乳量下降；嗅闻雄性动物，在发情高潮时有强烈的交配欲望，如我国地方品种母猪往往跳出猪圈找公猪；卵巢上有卵泡发育并成熟排卵、阴户红肿流出大量稀薄黏液、子宫颈口开张等。

2. 发情周期

雌性动物初情期后，卵巢上出现周期性的卵泡发育和排卵，并伴随着生殖器官及整个机体发生一系列的周期性生理变化，周而复始（非发情季节和妊娠期间除外），直到性功能停止活动的年龄为止，这种周期性的性活动称为发情周期。

在发情季节内，一次发情的开始到下次发情的开始，即两次发情的间隔时间或者两次排卵的间隔时间为一个发情周期。牛、水牛、猪、山羊、马、驴的发情周期平均为 21d，绵羊为 17d。

3. 发情周期的分期

动物在发情周期中，根据机体所发生的一系列变化，可分为几个阶段。一般多采用四分法和二分法来划分。

(1) 发情周期的四分法

① 发情前期。卵泡发育的准备阶段。上一个发情周期所形成的黄体进一步退化萎缩，卵巢上开始有新的卵泡发育并分泌雌激素，毛细血管扩张伸展，阴道、阴门黏膜有轻度充血、肿胀；子宫颈略为松弛，子宫腺体略有生长、腺体分泌活动逐渐增加，分泌少量稀薄黏液，阴道黏膜上皮细胞增生，但尚无性欲表现。

② 发情期。雌性动物性欲达到高潮的时期。此时愿意接受雄性动物交配，卵巢上卵泡迅速发育（图 3-9），雌激素分泌增多，并强烈刺激生殖道，使阴道及阴门黏膜充血、肿胀，子宫黏膜上皮细胞显著增生，子宫颈充血、颈口开张，子宫肌层蠕动加强，腺体分泌增多，有大量透明稀薄黏液排出，发情表现明显，食欲下降、精神兴奋不安、哞叫、奶牛产奶量下降等。多数动物在此期的末期排卵。

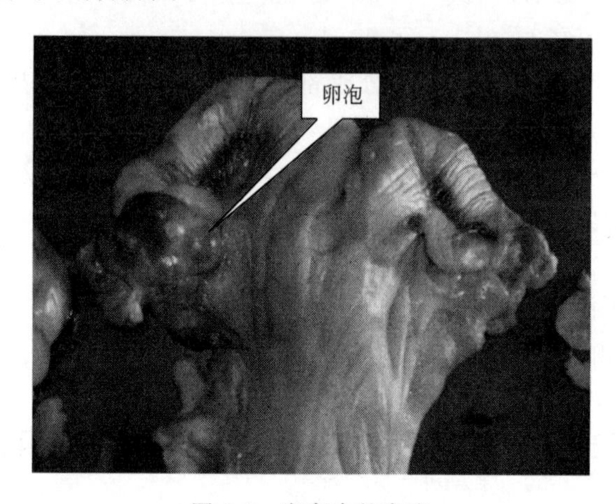

图 3-9 发育中的卵泡

③ 发情后期。卵泡排卵后形成黄体的时期。此期动物由性欲激动逐渐转为安静状态，卵泡破裂排卵后雌激素分泌显著减少，黄体开始形成并分泌孕酮作用于生殖道，使充血、肿胀逐渐消退；子宫肌层蠕动减弱，腺体活动减少，子宫颈管逐渐封闭，子宫内膜逐渐增厚，阴道黏膜增生的上皮细胞脱落，雌性动物逐渐恢复正常。

④ 间情期。黄体活动期。此时雌性动物性欲已完全停止，精神状态恢复正常。间情前期，黄体继续发育增大，分泌大量孕酮作用于子宫，使子宫黏膜增厚，表层上皮呈高柱状，子宫腺体高度发育并增生、大而弯曲且分支多，分泌作用加强，为胚胎发育提供营养。如果卵子受精，这一阶段将延续下去，动物不再发情；如未孕，则黄体持续一段时间后，开始萎缩退化，又回到发情前期。

(2) 发情周期的二分法

① 卵泡期。指黄体退化，卵泡开始发育直到排卵为止。猪、马、牛、羊、驴等动物卵泡期持续 6～7d，相当于四分法的发情前期与发情期。

② 黄体期。指从卵泡排卵后形成黄体，直到黄体萎缩退化为止。相当于四分法的发情后期与间情期。

4. 发情持续期

发情持续期，是指雌性动物发情从开始到结束所持续的时间。与季节、年龄、营养、个体等因素有关。牛约 10～18h，猪约 48～72h（地方品种 3～5d），羊约 24～48h，马约 4～7d。

二、性功能发育

广义的性功能发育是指动物从出生前的性别分化和生殖器官形成到出生后的性发育、性成熟和性衰老的全过程。狭义的性功能发育是指动物出生后与性发育、性成熟、性衰老有关的一系列生理过程，包括性行为及其调节（表 3-1）。

表 3-1　各种雌性动物的性功能发育期

动物种类	初情期	性成熟	适配年龄	繁殖功能停止期
牛	8～12 月龄	8～14 月龄	14～15 月龄	13～15 岁
猪	3～6 月龄	5～8 月龄	8～12 月龄	6～8 岁
绵羊	4～5 月龄	6～10 月龄	1～1.5 岁	8～11 岁
山羊	4～6 月龄	6～10 月龄	1～1.5 岁	7～8 岁
马	11～12 月龄	12～18 月龄	2.5～3.0 岁	18～20 岁
兔	3～4 月龄	3～4 月龄	6～7 月龄	3～4 岁

1. 初情期

雌性动物开始出现发情、排卵现象的时期。这时生殖器官迅速发育，开始具有繁殖后代的能力。

一般动物初情期与体重关系比年龄更为紧密。如奶牛达到初情期的体重是其成年体重的30%～40%、肉牛是 45%～55%、绵羊是 40%～63%。良好的饲养能促进生长，提早初情期；饲养不当则生长缓慢，推迟初情期。但是，猪的初情期与年龄关系比体重更为密切。

2. 性成熟

初情期后，雌性动物生殖器官已发育完全，具有协调的生殖内分泌、表现完全的发情症状、排出能受精的卵母细胞以及有规律的周期性发情，具备了繁殖能力。但此时雌性动物本身生长发育尚未完成，还不宜配种。

一般小动物性成熟早于大动物，早熟品种早于原始品种与晚熟品种，温暖、健康、营养好的性成熟较早。

3. 适配年龄

适配年龄指雌性动物达到性成熟后，在一定的体成熟度（如牛达成年体重的 70%以上）可以开始配种繁殖的年龄，如妊娠已不会影响母体自身和胎儿生长发育的时期。

一般雌性动物适配年龄：奶牛 14～15 月龄体重 375kg；猪 8～12 月龄（地方品种 6～8 月龄体重 50～60kg，培育品种 8～9 月龄体重 70～90kg）。

4. 繁殖功能停止期

雌性动物至年老，发情终止，不再排卵，此时称繁殖功能停止期。生产中除非种用价值很高，否则早已淘汰。

三、发情类型

雌性动物的发情受遗传、环境（如光照、温度）、饲养管理水平等因素影响。其中季节变化是影响动物生殖活动特别是发情周期的重要因素，它通过神经和内分泌系统影响发情周期，使部分动物在一定的季节才能发情，一些动物则全年都能发情。据此，可将动物发情分为全年发情型和季节性发情型。

1. 全年发情型

这类动物发情无季节性，如猪、牛、湖羊、寒羊等，全年都能发情。

2. 季节性发情型

一年中只在一定季节才能发情，其他季节卵巢上既无卵泡，又无黄体，卵巢功能活动处于相对静止状态。其中，又有季节性多次发情和季节性一次发情之分。像羊（湖羊、寒羊除外）一年中只在秋冬季节，马、驴在3～7月份，骆驼在冬春季节发情，但这些动物发情后如未配种或配种未受孕，间隔20d左右可再次发情。有些动物在发情季节只有一个发情周期，称为季节性一次发情，如犬的发情季节有春、秋两季，每季一般只有一个发情周期；狐狸和貉等动物也只有一个发情周期，狐狸9～11月龄性成熟，每年2～3月发情配种，貉每年立春至春分发情配种；特种经济动物水貂只在每年2～3月发情配种，配种期经历20余天。母貂发情时，从第一次排卵到下一次排卵约6～10d。

动物发情季节是通过长期自然选择逐渐演化形成的。首先，配种季节是否有利于受孕及分娩后幼畜的生长，如绵羊秋配春产、马春配春产，这都有利于幼畜的成活和生长；其次，是受季节因素的调节，如光照影响松果体激素的分泌，进而引起季节性发情。如马，驴，雪貂，野猪，野兔和一般食肉、食虫兽以及所有的鸟类，都是在每年春夏日照逐渐延长时发情配种；而绵羊、山羊、鹿和一般野生反刍兽类是在秋冬日照缩短时才促进其性活动，在日照由短变长的冬至后，发情逐渐停止。前者称为“长日照发情动物”，后者称为“短日照发情动物”。

发情虽有季节性限制，但也不是固定不变的。随着驯化程度的加深、饲养管理的改善和环境条件的改变，其季节性限制也正在逐渐弱化。如在寒冷地区或原始品种的绵羊季节性发情明显，温暖地区及经严格选育的绵羊发情没严格季节性；我国湖羊、寒羊终年发情。波尔山羊常年发情，但以秋季为性活动旺期；热带和亚热带的山羊（我国云南、广西、广东、福建等省）已没有明显的繁殖季节，几乎可全年配种。

以前认为犬一年中只在3～5月份、9～11月份的春、秋两季各发情一次，是季节性一次发情动物，这是由于犬有一个较长的黄体期（45d左右）。但饲养条件良好的犬季节性发情不甚明显，中国犬基本上全年可繁殖，只是春、秋两季发情较为集中。据调查，一般家犬中26%一年发情一次，65%一年发情两次，9%一年出现三次发情。

四、发情雌性动物的生理变化

1. 卵巢的变化

雌性动物在发情周期中，卵巢经历着卵泡的生长、发育、成熟、排卵和黄体的形成与退化等一系列变化（图3-10），在不同动物中卵泡的排卵与黄体的形成规律有所区别。

各种动物在发情时，能够发育成熟的卵泡数：牛和马一般只有1个，猪约10～25个，绵羊约1～3个，山羊约1～5个，兔5个左右，大鼠10个左右。

2. 生殖道的变化

雌性动物在发情周期中，由于雌激素和孕激素的交替作用，引起生殖道发生一系列变化，这些变化主要表现在血管系统、黏膜、肌肉以及黏液的黏稠度和颜色等方面。

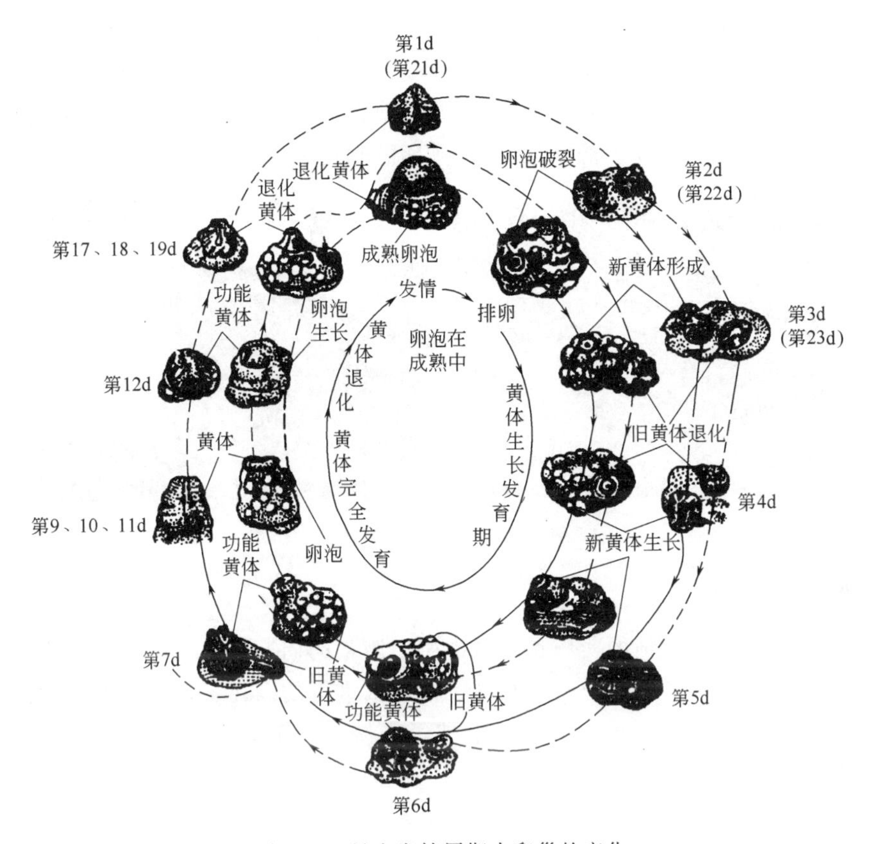

图 3-10　母牛发情周期中卵巢的变化

发情初期，在雌激素的作用下，生殖道出现血管充血，肌细胞活动增强，生殖道收缩频率增加，黏膜腺体发育，子宫颈口松弛，腺体分泌黏液增多，阴道黏膜充血，阴户红肿等变化。这些变化到发情期时表现更明显，阴户红肿发亮并流出大量透明黏液（图 3-11）；阴道黏膜充血、分泌物增多；子宫颈口红肿、开张，有黏液；子宫充血肿胀、分泌增强，子宫肌收缩呈管状弯曲。当卵泡成熟排卵后，雌激素水平随之骤然降低，上述生殖道变化逐渐消退。部分母牛还会因充血的毛细血管破裂，使血液从生殖道排出而出现发情结束后的阴道排血现象。

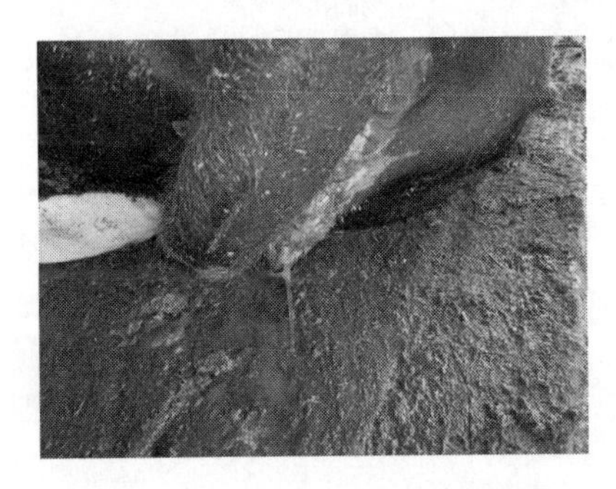

图 3-11　发情母牛阴户流出的黏液

3. 行为的变化

发情周期中，由于雌激素对中枢神经的刺激作用，使雌性动物在行为上也发生一系列变化，如精神兴奋、食欲减退、鸣叫不安、泌乳量下降、频频做排尿动作、尾根举起或摇动；在发情前期爬跨其他雌性动物但不接受爬跨，在发情期则有强烈的交配欲望，主动接近雄性动物并接受交配，后肢撑开、举尾，或嗅闻雄性动物等（图 3-12）。母猪常常会跳越栏圈，寻找公猪，按压其臀部会出现“静立反应”。排卵后则逐渐恢复正常。

图 3-12　母牛的发情表现

4. 生殖激素的变化

引起雌性动物周期性发情的实质是体液中生殖激素的周期性变化。发情周期中生殖激素的调节主要是通过中枢神经、下丘脑、垂体、性腺轴进行的。在生理条件下，下丘脑促性腺激素释放激素（GnRH）的分泌活动受中枢神经系统的控制，同时受血液中 GnRH 水平，促黄体素（LH）、促卵泡激素（FSH）水平和性腺类固醇激素水平的反馈调节（图 3-13）。

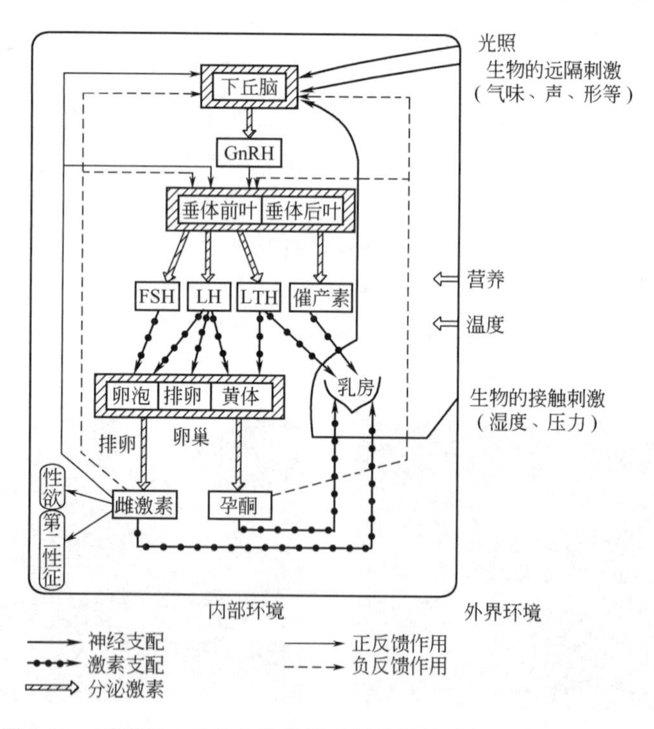

图 3-13　下丘脑、垂体和卵巢激素调节雌性动物生殖功能示意图

非季节性发情动物在初情期前，FSH 分泌少，卵巢对 FSH 不敏感，所以卵巢没有明显活动。

在初情期或性成熟后的一定时期，下丘脑分泌 GnRH 增多，通过垂体门脉系统作用于腺垂体，促进促性腺激素 FSH、LH 的分泌。促性腺激素通过血液循环作用于卵巢，在 FSH 作用下促进卵泡发育并分泌雌激素；在 LH 协同作用下刺激卵泡成熟排卵，并形成黄体分泌孕酮。雌激素经血液循环作用于中枢神经，刺激性兴奋中枢，引起发情行为（必须有少量孕激素的协同作用），刺激子宫内膜产生前列腺素。如果发情后未配种或配种未孕，在间情期的后期子宫内膜会分泌前列腺素引起黄体溶解，引起雌激素对下丘脑的正反馈调节作用，启动新的发情周期（图 3-14）。

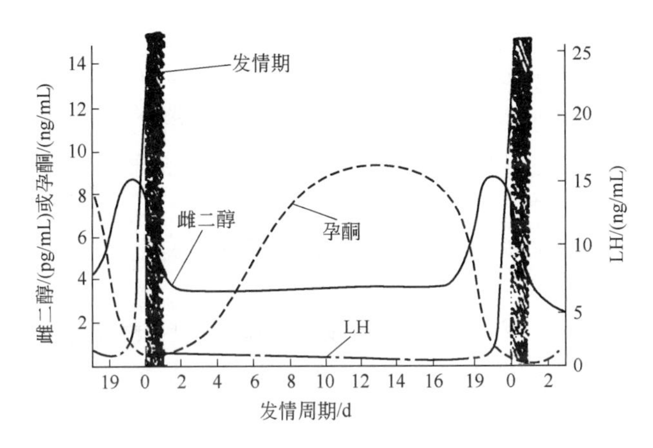

图 3-14 母牛发情周期中外周血浆的雌二醇、孕酮、LH 浓度变化

季节性发情动物（马、驴、羊）受光照影响，其促性腺激素分泌有明显的季节性变化，因而卵巢活动与性激素分泌量也相应发生变化。非繁殖季节垂体激素分泌量很少或停止，活性降低，卵巢功能降低，但是如果改变光照时间或补充外源性激素，则可促其在非繁殖季节发情。

单元二 产后发情、乏情与异常发情

一、产后发情

产后发情是指动物分娩后的第一次发情。雌性动物的产后发情时间与动物种类有关，也与产后营养、哺乳（产奶）有关。母猪一般在仔猪断奶后 3～9d 发情，个别产后 3～6d 发情，但不排卵；母牛一般在产后 40～50d 发情，但本地耕牛特别是水牛产后发情较晚；母羊以前认为在产后 60～90d 或下个发情季节才发情，但随着羔羊补饲及早期断奶技术推广、产后母羊营养改善，使产后发情提早，绵羊约 20d、山羊约 14d 可以发情；兔在产后 1～2d 发情，卵巢上有卵泡成熟排卵，且可配种，俗称“血配”，受胎率高；母马往往在产驹后 6～12d 发情，一般发情症状不明显甚至无发情表现，但卵巢上有卵泡发育并排卵，配种可受胎，叫“配血驹”。

二、乏情

乏情是指已达初情期或产后的雌性动物长期不发情，卵巢无周期性功能活动而处于一种相对静止状态。有的乏情如季节性乏情、妊娠性乏情、泌乳性乏情等，多属于一种正常的生理现象，不是由疾病所引起，称为生理性乏情；至于卵巢、子宫一些病理状态所引起的不发情，如持久黄体、卵巢功能障碍等，则属于病理性乏情。

1. 生理性乏情

(1) 季节性乏情 季节性发情动物在非繁殖季节，卵巢无周期性活动而生殖道也无周期性变化。如马、骆驼只在冬至过后光照逐渐延长的3～7月份发情；绵羊只在过了夏至光照逐渐缩短的秋冬季节发情；其他季节这些动物不发情。如果人为调整光照时间或改善营养，则可改变这些动物的发情季节。

(2) 泌乳性乏情 动物在产后泌乳期间不发情。这是由于泌乳期间催乳素（PRL）处于优势，对下丘脑的负反馈作用会抑制垂体促性腺激素分泌，使卵巢功能受到抑制。如猪在哺乳期间不发情，断乳后一周左右才发情；奶牛产后40～50d才出现发情；绵羊泌乳期间乏情持续5～7周或断奶后2周。另外，分娩季节、产后子宫复原程度、哺乳仔畜数，对乏情的发生和持续时间也有影响。

(3) 妊娠性乏情 动物妊娠之后，在妊娠黄体分泌孕激素作用下，周期性发情停止。如妊娠后出现发情表现，往往没有卵泡排卵，为假发情。

(4) 衰老性乏情 动物因衰老使下丘脑-垂体-性腺轴的功能减退，导致垂体促性腺激素分泌减少，或卵巢对激素反应性降低，不能激发卵巢功能活动而表现乏情。

2. 病理性乏情

(1) 先天性乏情 因先天性生殖器官发育不全所致，如异性孪生的母犊90%以上生殖器官发育不全而不能正常发情。

(2) 营养性乏情 因饲料营养不全或饲料质量不良使卵巢活动异常造成的不发情。如蛋白质、矿物质、微量元素和维生素缺乏都会引起乏情。放牧的母牛和绵羊缺磷引起卵巢功能失调；饲料缺锰可导致青年母猪和母牛卵巢功能障碍；维生素A、维生素E缺乏会出现性周期不规则或乏情。

(3) 疾病性乏情 持续的全身性疾病会造成雌性动物营养不良；卵巢炎症、萎缩、硬化等；子宫产生严重炎症，影响子宫内膜分泌前列腺素功能，致使卵巢上黄体不能正常退化等都会引起乏情。

(4) 应激性乏情 如使役过度、畜群密集、栏舍卫生不良、气候恶劣、长途运输等都可暂时抑制雌性动物发情、排卵及黄体功能。

因此，对于生理性乏情动物应注意维持和鉴别工作，必要时可采取措施，适当缩短季节性乏情时间或延迟衰老性乏情时间；对于病理性乏情动物，要及时发现，并采取针对性措施促进其及早发情。

造成乏情的实质是卵巢功能不足、卵泡发育停止或功能增强、有黄体持续存在。

三、异常发情

异常发情是指雌性动物发情持续时间、间隔时间超出正常范围或表现异常的发情。使役过度、营养不良、饲养管理不当和环境温度的突变也易引起异常发情。常见的异常发情有以下几种：

1. 安静发情

外部表现不明显，但卵巢有卵泡发育、成熟、排卵。后备雌性动物初次发情、产后第一次发情、季节发情初期的安静发情是由于缺乏周期黄体，孕酮分泌量不足，降低了中枢神经系统对雌激素的敏感性。体弱、高产奶牛、季节发情末期的安静发情可能是因雌激素分泌不足，导致发情外表症状不明显。

对安静发情的雌性动物可以通过认真做好发情观察，母牛可结合直肠检查卵泡发育状况发现，适时输精可正常受胎。

2. 短促发情

动物发情持续时间短，如不注意观察，很容易错过配种时机。短促发情多发生于青年雌性动物，乳牛发生率也较高。其原因可能是神经-内分泌失调，发育的卵泡提早成熟排卵或突然发育受阻。

3. 持续发情（慕雄狂）

多见于牛、马、猪，表现为有持续强烈的发情行为，发情期长短不规则，经常从阴户流出透明黏液，阴户浮肿，荐坐韧带松弛，尾根举起，配种不受胎。持续发情（慕雄狂）的母牛，表现为极度不安、追逐爬跨其他母牛、产奶量下降、食欲减退，不久出现颈部肌肉发达、声音较低、后躯发达等雄性特征。

慕雄狂发生的原因与卵泡囊肿（图 3-15）有关，但并不是所有的卵泡囊肿都有慕雄狂症状，也不是只有卵泡囊肿才引起慕雄狂，如卵巢炎，卵巢肿瘤以及下丘脑、垂体、肾上腺等内分泌器官功能紊乱，均可发生慕雄狂。

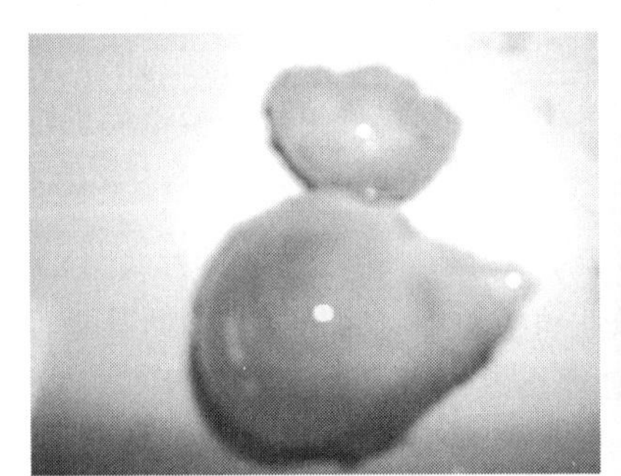
(a) 牛的卵巢卵泡囊肿

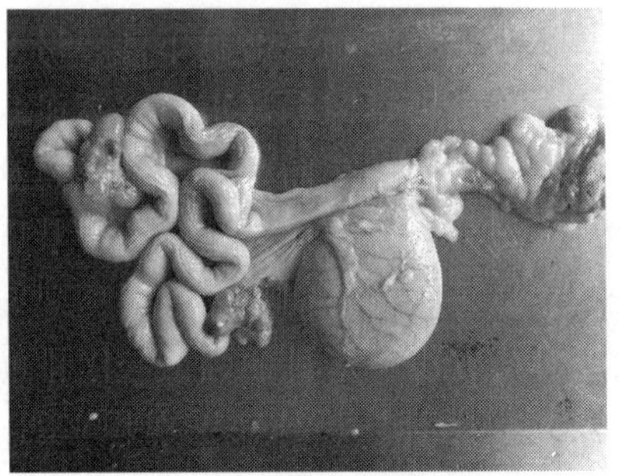
(b) 后备母猪的卵巢卵泡囊肿

图 3-15　牛与后备母猪的卵巢卵泡囊肿

4. 断续发情

动物发情间隔时间出现异常、发情时断时续。多见于早春和营养不良的母马，也见于奶牛，是黄体功能不足、不能抑制黄体期卵泡发生波中的卵泡发育所致。

5. 孕后发情

孕后发情又称假发情，是雌性动物妊娠后出现的发情，要注意鉴别。母牛在妊娠的前三个月内有 3%～5%的牛会出现发情；绵羊在妊娠期内可能有 30%出现发情，虽然发情时卵泡可达到排卵时大小，但往往不能排卵。马则例外，怀孕早期母马发情，卵泡可以成熟排卵，这与孕马血液中含有大量的孕马血清促性腺激素（PMSG）刺激卵泡发育有关。

孕后发情主要是激素分泌失调所致。如在妊娠时，胎盘分泌雌激素的功能亢进，抑制了垂体促性腺激素的分泌，从而使卵巢黄体分泌孕酮不足，引起妊娠雌性动物发情。

有些动物如大鼠、小鼠、兔、牛和绵羊等均有异期复孕的现象，即两胎相隔数天或一周才分娩，其至今无法得到很好的解释。

单元三　发情鉴定技术

一、发情鉴定的目的

发情鉴定技术是动物繁殖技术工作的重要环节。通过发情鉴定，可以判断动物发情的真假、发情是否正常、发情所处的阶段，预测排卵的时间，做到适时输精；对于不正常的发情，则可分析其发生的原因，并及时采取相应的治疗措施，以促进其正常发情。

二、发情鉴定的方法

动物发情鉴定的方法有多种，在实际应用时，要根据不同动物的特点，坚持重点与一般相结合的原则。但无论采用何种方法，在发情鉴定前，均应先了解动物的繁殖历史和发情过程，做好发情输精记录，特别是发情表现不明显的牛，要提前注意观察，防止漏配。

1. 外部观察法

外部观察法主要是通过观察雌性动物的外部表现和精神状态变化，从而判断其是否发情或发情所处的阶段。发情动物常表现出精神不安，鸣叫，食欲减退，外阴户充血肿胀、湿润有黏液流出，泌乳量下降，对周围环境和雄性动物反应敏感等。不同动物还有特殊表现，如母牛爬跨；母猪闹圈、"静立反应"；母马扬头嘶叫、阴唇不断外翻、露出阴蒂；母驴"叭叭嘴"等。上述特征表现随发情进程由弱转强，再由强转弱，发情结束后消失，特别是在雌性动物卧下、运动场上时表现明显。

2. 试情法

试情法以雌性动物在性欲和性行为上对雄性动物的反应为依据，判断其是否发情或发情所处的阶段。发情时，雌性动物通常表现为愿意接近雄性动物，弓腰举尾，接受爬跨和交配；而在发情结束或不发情时，则远离雄性，拒绝爬跨。在群牧动物（如羊）可用结扎输精管或带试情布的非种用公羊按一定比例（1∶40左右）放入母羊群中，以识别其中的发情母羊。

为使群牧发情雌性动物便于识别，常在试情雄性动物中使用颌下钢球发情标志器、卡马氏发情爬跨测定器，使接受爬跨的雌性动物尾根部印上标记。对圈养的猪，则可采取赶公猪的形式，让公母猪隔着猪圈接触，观察母猪的反应判定其是否发情。

3. 直肠检查法

主要用于牛、马等大动物（图3-16）。方法是将手臂伸入直肠内，隔着直肠壁用手指触摸卵巢及其卵泡，根据发育状况，判断排卵的大致时间。通过直肠检查法结合外部观察法，可较准确地判断雌性动物发情的真假及排卵时间，确定适时输精时间，但判断结果的准确度取决于术者的经验。

4. 阴道检查法

在牛、羊中，阴道检查是用阴道开膣器或内窥镜（图3-17）张开雌性动物的阴道，查看阴道黏膜色泽、黏液和子宫颈口等的变化。如发情雌性动物的阴道黏膜充血、红润有光泽，子宫颈口充血开张、有黏液流出等。阴道检查时要注意器械消毒，插入和退出时要小心，

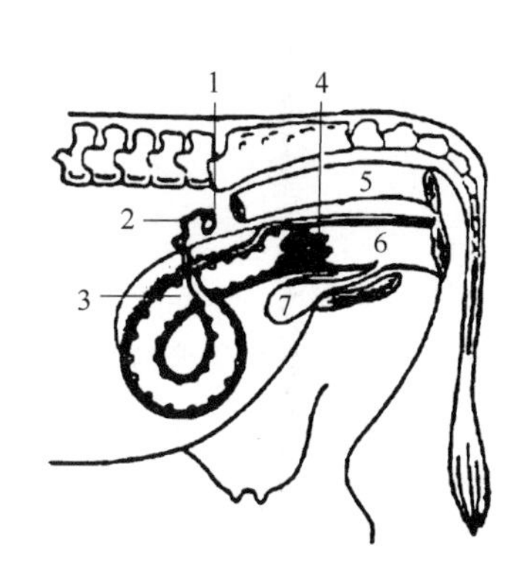

图 3-16　牛子宫、卵巢在骨盆腔中的位置

1—卵巢；2—输卵管；3—子宫；4—子宫颈；
5—直肠；6—阴道；7—膀胱

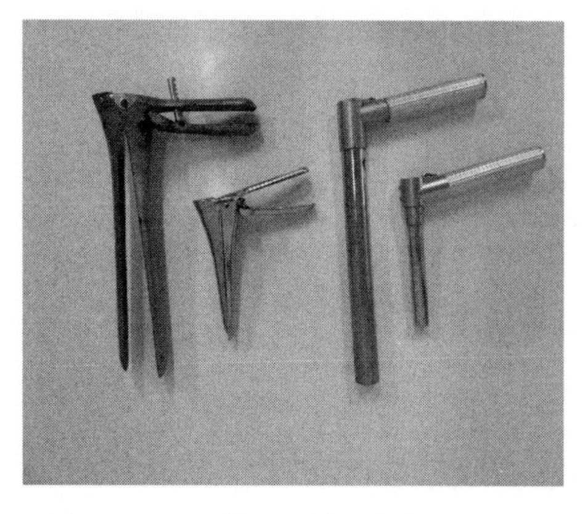
图 3-17　牛、羊用阴道内窥镜及开膣器

谨防损伤黏膜。

对于母犬，阴道检查是用棉签采集阴道分泌物，涂片染色后在显微镜下查看阴道上皮细胞角质化程度判定其发情阶段。

5. 其他方法

(1) 孕酮含量测定　根据发情周期中孕酮的变化规律，发情期孕酮下降，并且下降程度与发情状况有关。据报道，测定 34 头母牛配种当天脱脂乳中孕酮含量结果，17 头受孕牛平均为 0.6ng/mL(0.12～1.22ng/mL)，孕酮与雌二醇比为 11∶32；17 头未受孕牛平均为 2.03ng/mL(0.72～12.00ng/mL)，孕酮与雌二醇比为 29∶17。可见配种未受孕母牛配种当天脱脂乳中孕酮含量或雌二醇含量较高，或二者都高，显示卵巢功能不正常。

因此，可以通过测定雌性动物血、奶、尿中的孕酮含量，判断雌性动物是否发情与发情程度。

(2) 仿生法　应用仿生学的方法模拟雄性动物的声音，或利用人工合成的外激素模拟雄性动物的气味，以观察雌性动物反应判断其是否发情。该法用于猪的发情鉴定较多。

三、各种动物的发情鉴定方法

1. 牛的发情鉴定

(1) 发情特点　母牛发情周期平均为 21d(18～24d)，青年母牛比成年母牛约短 1d。发情明显，黏液多，发情后有排血现象，但有时也出现安静发情。水牛发情没有黄牛、奶牛明显，发情周期不正常的较多见。发情持续期约 18h(10～24h)，排卵在发情结束后 8～12h，多排出一个卵子，发情结束后有阴户排血现象。黄体在发情第 10d 最大，12～14d 退化，但退化缓慢且不完全。

(2) 发情鉴定方法　牛发情鉴定常以外部观察法结合直肠检查法进行。

① 外部观察法。发情母牛精神兴奋，食欲减退，常常鸣叫，产奶量下降，主动追寻公牛，外阴部明显充血肿胀、皱纹消失，卧下时常有透明黏液从阴户流出。互相爬跨较为明显，发情初期爬跨其他牛而不接受爬跨；在发情盛期，抓举尾巴或触摸阴户时尾巴会自然翘起，接受公牛爬跨。发情结束后 1～3d 有阴户排血现象，青年母牛较经产母牛更为多见。

牛外部观察发情鉴定时，要注意观察的时机与重点，一般在采食、挤奶后1～2h，母牛卧下一定时间后，观察其阴户下的黏液情况；散放的还可观察运动场上的爬跨情况。牛的发情持续期短，每天观察三次，母牛发情检出率为87.6%；每天早晚观察两次发情检出率为77.9%；而每天早晨观察一次发情检出率仅为51.7%。为提高发情鉴定的准确性，应适当增加观察的次数。

② 直肠检查法。在进行母牛直肠检查时，将手指并拢伸进直肠后，手心向下，轻轻下压并左右抚摸，在骨盆底上方摸到子宫颈，然后沿子宫颈向前移动，便可触及子宫体和分叉的子宫角。手指向前并向下，在子宫角弯曲处即可摸到卵巢。

母牛在间情期，多数情况下是一侧卵巢稍大，卵巢上有大小不等的黄体突出表面，用拇指或食指触之其饱满而有圆凸感。而在发情期，一侧卵巢上有发育的卵泡，直径约0.5～1.5cm。在发情过程中，卵泡经由小到大、由实到软、由无波动到有波动的变化过程。当卵泡发育成熟时，卵泡凸出明显，体积不再增大，但卵泡壁变薄，有一触即破的感觉，这时母牛发情表现最为强烈。之后，母牛往往在兴奋性消失后的10～15h卵泡开始破裂，卵泡液流失，卵泡壁变得松软、凹陷。排卵后6～8h红体形成，触感柔软，凹陷不显，母牛进入休情期。

卵泡与黄体的区别在于黄体凸出卵巢表面触之饱满而有圆凸感；卵泡凸出卵巢表面更光滑而有弹性波动，卵泡从发育到成熟波动逐渐明显（图3-18）。

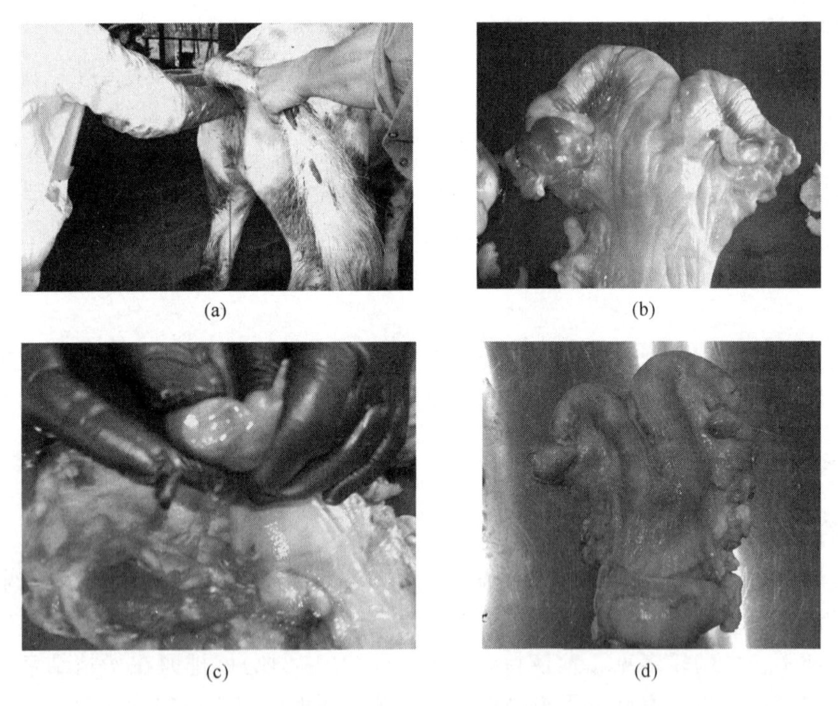

(a) (b) (c) (d)

图3-18　母牛的卵泡与黄体

(a) 直肠检查；(b) 卵泡；(c) 卵泡排卵后；(d) 黄体

(3) 适时输精时间的确定　母牛发情持续10～24h，青年母牛持续时间比经产母牛短，排卵在发情结束后8～12h，输精应在排卵前6～12h。一般青年母牛上午发情下午输精，下午发情次日早晨输精，间隔8～10h后再输一次；经产母牛适当延迟8～10h输精。

自然发情时，母牛夜间排卵占70%左右，因此牛的输精要重视傍晚的时间。

知识拓展

牛的发情鉴定新技术

近年来由于规模奶牛场的建设，散栏式养殖方式的推广，传统的外部观察法与直肠检查法发情鉴定面临着发情检出率低、劳动强度大的问题。为此，对散栏式奶牛场推广了计步器法、尾根涂蜡法发情鉴定。

1. 计步器法

(1) 计步器法的优点　奶牛发情持续期短，人工观察容易漏检；由于产后营养负平衡及产奶量高，不少牛会出现安静发情现象，更增加外部观察的难度。据调查，外部观察法发情母牛检出率53.4%，计步器法检出率71.4%。不能被人工观察到的发情奶牛往往卵泡发育不明显。

(2) 计步器法发情鉴定原理　计步器法主要根据发情母牛精神兴奋、运动频率增加的特点，在散栏式饲养的牛场，给每头空怀母牛安装计步器监测、记录运动频率（图3-19）。

图3-19　奶牛计步器

奶牛活动量受胎次、产奶阶段、季节气温、运动场类型、驱赶、疾病等因素影响，个体活动量差异显著。因此，基于全场统一阈值的发情鉴定法将导致偏差。一天中的不同阶段，如采食、挤奶，运动量也不同。

一般对运动频率比正常加快30%以上的暂定为发情母牛，再结合其他方法，特别是直肠检查进一步确诊是否发情。当然，计步器法对于发现安静发情、不明显发情、短促发情、夜间发情等人工不易观察到母牛发情的仍不失为一种良好的发情鉴定方法。

2. 尾根涂蜡法

尾根涂蜡法是根据发情母牛接受爬跨，而在爬跨过程中会与母牛尾荐部摩擦，造成毛发零乱和脱落的原理，将水性蜡笔涂抹到尾荐部，观察颜料脱落情况（图3-20），判定母牛是否发情。一般每天早晨对空怀待配母牛观察尾荐部蜡笔颜料脱落、毛发摩擦情况，并补涂抹蜡笔一次，先逆毛涂一遍，再顺毛涂一遍，确保涂抹均匀；对蜡笔颜料脱落、毛发有摩擦的，仔细观察、判定是否发情，对可疑的需结合直肠检查做出判断。

图 3-20　尾根涂蜡法发情鉴定

据试验，外部观察法能发现 63.6%的发情牛，而尾根涂蜡法则发现了 93.9%的发情牛。也有试验表明，外部观察法、计步器法和尾根涂蜡法的发情鉴定率分别是 70%、88%和 90%。

2. 猪的发情鉴定

(1) 发情特点　母猪发情周期平均为 21d(17～24d)，发情持续期 2～3d(31～64h)，成年母猪发情持续期比青年母猪短，排卵发生在发情开始后 20～36h（结束前 8h），排卵持续时间为 4～8h，常有出血卵泡（动脉充血渗入卵泡腔）。黄体排卵后第 6～8d 最大，14～16d 迅速退化。温度、光照对其发情影响较小，排卵数因品种、年龄、胎次、营养而异。

(2) 发情鉴定方法　猪的发情鉴定常以外部观察法结合试情法进行。

① 外部观察法。我国地方品种及其杂交后代母猪发情时，外阴部表征和行为表现明显。发情初期表现为不安，有时鸣叫，阴部微充血肿胀，食欲稍减退；之后表现为精神极度不安，尖叫，闹圈，爬跨其他母猪，阴门充血，黏膜鲜红、湿润，有黏液流出，按压臀部静立

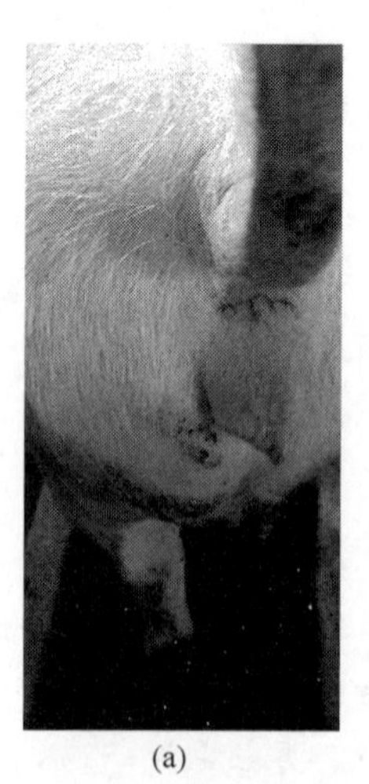

(a)

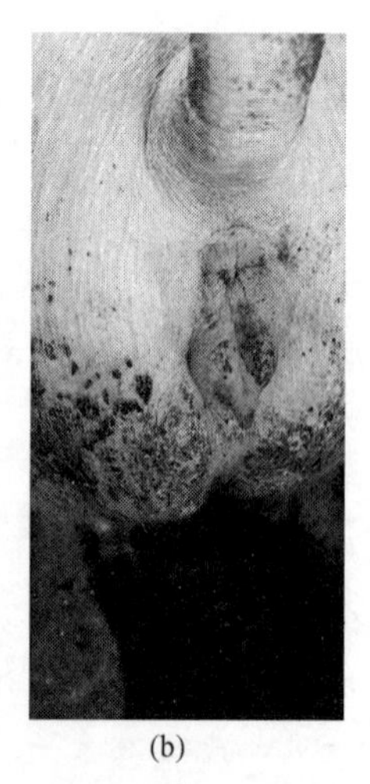

(b)

图 3-21　发情母猪阴户变化

(a) 阴户肿但没静立反应，输精太早；(b) 阴户肿渐退，有静立反应，输精适时

不动，表现“静立反射”；过后性欲渐降，阴部充血渐退，阴门变淡红、微皱、较干，表情迟滞，喜欢静伏（图 3-21）。

② 试情法。多数国外引进品种猪发情表现不明显，需借助发情母猪对公猪敏感的特点，用公猪来鉴别发情母猪（图 3-22）。

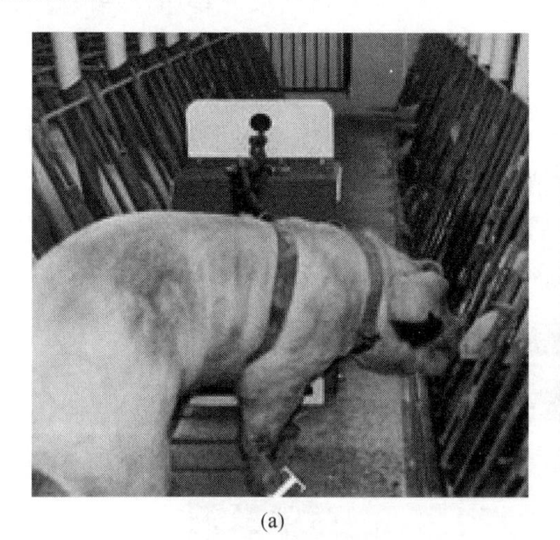
(a)

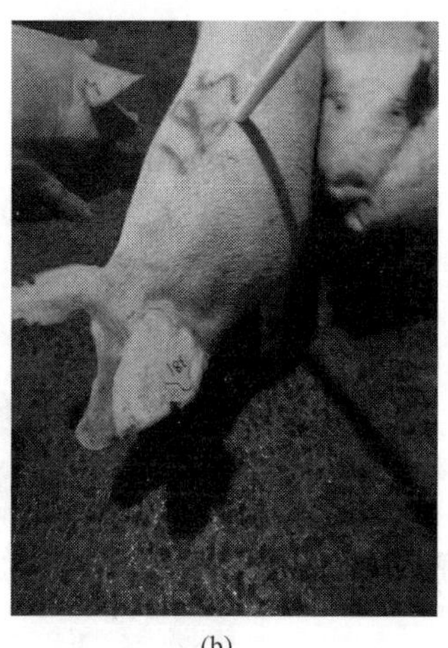
(b)

图 3-22 母猪试情法发情鉴定

(a) 遥控车控制试情法；(b) 公猪进栏试情法

采用公猪试情时，最好选择性欲旺盛、唾液多的老公猪作试情公猪，用挡板或遥控车控制其行走速度，缓缓从母猪前通过，观察母猪对试情公猪的反应。当母猪与试情公猪主动鼻与鼻接触，并观察到母猪有竖耳、弓背、瞪眼、摇尾、站立不动、颤抖、阴唇红肿、阴门排出黏液等发情症状时，立即按压母猪背部，如果母猪表现静立反应，则判定为发情。

每天 2 次赶公猪到母猪舍试情，判定发情后的母猪至输精前不再与公猪接触；在输精时最好有公猪在旁边刺激母猪性兴奋，促进子宫收缩。

有时也用仿生法，即观察母猪对公猪气味、叫声、尿液或人工合成外激素的反应，判断其发情状态（表 3-2）。

表 3-2 各种刺激对发情母猪的反应比例

刺激	静立反应/%	刺激	静立反应/%
按压背部	48	公猪的嗅闻、声音	90
公猪发出的叫声	70	公猪试情(嗅闻、声音、视觉)	97
40℃时包皮分泌液的气味	80		

上表说明，母猪发情鉴定仅靠压背试验，只有 48%的检出率；而用试情法，检出率接近 100%。当有公猪试情时，母猪静立反应的持续时间明显延长，从 39h 延长到 56h，排卵时间则从发情后 29h 延迟到 37h。

(3) 适时输精时间的确定 母猪发情持续期 2～3d，排卵发生在发情结束前 8h 或开始后 20～36h，排卵持续时间为 4～8h。输精在发情开始后 18～30h，不接受爬跨但仍有静立反应，阴户开始皱缩时，即发情后第 2d，间隔 8～12h 后复配一次。

母猪适时输精时间还受年龄、品种、断奶后发情时间等因素影响。

3. 羊的发情鉴定

(1) 发情特点 羊是季节性多次发情动物（湖羊、寒羊除外），一般在短日照的秋冬季节发情；发情周期绵羊平均 17d(14～20d)，山羊平均 20d(18～23d)；发情持续时间绵羊为 24～36h，山羊为 26～42h。在发情出现后 20～33h 即发情结束时排卵，一般每次排卵 1～3 个。黄体发育在性周期的第 6～8d 最大，第 12～14d 迅速退化。

(2) 发情鉴定方法 羊的发情鉴定以试情法结合外部观察法进行。

① 试情法。绵羊发情的持续时间较短，黏液少，尾巴盖住阴户，外部症状较不明显。因此，在群养情况下，多采用试情法发情鉴定。

试情法发情鉴定时，应选择性欲旺盛的非种用公羊作为试情公羊，并在使用前一个月结扎输精管或试情前腹下兜一块试情布（图 3-23），公、母羊比例以 1∶(30～40) 左右为宜。

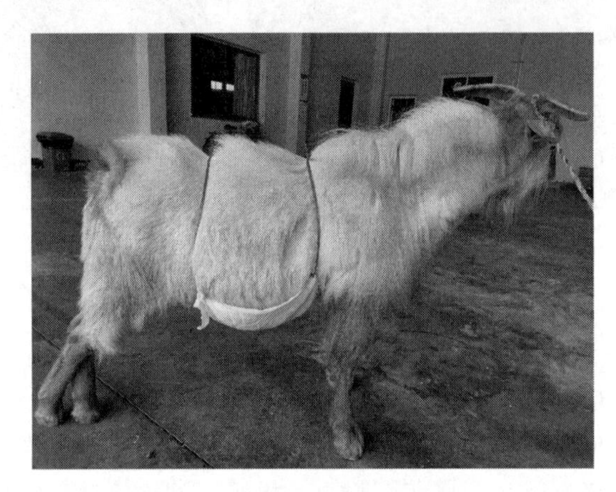

图 3-23 试情公羊腹下兜试情布

试情法发情鉴定的羊群在整个配种期应公、母羊分群饲养，每天仅早、晚放入公羊各试情一次。为便于识别发情母羊，可在试情公羊的腹部装上发情鉴定器或胸部涂上颜料，当发情母羊接受爬跨时，便将颜料印在母羊臀部上。

对接受试情公羊爬跨的发情母羊应从羊群中隔离，并进一步观察阴户及行为方面的变化，确定发情的阶段，确定适时输精时间。

② 外部观察法。山羊发情较绵羊明显，可采用外部观察法发情鉴定。母羊发情时兴奋不安，食欲减退，大声鸣叫，强烈摇尾，接近公羊，公羊追逐、爬跨时站立不动，外阴部及阴户充血肿胀，并有黏液流出。

(3) 适时输精时间的确定 母羊发情持续时间约 24～36h，排卵在发情接近终止时。一般一天试情两次的，上午发现母羊发情下午输精，下午发情次日早晨输精；一天试情一次的发现发情当天要输精一次，间隔 8～10h 后再输一次。

4. 兔的发情鉴定

母兔是刺激性排卵动物，发情不规律，没有严格的周期性。发情鉴定主要根据外部表现和阴道变化来确定。发情时表现为不安、站立、食欲减退、爬跨其他母兔、接近公兔等。对笼养母兔还应观察外阴肿胀及阴道黏液变化情况。发情母兔的阴道黏膜色泽为粉红色，阴唇肿胀。

根据母兔生殖生理特点，只要母兔处于发情阶段均可配种受孕，有时不发情母兔人工强制配种也可受孕。然而阴道苍白的母兔或被强制配种的母兔，其受胎率较低、产仔数较少。

适时输精时间的确定：兔属诱导排卵动物，发情时必须进行促排卵处理，在试情公兔交配刺激后2～5h输精，间隔8～10h后再输一次。也可用促排卵类药物。

5. 犬的发情鉴定

(1) 发情特点 犬属季节性一次发情动物，在3～5月份和9～11月份的春秋两季各发情一次；发情持续期长。饲养条件良好的犬季节性发情不甚明显。

① 发情前期。从雌犬阴道排出血样分泌物到开始愿意接受交配为止。雌犬卵巢有卵泡开始发育，表现为外阴肿胀，阴门流出带有血液的黏液，接近公犬但不接受爬跨，持续时间7～10d；阴道黏液涂片检查可见大量的红细胞、角质化细胞、有核上皮细胞和少量白细胞。

② 发情期。母犬接受公犬交配的时期。外阴明显肿胀，阴门排出黏液的颜色变成淡黄色，尾偏向一侧，露出阴门，主动接近公犬并接受爬跨，持续4～13d。排卵发生于发情开始后1～3d；阴道黏液涂片检查可见很多角质化上皮细胞、少量红细胞，无白细胞。

③ 发情后期。外部症状逐渐消失，如怀孕则进入妊娠期，如未妊娠则黄体大约持续6周后退化。

④ 间情期。母犬恢复安静状态，卵巢上没有卵泡或黄体发育，持续3～4个月。

(2) 发情鉴定方法 犬的发情鉴定方法有外部观察法、阴道涂片法、孕酮测定法等。

① 外部观察法。主要观察母犬行为变化、阴户变化、黏液变化等表现。

a. 行为变化。母犬接近发情期时，被毛变得光泽华丽，排尿次数增多，在外出运动时，会频频排尿。在阴道排出血样黏液后12～13d，外阴部表皮变为桃红色，开始缩小而变柔软。用手轻摸外阴部时，母犬会很敏感地出现反应，即后肢撑开站稳，尾巴迅速往左或右前方弯曲举起，摆出接受公犬交配的准备姿势。

b. 黏液变化。母犬发情开始后，从阴道内排出暗红色或红褐色黏稠的黏液。而后排出的黏液量逐渐增加，在发情前期和后期变为淡红色，黏液量也逐渐减少。到发情期的后期停止排出血样黏液。

在发情前期，母犬阴道内流出血样黏液，最初流出较少且比较稀薄，以后逐渐增多，到发情期血量减少、颜色变淡，此时应及时输精。

c. 阴户变化。有少数母犬在发情前的2个月，外阴部即有肿胀变化。大多数母犬是在发情前20～30d，外阴部产生较为明显的肿胀。当进入发情期，外阴部显著肿胀，到发情期的后期肿胀达到最明显。

② 阴道涂片法。犬虽然发情持续期为4～13d，排卵发生在发情后1～3天内，但有漫长的发情前期，从外部表现确定发情开始的时间比较困难，而通过阴道涂片检查，观察阴道上皮细胞角质化情况，可较好地判定发情、排卵的时间。

阴道涂片（图3-24）检查的原理是发情期雌激素分泌增加，促进阴道黏膜上皮细胞增生。但上皮细胞层缺乏血管，随着上皮细胞层数增加，使氧气和营养供应不足，导致上皮细胞退化、角质化；同时细胞体积增大，从嗜碱性转到嗜酸性，并造成细胞死亡，核固缩和裂解。

上皮细胞角质化（无核细胞）高峰期是在发情后1～2d，阴道上皮细胞完全角质化，出现鳞片状上皮细胞，则表示接近排卵。

一般在第一次出血后3～5d开始阴道涂片检查，最好是通过内窥镜把棉签插入阴道刮黏

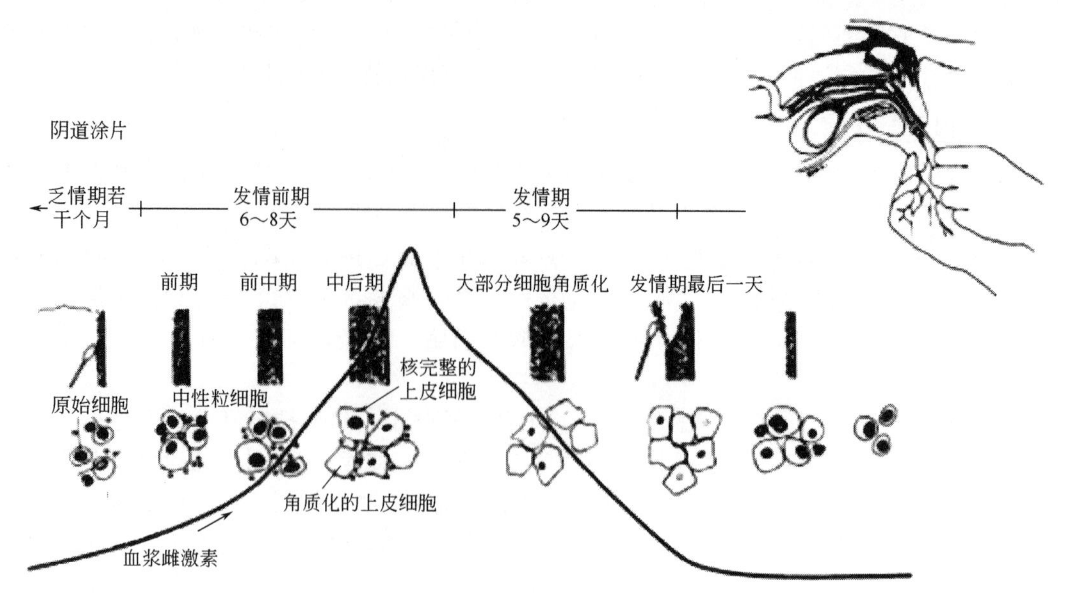

图 3-24 阴道壁厚度、细胞学和血浆雌激素浓度在发情母犬身上的变化

膜，在载玻片上滚动棉签，染色检查。

发情前期的阴道涂片可见很多有固缩核的角质化上皮细胞，很多的红细胞，少量白细胞和大量的碎屑；发情期可见所有的鳞片上皮细胞为角质化状态，通常无核，有少量的红细胞，无中性粒细胞，一般角质化细胞占 70%左右时是排卵的时期；排卵后白细胞占据阴道壁，同时出现退化的上皮细胞；间情期则角质化的鳞片上皮细胞被未角质化的鳞片上皮细胞和细胞碎屑代替。

③ 孕酮测定法。阴道涂片主要考虑雌激素对阴道上皮细胞的影响，准确预测排卵周期还需测定血中孕酮含量（图 3-25）。当阴道涂片观察到 60%上皮细胞角质化后，开始每天或隔天采血进行血中孕酮水平测定，当孕酮水平达到 5ng/mL 时为排卵期，10～15ng/mL 为最佳输精期。

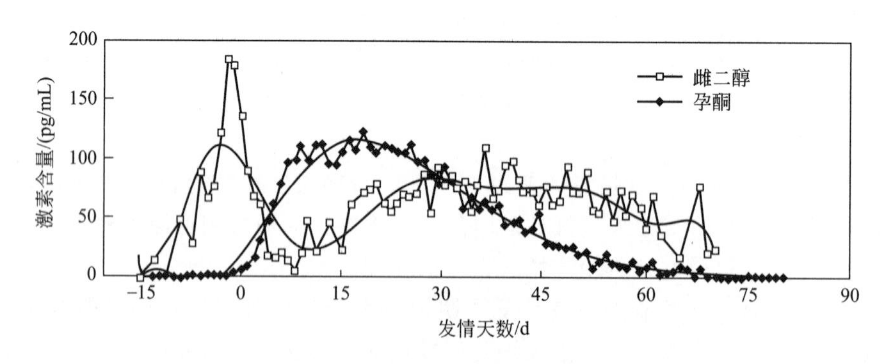

图 3-25 母犬发情期血浆激素变化

(3) 适时输精时间的确定 犬的发情持续时间约 4～13d，发情开始后 1～3d 排卵。即当母犬阴道内流出黏液颜色变淡后 2～3d，触摸尾根尾巴翘起，接受公犬爬跨，阴唇肿胀程度减退、变软时；或阴道涂片检查有 70%以上表层细胞成片状角质化细胞时；或孕酮测定，血中孕酮水平 10～15ng/mL 时为最佳输精时间，间隔 24～48h 后再输精一次。

6. 猫的发情鉴定

(1) 发情特点 家猫通常7～9月龄达到初情期，引进的纯种猫9～12月龄达到初情期。

猫是季节性多次发情和诱发排卵动物，在北半球1～9月份是发情季节，10～12月份是乏情期。缩短或延长光照，会抑制或促进发情。

发情周期一般为21d，持续3～6d，接受交配2～3d，排卵发生在交配后24～50h；如未排卵，则为2～3周；如交配后未孕，则延长至30～75d，平均6周。

(2) 发情鉴定方法 以外部观察法为主。母猫发情时，经常嘶叫，频频排尿，发出求偶信号，外出次数增多，静卧休息时间减少，有些猫对主人特别温顺亲近，也有些猫在发情时异常凶暴，攻击主人；若以手按压其背部，有踏足举尾巴的动作，尾巴弯向一侧愿意接受公猫交配。

猫的发情持续时间因季节和是否排卵而异。在春季持续时间5～14d，其他季节1～6d；如果交配后排卵，则发情持续5～7d，于交配后24～48h结束；如未排卵则要持续8d。

7. 马的发情鉴定

(1) 发情特点 马是季节性多次发情动物，在长日照的3～7月份发情，发情周期为21d，持续期比其他动物长，一般为5～7d，发情表现明显。排卵在发情结束前24～48h，成熟卵泡只能在排卵窝排卵。黄体发育在排卵后14d达最大，第17d开始退化，完全退化约需7周。妊娠母马除主黄体外，还有副黄体。

(2) 发情鉴定方法 马发情期长，如只靠外部观察及阴道检查，判断排卵时间较困难，但其卵泡发育较大，规律性明显，通常以直肠检查卵泡发育为主。

母马卵泡发育一般经过出现期、发育期、成熟期、排卵期、空腔期、黄体形成期六个时期。卵泡发育从出现期的小而硬，到成熟期的大而凸，触之波动感明显，直径比牛的大，达3～4cm。排卵后卵泡液流失，卵泡腔变空，12～24h后卵泡腔内渗入血液并凝结，之后黄体形成。

马的发情鉴定也可用试情法，不发情时母马对公马有防御反应，头对头时又咬又刨，尾对头时又踢又躲；发情时则愿意接近公马，并有安静、举尾、张开后肢和频频排尿等行为表现；在发情高潮时，很难把母马从公马处拉开。

技能训练一　牛的发情鉴定

【目的和要求】

通过观察母牛的行为、阴户和性欲表现判断母牛是否发情，掌握直肠检查的方法和技能，并利用直肠检查正确判断母牛的发情和排卵情况。

【主要仪器及材料】

母牛（最好在奶牛场进行）若干头；六柱栏或保定架、阴道开膣器或内窥镜、手电筒、长臂手套等。

【技能训练内容】

1. 外部观察法

在牛场运动场观察母牛行为表现。发情母牛表现为食欲减退、哞叫、不安定而到处走动，接受其他母牛的爬跨并弓腰站立不动；其他母牛常去嗅闻发情母牛的阴门，发情母牛从不嗅闻其他母牛的阴门；阴户红肿，卧地时阴户下有透明黏液。

2. 直肠检查法

（1）检查前的准备

① 将被检母牛保定于六柱栏内，防止检查人员被踢伤，并将尾巴拉向一侧。

② 检查者指甲剪短、锉光，将衣袖挽至臂部，戴上长臂手套并用水湿润。

（2）检查方法

① 检查者站立在母牛的侧后方，五指并拢呈锥形，缓缓旋转插入母牛肛门。

② 手伸入肛门后，若直肠内有蓄粪，可用手指扩张肛门，使空气进入直肠，促使蓄粪自然排出；也可展平手掌，少量而多次将粪掏出；还可在母牛排粪时，将手掌在直肠内向前轻推，待粪便蓄积较多时，逐渐撤出手掌，促使蓄粪排尽。

③ 掏取蓄粪后，将手臂再次伸入母牛直肠，先手指向下轻压肠壁，在骨盆腔入口后方摸到一坚实、纵向、似棒状物的即为子宫颈，可试探用拇指、中指及无名指握住子宫颈；再往前探摸子宫体、绵羊角状的子宫角；并在子宫角尖端的外侧探摸，可感触到椭圆形、柔软而有弹性的卵巢，然后触摸其形状和质地。

为便于学生真正掌握直肠检查技术，可采取老师、学生手把手的方法教学。

3. 阴道开膣器检查法

（1）检查前的准备

① 将被检母牛保定于六柱栏内，防止检查人员被踢伤，并将尾巴拉向一侧。

② 先用清水或肥皂水等洗净外阴部，再用1‰新洁尔灭溶液消毒并擦干。

③ 阴道开膣器或内窥镜用75%酒精消毒后，涂以少量润滑剂润滑。

（2）检查方法

① 用左手拇指和食指张开阴门，用右手持开膣器把柄，使开膣器前端闭合，与阴门相适应，斜向前上方插入阴门，当开膣器的前1/3进入阴门后，改成水平方向插入阴道，达子宫颈口处时，慢慢旋转开膣器，使其把柄向下。

② 轻捏把柄，撑开阴道，用手电筒或反光镜照明，观察阴道。

③ 观察阴道时，应特别注意阴道黏膜的色泽及湿润程度，子宫颈部的颜色及形状，黏液的量、黏度和气味，以及子宫颈管是否开张及开张程度。

④ 判断发情的依据。阴唇肿大，开膣器容易插入，阴道黏膜充血，光泽滑润，子宫颈口松软而开张，有黏液流出，可判定为发情；阴门紧缩，有皱纹，插入开膣器时感觉干涩，阴道黏膜苍白，黏液量少且呈糨糊状，子宫颈口紧缩，可判定为未发情。

【作业】

1. 根据观察和检查结果，分析发情症状，确定输精、配种适宜时间。

2. 描述发情母牛在直肠检查时所触摸到的卵巢变化特征。

技能训练二　猪的发情鉴定

【目的和要求】

通过观察母猪的阴户变化和行为、性欲表现判断母猪是否发情，掌握猪试情法发情鉴定的方法。

【主要仪器及材料】

母猪若干头（最好在猪场进行）、试情公猪 1 头等。

【技能训练内容】

1. 外部观察法

在猪圈观察母猪的外部表现，地方品种母猪发情在各种动物中表现最为强烈，食欲剧减甚至废绝，在圈内不停走动、爬墙、拱地、企图外出；既爬跨其他母猪，也接受其他母猪爬跨，按压臀部时出现静立反射。

2. 试情法

对于引进品种猪有时发情表现不明显，常用试情法发情鉴定。让试情公猪沿母猪圈慢慢通过，发情母猪听到公猪的叫声后会四处张望，当公猪接近时，顿时变得温驯安静，并表现静立反射，即这时用手按压母猪背部，母猪表现为静立不动，尾巴翘起，观察阴户红肿、湿润。

【作业】

1. 根据观察和检查结果，分析发情症状，确定输精、配种适宜时间。
2. 描述母猪试情法发情鉴定要注意的问题。

技能训练三　羊的发情鉴定

【目的和要求】

通过观察母羊的阴户变化和行为、性欲表现判断母羊是否发情，掌握羊试情法发情鉴定的方法。

【主要仪器及材料】

母羊若干只（最好在羊场进行）、试情公羊 1 只。

【技能训练内容】

1. 外部观察法

发情母羊表现为不安、不停摇尾、食欲减退、反刍停止、高声鸣叫，用手按压臀部，其摇尾更甚，放牧时常离群。这些发情表现，山羊比绵羊更为强烈。

2. 试情法

试情时，将戴有试情兜布的试情公羊按公、母 1∶40 的比例，每天 1～2 次放入母羊群中试情，凡接受公羊爬跨者即为发情母羊。在大群母羊试情时，为更好地鉴定发情母羊，可在试情公羊的胸腹部涂抹颜料，当发情母羊接受公羊爬跨时，母羊臂部便印有颜色，便于识别。

【作业】

1. 根据观察和检查结果，分析发情症状，确定输精、配种适宜时间。
2. 描述母羊试情法发情鉴定要注意的问题。

技能训练四　犬的发情鉴定

【目的和要求】

通过观察母犬的阴道变化和行为、性欲表现判断母犬是否发情，掌握犬的阴道分泌物涂片检查法。

【主要仪器及材料】

母犬若干只；棉签、载玻片、ABC染色液等。

【技能训练内容】

1. 外部观察法

主要是"一看二摸三嗅"，观察母犬行为变化、阴唇肿胀情况、阴户排出黏液情况等表现。

(1) 看行为变化 母犬接近发情期时，被毛光泽华丽，排尿次数增多，在外出运动时，会频频排尿，追逐公犬、接受公犬爬跨。

(2) 看黏液变化 在阴道排出血样黏液12～13d后，黏液量逐渐增加，颜色变淡，外阴部表皮变为桃红色，开始缩小而变柔软。

(3) 摸阴户变化 少数母犬在发情前2个月，大多数母犬是在发情前20～30d，外阴部发生较为明显的肿胀。当进入发情期后，外阴部显著肿胀，到发情期的后期肿胀达到最明显。

发情时，用手轻摸外阴部，母犬会很敏感地出现反应，即后肢撑开站稳，尾巴迅速往左或右前方弯曲举起，摆出接受公犬交配的准备姿势。

(4) 嗅阴道分泌物气味 接近排卵时，大量阴道上皮脱落坏死，用手分开阴户嗅闻阴道分泌物气味特别浓重。

2. 阴道涂片法检查

① 检查前准备。取不同发情阶段母犬若干只，做好保定和阴户消毒工作，防止意外发生；同时取棉签若干，并用生理盐水润湿；准备好载玻片、ABC染色液。

② 检查者左手固定犬外阴户，右手持棉签先45°～60°向前上方再水平插入阴道，达子宫颈口位置时，旋转棉签数周粘取阴道分泌物，取出棉签。

③ 将粘有阴道分泌物的棉签在载玻片上滚动涂片，干燥后用ABC染色液染色。

④ 将干燥后的涂片依次在A染色液中浸染10～20s、B染色液中浸染10～20s、C染色液中浸染5～10s后干燥。

⑤ 将染色后的载玻片于显微镜下放大400倍观察阴道上皮细胞细胞核完整比例，判断母犬是否发情及发情阶段。

【作业】

1. 根据观察和检查结果，分析发情症状，确定输精、配种适宜时间。

2. 描述犬阴道涂片法发情鉴定的原理及判断方法。

单元检测

一、相关名词

发情、初情期、性成熟、产后发情、发情周期、发情持续期、异常发情、假发情、断续发情、隐性发情

二、思考与讨论题

1. 雌性动物生殖器官由哪几部分组成？

2. 动物子宫的类型有哪些？动物子宫颈的结构有什么特点？
3. 雌性动物子宫有哪些主要生理功能？
4. 雌性动物发情的实质是什么？周期性发情的实质是什么？
5. 雌性动物发情鉴定的目的是什么？
6. 雌性动物发情鉴定的方法有哪些？分别适用于哪些家畜？
7. 简述各种雌性动物发情的特点及发情鉴定的方法。
8. 雌性动物发情的类型有哪些？哪些动物属于季节性发情？
9. 动物的排卵类型有几种？各有什么特点？对人工授精有何影响？
10. 影响动物性成熟的因素有哪些？
11. 不同规模猪场在发情鉴定方法上有何差别？
12. 雌性动物发情鉴定中要注意哪些问题？
13. 什么是异常发情？
14. 雌性动物乏情的原因有哪些？
15. 简述奶牛计步器法发情鉴定的原理。
16. 简述奶牛尾根涂蜡法发情鉴定的原理。
17. 简述犬阴道涂片法发情鉴定的原理。
18. 母犬与母羊阴道检查发情鉴定有什么不同？

项目四 输 精

学习目标

1. 知道动物的输精方法与输精前的准备内容，适时输精时间确定方法。

2. 会实施牛的直肠把握输精、猪的子宫体输精、羊的子宫颈口输精、犬的子宫体输精等输精操作。

输精是人工授精的最后一个环节，能否及时、准确地把精液输送到雌性动物生殖道的适当部位，是保证受胎的关键。

单元一 输精方法

由于动物子宫颈结构和体格大小差异，动物输精方法有阴道子宫体输精法、直肠把握输精法、阴道子宫颈口输精法等。其中，阴道子宫颈口输精法是技术不熟练或未掌握相关动物输精技术前的通用方法，如犬、猫的输精，只是要有更多的有效精子数，且受胎率较低。

一、母猪的输精方法

母猪的阴道部与子宫颈界限不明显，输精管较容易插入，可采用阴道子宫体输精法。目前根据输精深度，又分简易输精法与深部输精法两种。

1. 母猪简易输精法

输精前先清洗双手，清洁母猪阴户，准备一次性输精管；输精时先用手把阴唇分开，将输精管球头端先向前上方避开尿道口，再水平插入阴道；当输精管球头插入阴道深部达子宫颈口时，会感到有较大的阻力；此时应将输精管逆时针螺旋式向前推进；当输精管再深入8～10cm时，输精管球头已进入子宫颈口2～3cm处，向前推进阻力增大，此时便可停止前进；然后可将输精管轻轻向后退2～3cm，感到有阻力；轻轻松手后输精管能自然缩回阴道内，表明输精管球头已被子宫颈栓塞锁住，此时即可输精。

输精时，如是塑料袋装精液则将精液袋口连接输精管后，精液会借助子宫的收缩而缓慢流入子宫；如是塑料瓶装精液，可以将精液瓶连接输精管，瓶底朝上举高，并在精液瓶上方扎一小孔便于精液进入子宫。每次输精时间掌控在3～5min。输精完毕后，应将输精管尾部折弯并套上精液瓶，防止精液倒流。输精管15min后方可拔出或让其自行脱落，输精工作结束。

在实践中，输精时，有公猪在母猪旁边或用手掌等拍打母猪腰荐部，刺激母猪性兴奋，促进子宫平滑肌收缩，有利于精液更快流入子宫中（图 4-1）。

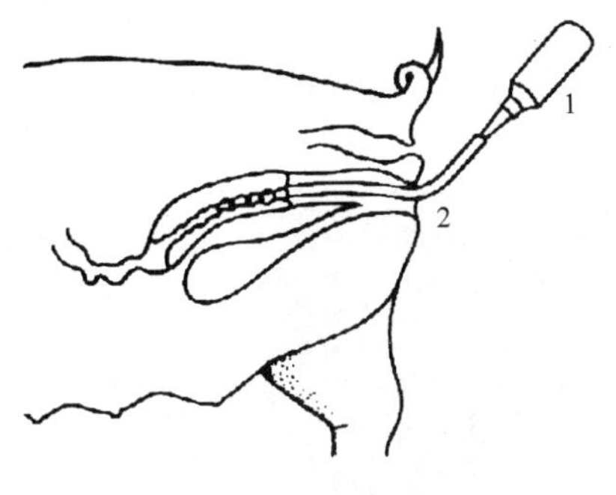

图 4-1 猪的输精

1—精液；2—输精管

2. 母猪深部输精法

为提高受胎率，减少输精有效精子数，近几年对经产母猪推广了深部输精法。即在 49cm 长的常规输精管腔中，插入一支 74cm 长的带伸缩扣的细软内管（图 4-1）。由于母猪子宫的子宫颈长约 10～18cm，子宫体长约 5cm，在常规输精管插入子宫颈 2～5cm 被栓塞锁住时，再根据不同个体将其中的内管继续往前插入约 10～15cm，达到子宫体内或子宫角基部后，把内管上的伸缩扣卡住外管避免精液倒流，按常规法输入精液，抽出内管后，将堵头堵上防止精液倒流，数分钟后将输精管退出。

二、母牛的输精方法

母牛的子宫颈结构与母羊类似，但母牛体型较大，手可伸入直肠，隔着直肠壁把握住子宫颈而实施直肠把握输精法。

输精前，先保定母牛，清洗外阴并擦干；冷冻精液需先解冻，装枪（细管冻精）或吸进输精管（颗粒冻精）。输精时，一手伸入直肠，掏出蓄粪后，用肘部下压阴门裂；另一手持输精枪，先将输精枪朝前上方插入阴道 10～15cm 避开尿道口，再水平插入至子宫颈外口处；直肠内的手在输精枪前面找到并正确握住子宫颈；左右手配合使输精枪前端通过子宫颈皱褶进入子宫体内。确认输精枪到达子宫体后，缓慢注入精液，完毕之后退出输精管（图 4-2、图 4-3）。

给母牛输精时，为避免输精枪误入尿道，输精枪插入阴道时，应先向前上方再水平向前插入；如果输精管插入深度已达子宫颈口处，但始终找不到子宫颈口，可能是误插入尿道，此时可退出输精管重新插入；如果输精管在阴道插入受阻，可用直肠内手在输精管前将阴道壁向上提一下，或把子宫颈向前拉一下，使阴道展平即可；输精管插入子宫颈时，要将子宫颈握在手心处（图 4-3）；输精时，持输精管的手要靠住阴户，避免牛骚动时输精管折弯或损伤生殖道。

三、母羊的输精方法

羊因体型小，子宫颈管细而曲折，与阴道界限明显，只能用开膣器子宫颈口法输精。

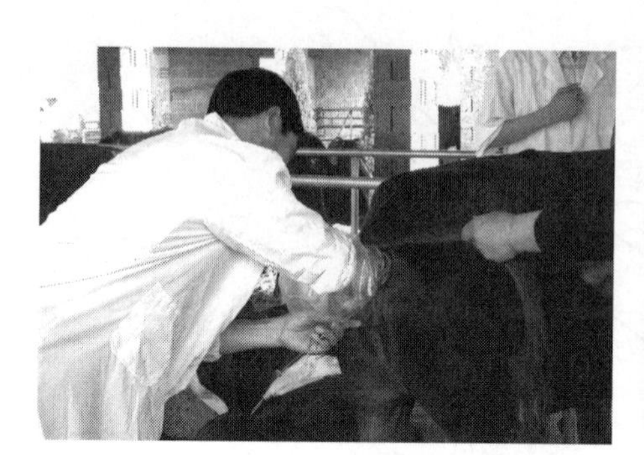

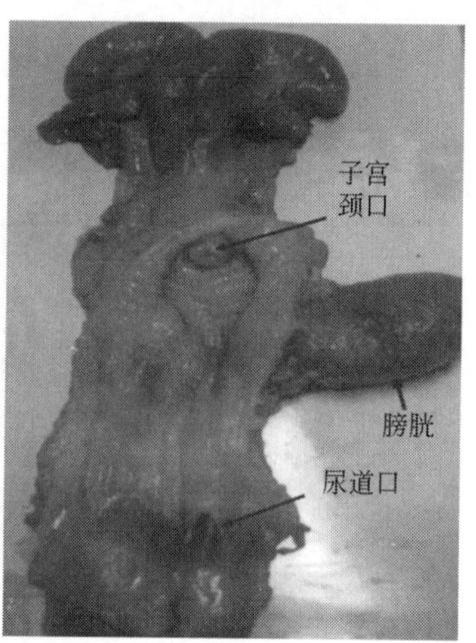

图 4-2　牛的子宫颈外口与剖面

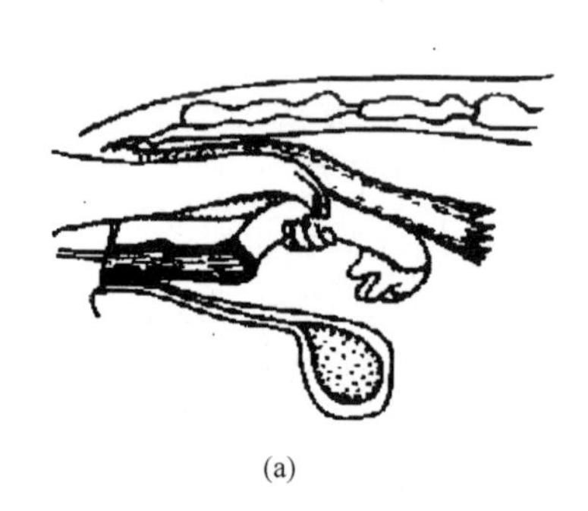

(a)

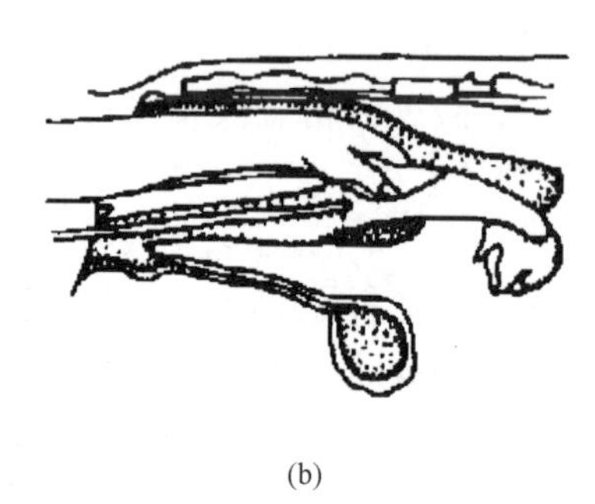

(b)

图 4-3　牛的直肠把握输精法
(a) 错误把握法；(b) 正确把握法

输精前先保定母羊，清洁母羊阴户，准备好开膣器或阴道内窥镜，将一次性注射器连接输精管（针）。输精时，一手持开膣器或阴道内窥镜插入母羊阴道，借助光源找到子宫颈口；另一手持吸有精液的输精管，插入子宫颈口内 1～2cm 处，缓慢注入精液，再退出输精管和开膣器或阴道内窥镜，并使母羊继续保持输精姿势数分钟，避免精液流入阴道。

因羊体型小，为工作方便、提高效率，可在输精架后设置一坑，或安装可升降的输精台架。对个别母羊，也可由助手抓住羊后肢倒立保定后输精（图 4-4）。

四、母犬的输精方法

母犬体型小，且子宫颈与阴道界限明显，颈管小，对体型较大的犬也可用过子宫颈输精管输精。

犬输精有专用输精管，也可将猪深部输精管的内管截短用。

1. 常规输精

输精时，由主人将母犬放在适当高度的台上站立保定或倒提后肢保定。由于犬的阴唇位于肛门下方 3～6cm 处，输精员用左手将母犬阴唇分开暴露阴道后，将输精管向前上方呈 45°左右避开尿道口缓慢插入约 3～5cm，再水平向前插入约 8～10cm，输精管到达子宫颈口时，输精人员会感到明显的阻力；此时左手于犬腹部探触子宫颈，右手调整输精管插入角度

图 4-4 羊的输精

(回撤、再向前)；当输精管通过子宫颈时，可明显感知阻力减小、有落空感，表明已进入子宫体，即可将精液缓慢输入，抽出输精管。如腹部探触不到子宫颈，则可将精液输到子宫颈口，并将母犬后躯抬高保定 3～5min 完成输精，但要增加输入有效精子数。输精后避免母犬激烈跳动和与其他犬接触。

2. 过子宫颈输精

犬还可用过子宫颈输精管输精，先将带有气囊的输精管外管按常规输精法插入阴道达子宫颈口处，再用注射器注入适量空气，使前端气囊鼓起撑开子宫颈口后，将内管插入，通过子宫颈口后，注入精液到子宫体。

五、母兔的输精方法

兔的体格较小，且是双子宫动物，一般采用阴道子宫颈口输精法。输精时，助手先保定母兔并提起尾巴，术者擦净阴户后，左手抓住阴唇下角使阴门张开，右手将输精管沿背侧避开尿道插入母兔阴道约 6～10cm，有阻力时，表明到达子宫颈口，缓慢注入精液，并将母兔后躯抬高保定 5～10min 完成输精。

单元二 输精前的准备

为确保雌性动物输精后的受胎效果，输精前需要做好一系列的准备工作，如器械、雌性动物、精液、输精员等的准备，并要做到适时输精。

一、器械的准备

凡是要与精液接触的器械如稀释、收集精液用的玻璃器械都必须经过清洗、消毒灭菌、干燥，不能有任何化学物质残留。用前最好用稀释液或生理盐水润洗，确保对精液无毒害作用。

开膣器最好一头雌性动物一个，用前用 75%酒精消毒或火焰消毒冷却后使用（冬季应防止过冷）。

输精器械最好使用一次性输精管（图 4-5），牛细管输精枪长 44cm、猪常规输精管 49cm、猪深部输精管 74cm、小型犬输精管 29cm、大型犬输精管 40cm、羊输精针长 23cm。

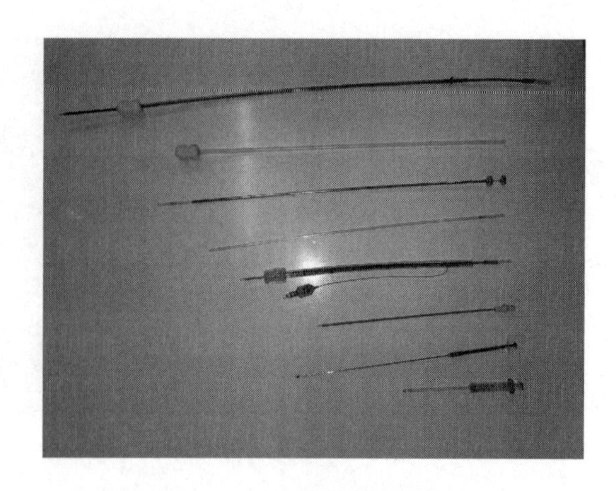

图 4-5　动物常用的输精器械

注：由上至下依次为猪深部输精管、猪常规输精管、牛细管冻精输精枪及外套管、犬过子宫颈输精管、犬常规输精管、羊输精针及 1mL 注射器、兔输精管。

二、雌性动物的准备

(1) 保定　雌性动物输精前应适当保定，小动物如羊可倒提保定、犬则由主人保定、奶牛可在牛床站立保定，以便顺利完成输精。

(2) 消毒　输精时，用肥皂水清洗雌性动物外阴部，然后用清水洗净、纸巾擦干；输精时由助手将动物的尾部拉向一侧，马输精前应将尾毛用绷带扎好，防止带入阴道内；输精时可刺激阴户等部位，最好有雄性动物在旁边，促进子宫收缩，有利于提高受胎率。

(3) 进一步确定是否适时输精　输精前还应对雌性动物做进一步发情鉴定，根据各种动物的排卵时间、精子在雌性动物生殖道内保持受精能力时间和精子获能时间进一步确定是否适时输精。一般在卵泡成熟期、接近排卵时输精，受胎率较高。

① 牛。发情持续 10～18h，青年母牛持续时间比经产母牛短，排卵在发情结束后 8～12h，输精应在排卵前 6～12h。一般青年母牛上午发情下午输精，下午发情次日早晨输精，间隔 8～10h 再输一次；经产母牛适当延迟 8～10h 输精。

一般母牛夜间排卵和白天排卵分别占 70%和 30%左右，因此牛的输精要重视傍晚的时间。

② 猪。发情持续 2～3d，排卵在发情开始后 19～36h，排卵持续 4～10h。输精在发情开始后 18～30h，不接受爬跨但仍有静立反应，阴户开始皱缩时，即发情后第 2d，间隔 8～12h 复配一次。

母猪适时输精时间还受年龄、品种、断奶后发情时间等因素影响，其核心是发情表现及持续时间的差异。

a. 年龄对输精时间的影响。老母猪排卵比青年母猪早，持续期短，生产上有“老配早，小配晚，不老不小配中间”的经验之谈。如 6 胎以上地方品种老龄母猪，发情后 1～2d 内输精；3～5 胎中龄母猪，发情后 2～3d 内输精；1～2 胎青年母猪，发情后 3～4d 内输精。输精前，应对母猪压背检查，如果静立不动就可输精。

b. 品种对输精时间的影响。地方品种母猪发情明显，国外品种母猪（引进品种母猪）发情不明显，持续时间较短。规模猪场应每天早晚两次喂料后牵试情公猪在待配母猪头前走动，根据公母猪亲热程度结合对母猪压背检查、母猪断奶后发情时间长短，确定第一次输精的时间。一般国外品种母猪比地方品种母猪提早3～6h输精。

c. 断奶后发情时间对输精时间的影响。断奶后发情迟的比早的持续时间短（图4-6），输精应适当提前，如对断奶后5d内发情的母猪，间隔24h后第一次输精；对断奶后第5d、6d发情的母猪，间隔12h后第一次输精；对断奶后第7d及以后发情的母猪，观察到发情表现立即输精。间隔12h后均应第二次输精。

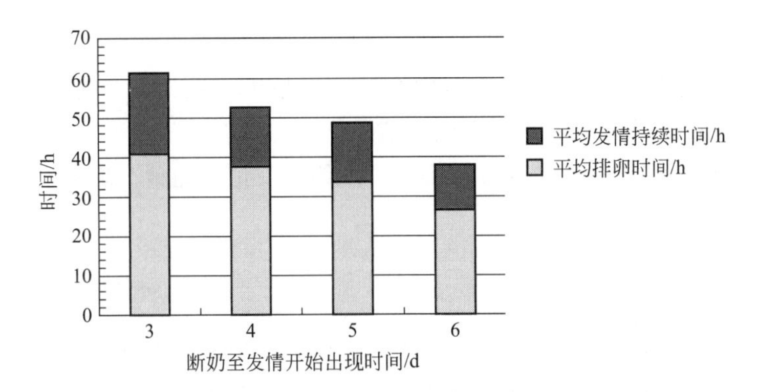

图4-6　母猪断奶后发情时间与发情持续时间及排卵时间的关系

此外，对激素诱导的发情，可能外部表现不太明显，静立反应时间短，一旦发现静立反应应提早输精。

③ 羊。发情持续约24～36h，排卵在发情终止时。一般一天试情两次的上午发现母羊发情下午输精，下午发情次日早晨输精；一天试情一次的发现发情当天要输精一次，间隔8～10h再输一次。

④ 犬。犬的发情持续4～13d。排卵发生于发情开始后1～3d。当母犬阴道内流出黏液颜色变淡后2～3d，触摸尾根尾巴翘起接受公犬爬跨，阴唇肿胀程度减退变软时；或阴道涂片检查有70%以上表层细胞成片状角质化细胞时；或孕激素测定，血中孕酮水平5～15ng/mL时为最佳输精期应及时输精，间隔24～48h再输一次。

⑤ 兔。属诱导排卵动物，发情时必须进行促排卵处理，在试情公兔交配刺激后2～5h输精，间隔8～10h再输一次。也可用促排卵类药物。

三、精液的准备

(1) 正确保存精液　保存方法不当严重影响精液体外存活时间与保存效果。液态保存精液要注意保存温度等，冷冻保存精液要及时添加液氮等。

(2) 确保精液活力合格　精液应经品质检查，液态保存精液活力不低于0.6、冷冻精液解冻后活力不低于0.35方可用于输精。

(3) 确保输精量及有效精子数　输精量与有效精子数应按不同动物的生理特点、精液保存方式、输精部位等确定。一般马、猪的输精量较大，牛羊的输精量较小；液态保存的精液比冷冻保存的精液输精量大；阴道输精比子宫体输精精液量大。各种动物精液输精量及有效精子数见表4-1。

(4) 混合精液输精　在商品猪场，采用几头公猪精液混合输精，可以简化精液稀释、分装操作，还有利于提高受胎率。

表 4-1 各种动物精液输精量及有效精子数

畜种	牛		羊		猪		马		兔
	液态	冷冻	液态	冷冻	液态	冷冻	液态	冷冻	液态
输精量/mL	1.0～2.0	0.25～0.5	0.05～0.1	0.1～0.2	80～100	20～30	15～30	15～30	0.2～0.3
有效精子数/亿个	0.1～0.3	0.08～0.2	0.5	0.3～0.5	20～30	10～20	2.5～5	1.5～3	0.15～0.3

四、输精员的准备

输精人员应熟悉输精技术，注意人畜安全，剪短指甲并锉光，消毒手臂或戴乳胶手套（猪、犬）或一次性长臂手套（牛）后实施输精操作。

要注意规范输精操作，认真做好发情鉴定，杜绝“发情＝输精”现象，强化只有发情正常，才有良好的受胎率。

五、输精部位

输精部位根据不同动物体格大小及子宫颈构造而异，牛采取子宫体输精，猪为子宫颈深部或子宫体输精，羊采用阴道子宫颈口输精，犬为子宫颈口或子宫体输精，兔为阴道子宫颈口输精。

知识拓展 **家禽的输精**

家禽的人工授精始于20世纪30年代的苏联，主要用于研究。60年代种鸡笼养后，才受到普遍重视，80年代时已在生产中广泛应用。

1. 输精前准备

（1）选留种鸡　60～70日龄1∶(15～20）选留，蛋鸡6月龄、肉鸡7月龄1∶(30～50）选留。选留生长发育正常、健壮、冠发达而鲜红、泄殖腔大、湿润而松弛，性反射好，乳状突且充分外翻、大而鲜红、精液品质好的公鸡。

（2）采精　采精公鸡应与母鸡隔离饲养，采精前3～4h应停水停料，以减少粪尿对精液的污染。

采精应有固定日程和时间，隔天一次或每周4～5次，时间固定在上午9～10时。

采精前剪去公鸡泄殖腔周围的羽毛，以免妨碍操作和污染精液。采精器械要洗净、消毒、烘干。

2. 输精时间与部位

（1）输精时间　每天大部分母禽产完蛋后，是输精最适宜的时间。一般鸡、火鸡在下午4时以后；鹅、鸭宜在上午10时以后进行。

（2）输精部位　母鸡、火鸡在浅部阴道1～2cm处输精（或3～4cm)，鸭、鹅在深部阴道4～6cm处输精，由2～3人协同操作。

3. 输精方法

（1）输精操作　助手左手握住双翅，提起母鸡，使鸡头朝上，肛门朝下，右手掌置于母鸡耻骨下，在腹部柔软处施以一定的压力使泄殖腔开张，输卵管口翻出。此时母鸡如有粪便即排出，然后将母鸡泄殖腔朝向输精员。母鸡输卵管开口于泄殖腔内左侧上方。

输精员将输精管插入输卵管 1cm 左右，注入精液后，将输精管向后拉，同时解除对母鸡腹部的压力。

(2) 输精量与次数　鸡每周一次，原精液 0.025～0.03mL (含精子 0.5 亿～1 亿个)；火鸡原精液 0.015～0.023mL (含 1 亿～2 亿个)，间隔 10～12d；鹅、鸭 0.8 亿～1 亿个，间隔 5～7d。

4. 影响受精率的因素

① 精液品质优良的公禽，受精率高。在啄斗序列中处于优势的公禽，不一定能产生品质优良的精液。公禽换羽时精液品质下降，换羽后可完全恢复。

② 产蛋率越高，受精率越高。输精频率要适宜，过多抓鸡引起"骚扰应激"，会降低受精率、产蛋率。

③ 输精部位与器械消毒不严也会影响受精率。

技能训练一　牛的直肠把握法输精

【目的和要求】

知道母牛的子宫颈结构特点，知道牛直肠把握法输精的操作要领，会实施牛离体子宫的子宫颈把握与输精方法训练，知道细管冻精装输精枪的方法，掌握牛直肠把握输精的方法。

【主要仪器及材料】

输精枪、一次性输精枪外套管、水盆、毛巾、纸巾、长臂手套、75%酒精棉球、长柄镊子、液氮罐、细管冻精、水浴锅、温度计、剪刀等；发情母牛若干头。

【技能训练内容】

1. 输精前的准备

(1) 器械准备　在输精前，输精枪表面用 75%酒精棉球消毒，准备好一次性输精枪外套管若干支。

(2) 母牛准备　将母牛牵入六柱栏内保定，经发情鉴定，确认已到输精时间，将其尾巴拉向一侧，用毛巾蘸温水清洗阴户，再用 75%酒精棉球消毒、纸巾擦干。

(3) 精液准备

① 细管冻精解冻。将水浴锅水温调至 40℃，再将液氮罐提筒提至颈口位置，将长柄镊子预冷后从提筒中夹取细管冻精一支，放入温水中摇动，使其融化解冻，经品质检查精子活力在 0.35 以上。

② 将解冻后的细管冻精取出，用纸巾擦去细管表面水分，用剪刀剪去超声封口端。

③ 取输精枪一支，适当退出内芯，将剪口的细管倒插入输精枪前端；再取外套管一支，将输精枪插入外套管，并拧紧备用。

(4) 术者准备　输精员穿好工作服，指甲剪短锉光，右手手臂挽上衣袖，戴上长臂手套。

2. 输精操作

(1) 母牛离体子宫输精训练　为克服牛直肠把握输精技术学习困难问题，可采取先牛离体子宫练习子宫颈把握与输精方法，再进行牛直肠把握输精技术训练。

(2) 牛直肠把握法输精 在保定柱栏内，术者将右手五指并拢呈锥状，伸入直肠，排出蓄粪，在骨盆腔找到并把握住子宫颈；左手持输精枪，先往斜上方插入阴道内 10～15cm 左右，避开尿道口；然后水平插入达子宫颈外口；两手协同配合，使输精枪通过子宫颈到达子宫体内，慢慢注入精液，输精完毕。

(3) 牛直肠把握法输精注意事项 给母牛输精时，为避免输精枪误入尿道，输精枪插入阴道时，应先向前上方再水平向前插入；如果输精管插入深度已达子宫颈口处，但始终找不到子宫颈口，可能是误插入尿道，此时可退出输精管重新插入；如果输精管在阴道插入受阻，可用直肠内手在输精管前将阴道壁向上提一下，或把子宫颈向前拉一下，使阴道展平即可；输精管插入子宫颈时，要将子宫颈把握在手心处；在插入输精管时，持输精管的手臂要靠住阴户，避免牛骚动时，手臂没有跟着移动而折弯输精管或损伤生殖道。

【作业】

1. 叙述牛的直肠把握输精方法及要点。
2. 进行牛离体子宫输精训练对学习牛直肠把握输精技术有什么帮助？
3. 要提高母牛的受胎率，输精时要做好哪些环节？

技能训练二　猪的子宫颈深部输精

【目的和要求】

知道母猪的子宫颈结构特点，知道母猪输精方法的操作要领，会实施母猪简易输精与深部输精技术。

【主要仪器及材料】

猪用一次性输精管、猪深部输精管、常温保存精液、水盆、毛巾、纸巾、乳胶手套、75%酒精棉球等；发情母猪若干头。

【技能训练内容】

1. 输精前的准备

(1) 器械准备 目前多用猪用一次性输精管。

(2) 母猪准备 母猪经发情鉴定，确认已到输精时间，用毛巾蘸温水清洗阴户，再用75%酒精棉球消毒、纸巾擦干。

(3) 精液准备 常温保存精液经品质检查活力不低于 0.6，并装专用精液袋中。

(4) 术者准备 输精员穿好工作服，指甲剪短锉光，双手清洗后用 75%酒精消毒。

2. 输精操作

(1) 母猪简易输精法 操作者消毒双手、清洗母猪阴户后，一脚踩在母猪背部令其静立，将输精管前端用少许精液湿润；一手撑开阴门，另一手将输精管先斜上方避开尿道后平直插入并顺时针旋转；当输精管插入遇到阻力说明已接近子宫颈，继续插入 8～10cm，感到阻力增大，并轻轻加拉输精管，松手后输精管能自然缩回阴道内，表明输精管已被子宫颈栓塞，此时即可连接精液瓶并将输精管抬高使精液流入子宫，完成输精。

当精液完全流入子宫后，不要立即将输精管拔出，应将输精管尾部折弯插入精液瓶中，防止精液倒流，待3～5min后，再将输精管缓慢拔出，并用力在母猪背部压一下，刺激母猪子宫颈收缩，使精液更好地进入子宫中。

(2) 母猪深部输精法　将深部输精管同简易输精法插入子宫颈，在被子宫颈栓塞后，再将输精管内管继续插入5～10cm，使内管到达子宫体或子宫角基部，再按简易输精法连接精液瓶并将输精管抬高使精液流入子宫，完成输精。

输精时，有公猪站在旁边，可以刺激母猪性兴奋和子宫收缩，有利于精液流入子宫。

【作业】

1. 叙述猪的子宫颈深部输精方法及要点。
2. 要提高母猪的受胎率，输精时要做好哪些环节？

技能训练三　羊的阴道子宫颈口输精

【目的和要求】

知道母羊的子宫颈结构特点，知道羊输精的操作要领，会实施羊的阴道子宫颈口输精。

【主要仪器及材料】

阴道开膣器、1mL注射器、钝圆的输精针头、纸巾、乳胶手套、75%酒精棉球、精液等；发情母羊若干只。

【技能训练内容】

1. 输精前的准备

(1) 器械准备　输精针头要清洗、干燥、消毒；准备好一次性1mL注射器，弃去针头，并与输精针头连接。

(2) 母羊准备　将母羊牵入保定架内保定；经发情鉴定，确认已到输精时间，用毛巾蘸温水清洗阴户，再用75%酒精棉球消毒阴户，用纸巾擦干。

最好采用能升降的输精架或在输精台后设置凹坑保定母羊，如无此条件可由助手倒提两后肢使羊腹部朝术者或骑跨在羊的背部，使羊头朝后并固定羊尾保定。

(3) 精液准备　如使用低温保存的精液需升温到20～30℃，用连接输精针头的注射器抽取一个剂量的精液，活力不低于0.6；如是细管冷冻精液，则同牛输精技能训练中的方法解冻冷冻精液并装枪，活力不低于0.35。

(4) 术者准备　输精员穿好工作服，指甲剪短锉光，手臂清洗消毒，戴上乳胶手套。

2. 输精操作

术者用75%酒精棉球消毒母羊阴户、纸巾擦干后，将开膣器插入阴道，到达子宫颈口位置时，打开开膣器，借助光源观察母羊阴道，找到子宫颈口，把输精器插入子宫颈口内0.5～1.0cm处，徐徐推入精液，小心取出输精器和阴道开膣器。母羊继续保持相同姿势数分钟，避免精液流入阴道。

【作业】

1. 叙述羊的输精方法及要点。

2. 要提高母羊的受胎率，输精时要做好哪些环节？

技能训练四　犬的输精

【目的和要求】

知道母犬的子宫颈、阴道结构特点，知道犬输精方法的操作要领，会实施犬的输精。

【主要仪器及材料】

犬用一次性输精管、犬用过子宫颈输精管、5mL 注射器、乳胶手套、75%酒精棉球、精液等；发情母犬若干只。

【技能训练内容】

1. 输精前的准备

（1）器械准备　准备母犬专用一次性输精管。

（2）母犬准备　母犬由主人保定，最好倒提后肢保定；经发情鉴定，确认已到输精时间，清理阴户周边犬毛，用75%酒精棉球消毒阴户，用纸巾擦干。

（3）精液准备　活力不低于0.6，有效精子数在0.5亿～1.0亿以上；如果是低温保存的精液，应先将精液升温到20～30℃。

（4）术者准备　输精员穿好工作服，指甲剪短锉光，手臂清洗消毒，戴上乳胶手套。

2. 输精操作

（1）常规输精　输精员用左手将母犬阴唇分开暴露阴道后，将输精管向前上方呈45°左右避开尿道口缓慢插入约3～5cm，再水平向前插入约8～10cm，输精管到达子宫颈口时，会感到明显的阻力；此时左手于犬腹部探触子宫颈，右手调整输精管插入角度（回撤、再向前）；当输精管通过子宫颈时，可明显感知阻力减小、有落空感，表明已进入子宫体，即可将精液缓慢输入，抽出输精管。如腹部探触不到子宫颈，则可将精液输到子宫颈口，并将母犬后躯抬高保定3～5min完成输精，但要增加输入有效精子数。输精后避免母犬激烈跳动和与其他犬接触。

（2）过子宫颈输精　输精时，先同上法将带气囊的过子宫颈输精管外管插入阴道，到达子宫颈口位置；用注射器在输精管气道注入适量空气，使输精管前端气囊鼓起，将输精管固定在子宫颈口处，并扩张子宫颈；再将常规输精管（内管）插入过子宫颈输精管外管中，调整输精管插入角度，使输精管内管插入子宫体；连接注射器，缓慢注入精液；将气囊中空气排空，退出输精管，完成输精。

【作业】

1. 叙述母犬的输精方法及要点。

2. 要提高母犬的受胎率，输精时要做好哪些环节？

单元检测

一、相关名词

输精、有效精子数、适时输精

二、思考与讨论题

1. 简述牛、猪、羊的适时输精时间与输精技术。

2. 如何提高家畜人工授精的受胎率?
3. 影响雌性动物输精受胎的因素有哪些?
4. 输精前判定合格精液的标准主要有哪些?
5. 为什么说精液品质检查是确保人工授精受胎率的重要措施?
6. 输精前要做好哪些准备工作?
7. 输精前精液的准备包括哪几方面?
8. 家禽输精与家畜输精有什么不同?
9. 影响母猪适时输精时间的因素有哪些?
10. 如何确定犬的适时输精时间?

项目五　生殖激素功能与应用

学习目标

1. 知道生殖激素的作用特点与应用时要注意的问题；促进雌性动物发情、调控发情动物排卵、调控雌性动物发情周期、调控雌性动物子宫兴奋性为主要功能的生殖激素及应用特点。

2. 会在生产中合理应用生殖激素，解决相关繁殖问题。

动物繁殖的一切生理过程都是生殖激素协调作用的结果，了解生殖激素对动物繁殖生理的调节过程是研究和应用生殖激素对动物繁殖过程进行调控的基础。

知识准备

内分泌是动物体的一种特殊分泌方式，是分泌物——激素直接进入血液循环，最后到达靶器官或靶组织调节其代谢与功能。

激素是由特殊的无腺管分泌细胞合成的，在局部或被血液运送到靶组织或靶器官发挥其作用的一种生物活性物质，它对动物体的代谢、生长、发育、生殖等重要生理功能起调节作用。一般将其中一些直接作用于生殖活动、并以调节生殖过程为主要生理功能的激素，称为生殖激素，如孕激素、雌激素等。

一、生殖激素的种类

生殖激素的种类很多，根据来源不同可分为来自下丘脑的促性腺激素释放激素，可控制垂体合成与释放有关激素；来自垂体前叶的促性腺激素，刺激性腺产生类固醇激素，控制配子的成熟与释放；来自两性性腺的性腺激素，对两性行为、第二性征、生殖器官的发育和维持以及生殖周期的调节，均起着重要作用。此外，还有来自胎盘的促性腺激素、由组织分泌的前列腺素等其他激素。

根据化学性质不同，生殖激素又可分为蛋白质激素、类固醇激素、脂肪酸激素（表 5-1）。一般来自下丘脑、垂体、胎盘的生殖激素都是蛋白质激素。

表 5-1　生殖激素的分类

来源	激素名称及英文缩写	化学性质
下丘脑	促性腺激素释放激素(GnRH)、催产素(OXT)	蛋白质激素
垂体	促卵泡激素(FSH)、促黄体素(LH)、催乳素(PRL)	蛋白质激素

续表

来源	激素名称及英文缩写	化学性质
胎盘	孕马血清促性腺激素(PMSG)、人绒毛膜促性腺激素(HCG)	蛋白质激素
性腺	雌激素(E)、孕激素(P)、雄激素(A)	类固醇激素
其他	前列腺素(PG)、外激素(PHE)	脂肪酸激素或萜烯类的衍生物

二、生殖激素的作用特点

(1) 只调节反应的速度，不发动细胞内新反应 生殖激素对细胞内生化反应过程只起到加快或减慢速率的作用。完成生化反应所必需的准备，在细胞分化过程中即已建立。

(2) 在血液内消失很快 例如 PG 半衰期仅 4min，孕酮注射后 10～20min 90%消失。但其作用要在若干小时或数天内才能显现，并具有持续性和累积性。

(3) 量少作用大 生殖激素在动物体内常以 10^{-12}g(pg) 或 10^{-9}g(ng) 计量，如奶牛配种后 19～23d 脱脂乳中孕酮含量小于 5.5ng/mL 与大于 7.0ng/mL 差异就能区分未妊娠与妊娠；配种当天脱脂乳中孕酮平均含量 0.6ng/mL 与 2.03ng/mL 的微小差别，是导致受胎与未受胎的差异。

(4) 有明显的选择性 各种生殖激素均有一定的靶组织、靶器官。如促性腺激素作用于卵巢和睾丸，雌激素作用于乳腺管道，孕激素作用于乳腺腺泡，雄激素作用于鸡冠的生长等。

(5) 协同作用和抗衡作用 某些生殖激素之间对某种生理现象存在有协同作用，如子宫的发育要求雌激素和孕酮的协同作用，卵泡的成熟与排卵需促卵泡激素与促黄体素的协同作用等。

生殖激素中也存在某些抗衡作用，如雌激素能引起子宫平滑肌兴奋、增加蠕动，孕激素则抑制子宫平滑肌运动；雌激素能促进雌性动物发情表现，而孕激素则抑制雌性动物发情表现等。

(6) 生殖激素的生物学效应与应用时机、用量、用法有关 如在发情时注射孕激素，则抑制发情、排卵，可避孕；而连续补充一定时期后停止补充，可诱导雌性动物发情；在发情后 5～7d 少量注射可促进受胎；在妊娠期适当使用可以维持妊娠，但如果较大剂量连续注射后突然停止使用，则可能终止妊娠，导致流产等。

三、应用生殖激素要注意的问题

(1) 要以改善营养为前提 只有合理的饲养管理，应用生殖激素才能取得良好的预期效果。

(2) 控制剂量，避免滥用 生殖激素量少作用大，要以科学严谨的态度对待其使用剂量，特别是促卵泡激素、孕马血清促性腺激素、催产素等，过量往往会造成严重后果。

(3) 掌握用药时机，合理判定药效 生殖激素的应用效果与应用时机、用量、用法等有关，如前列腺素对新形成的黄体没作用；用后要预知见效时间，并注意药效观察。

(4) 注意协同用药，减少剂量 如促卵泡激素与前列腺素都有促进发情的作用，而在发情时应用孕激素，则有抑制发情、排卵的作用；催产素与雌激素都有促进子宫兴奋的作用，而孕激素可抑制子宫兴奋性等。

同时，蛋白质激素多为冻干粉制剂，需要冷藏保存；用前需用生理盐水、注射用水等溶解；生殖激素有一定有效期；非繁殖必需不得滥用，禁用于促生长。

四、下丘脑与垂体结构特点

1. 下丘脑的结构特点

下丘脑是间脑的一部分，包括视交叉、乳头体、灰结节、正中隆起等部分，由漏斗柄和垂体相连，是下丘脑神经组织向腹侧的延伸。

下丘脑分泌的若干激素经垂体门脉系统进入垂体前叶后可促进或抑制垂体相关激素的分泌；下丘脑室旁核和视上核的分泌物则沿神经纤维直达垂体后叶和中叶贮存与释放（图 5-1）。

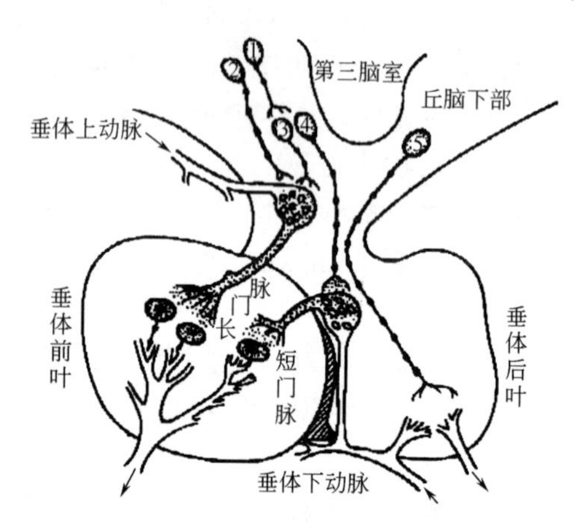

图 5-1 下丘脑与垂体的关系

1，2—丘脑外神经核；3，4—视上核；5—室旁核

目前人们已确定下丘脑可分泌 10 种释放或抑制激素（表 5-2），以调节动物繁殖功能为主要功能的激素有促性腺激素释放激素和催产素。

表 5-2 下丘脑分泌的激素

激素名称	英文缩写	化学性质
促性腺激素释放激素	GnRH	十肽
催产素	OXT	九肽
促肾上腺皮质激素释放激素	CRH	多肽
促甲状腺激素释放激素	TRH	三肽
生长激素释放激素	GHRH	多肽
生长激素释放抑制激素	GHRIH	十四肽
催乳素释放因子	PRF	多肽
催乳素释放抑制因子	PRIF	多肽
促黑素释放素	MRH	五肽
促黑素抑释素	MRIH	三肽

2. 垂体的结构特点

垂体是重要的神经内分泌器官，位于脑下部的蝶鞍（蝶骨内的一个凹陷处）内，以狭窄的漏斗柄与下丘脑相连（图 5-2），故又称脑下垂体。

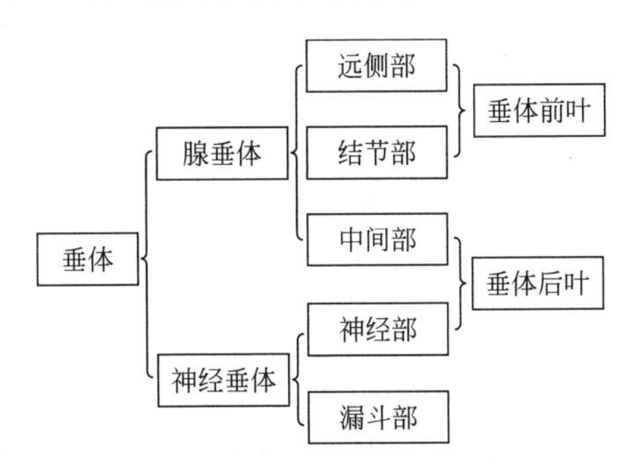

图 5-2 垂体结构

垂体由腺垂体和神经垂体两部分组成。腺垂体由远侧部、结节部和中间部组成。神经垂体由神经部和漏斗部组成。漏斗部包括漏斗柄、灰结节的正中隆起。远侧部和结节部合称为垂体前叶，神经部和中间部合称为垂体后叶。

垂体体积虽小，成年牛、马 2～5g，猪、羊 0.4～0.5g，人 0.5～0.6g，但作用很大，可分泌多种蛋白质激素调节动物的生长、发育、代谢以及生殖等活动，其中以调控生殖活动为主要功能的激素有促卵泡激素、促黄体素、催乳素；催产素由下丘脑分泌，在垂体后叶贮存并释放，在下丘脑分泌的激素中有介绍。

单元一　以促进雌性动物发情为主要功能的激素

雌性动物发情的实质是卵巢卵泡的发育、成熟、排卵。以促进雌性动物发情为主要功能的激素有促进卵泡发育的促卵泡激素（FSH）、孕马血清促性腺激素（PMSG）；溶解卵巢黄体而促进卵泡发育的前列腺素（PG）；促进发情表现的雌激素（E）；以及通过异性刺激促进发情的外激素（PHE）等。

一、促卵泡激素

1. 来源与特性

促卵泡激素（FSH）是腺垂体嗜碱性细胞分泌的由 α、β 两个亚基组成的蛋白质激素。在蛋白质激素中，同一种动物各种蛋白质激素（如 FSH、LH、TSH、PMSG、HCG 等）α 亚基的氨基酸顺序均相同，不同动物的促性腺激素 α 亚基氨基酸顺序也有很大的同源性，如牛和绵羊的促性腺激素 α 亚基是同质的，牛和马的约 82%相同；β 亚基决定激素的生物学特异性，但只有与 α 亚基结合才有生物学活性。

FSH 分子量大，猪 29000，绵羊 25000～30000，提纯品化学性质很不稳定，目前尚无提纯品。因此，FSH 中其实都含有 LH 成分，如进口的产品中 LH 占 68%；国产粗制品中 LH 占 73%，国产精制品中 LH 占 44%。FSH 半衰期 4h。

在性周期中，卵泡发育早期 FSH 稍升高，接着缓慢下降，排卵前出现一个 FSH 峰，但不如 LH 峰显著。

2. 生理功能

(1) 对雌性动物的主要作用　FSH 能提高卵泡壁细胞的摄氧量，增加蛋白质的合成；

促进卵泡内膜细胞分化，促进颗粒细胞增生和卵泡液分泌，促进未成熟动物卵巢发育和成熟雌性动物卵泡的生长；在LH协同作用下促使卵泡内膜细胞分泌雌激素，激发卵泡的最后成熟、排卵；诱发排卵后的卵泡颗粒细胞变成黄体细胞。

(2) 对雄性动物的主要作用 FSH能促进生精上皮发育和精子的形成。FSH可促进曲细精管的增大，促进生精上皮分裂，刺激精原细胞增殖，并在睾酮的协同作用下促进精子形成。

3. 临床应用

(1) 诱导雌性动物发情 在动物生产和兽医临床上，FSH常用于诱导雌性动物发情、排卵，以及治疗卵巢功能疾病，如雌性动物卵巢静止、萎缩、发育不全及发情不明显等。

(2) 用于提早动物性成熟 对接近性成熟的雌性动物将FSH和孕激素配合应用，可提早发情配种。

(3) 诱导非发情季节雌性动物发情，促进产后或断乳后雌性动物发情 应用FSH可使非发情季节的绵羊发情；对产后50d以后母牛或断乳后不发情的母猪，应用FSH可促进发情，缩短产后间隔。

(4) 用于超数排卵 应用FSH多次减量注射，可产生超出正常数量的卵泡发育、成熟并排卵，获得大量的卵子或胚胎。

(5) 治疗持久黄体 通过反馈作用，也能用于治疗持久黄体。

(6) 治疗雄性动物精液品质不良 当雄性动物精子密度不足或活力低时，应用FSH和LH可提高精液品质。

4. 使用中要注意的问题

① 在生理状态下，FSH促使卵泡的最后成熟和排卵需有LH的协同作用，因此FSH最好与LH配合应用。

② 对卵巢静止等不发情雌性动物可在确诊时应用；对发情不明显的雌性动物最好在发情前2～3d应用。但在生产中，在发情初期如诊断为发情不明显的，为缩短空怀时间，也可在此时适量注射FSH，使其发情明显，而又不会明显改变发情持续时间。

③ 注意掌握剂量，宁少勿多。一般雌性动物用药后4～5d发情。对于FSH剂量，宁可剂量偏少，用药后4～5d部分发情不明显，而在30d前后（相当于隔一情期）出现发情；也不要因过量造成多卵泡发育现象。

④ 对单胎动物，FSH诱导的发情，容易出现多卵泡发育，最好当个情期不输精，以免造成多胎妊娠流产。

⑤ FSH诱导的发情有安静发情现象，药后注意药效的检查。

5. 治疗用量

FSH 100U/支。卵巢静止，产后不发情母牛100～200U、猪100～150U；超数排卵牛400～500U多次减量注射。目前有一种新型的长效促卵泡激素制剂，应用效果更好。

二、孕马血清促性腺激素

1. 来源与特性

孕马血清促性腺激素（PMSG）主要存在孕马血清中，原以为是由马、驴子宫内膜的“杯状”组织分泌，现已证明是由胎盘的尿囊绒毛膜细胞分泌，这种组织是由专门化的滋养层细胞侵入母体子宫内膜构成，故 PMSG 来自胎儿而不是母体。

PMSG 一般于马妊娠后 40d 开始出现，60～90d 达高峰，此后维持至第 120d，然后逐渐下降，至 170d 几乎消失。

血清中 PMSG 含量因品种和胎儿基因型不同而异。轻型马、小型马最高（100U/mL），大型马最低（20U/mL）。母驴怀骡时最高，可达 200～250U/mL（比驴怀驴高 8 倍）。马怀马次之，马怀骡再次之，驴怀驴最低。

PMSG 也是蛋白质激素，蛋白质部分由 α、β 两个亚基组成，分子量 53000。因含糖量高达 41%～45%（其中唾液酸占 10.8%），故半衰期长达 144h（马垂体 LH 和 FSH 的糖基部分含量占 25%左右）。PMSG 性质不稳定，高温、酸、碱都能引起失活，分离提纯困难。

2. 生理功能

① PMSG 的生理功能与 FSH 相似，有明显的促卵泡发育作用。因含类似 LH 的成分（但 PMSG 的 LH 活性不及 HCG 的一半），理论上有促进排卵和黄体形成的作用。

② 对雄性动物还可促使曲细精管的发育和性细胞分化。马属动物垂体也分泌 FSH、LH。PMSG 对孕马没有促性腺作用，对孕马卵巢有强烈的抑制作用。

生产上发现母马怀双胎时不易足月分娩，多采取人工流产处理。但由于怀双胎的母马 PMSG 浓度较怀单胎的母马高一倍，继续分泌 PMSG 时间长，往往造成母马空怀一年。因母马妊娠 38d 时移去胎体（PG 引产），此时尿膜绒毛膜细胞已侵入子宫内膜形成杯状结构，像孕马一样，母马血清中含大量 PMSG，并延续数周，至杯状结构退化，PMSG 消失后才发情。

3. 临床应用

① 治疗卵巢发育不全、卵巢静止，提高母猪产仔数 用于催情时，最好配合 HCG（如 PG600，每剂含 PMSG400U、HCG200U），并在人工授精时配合注射同等剂量抗血清中和多余 PMSG，或注射促排卵类激素。对单胎动物最好当个情期不配种。

② 用于超数排卵，增加排卵数。由于 PMSG 半衰期长，超数排卵时只需注射一次，但剂量不易掌握，效果不如 FSH。

4. 治疗用量

PMSG 1000U/支。治疗卵巢发育不全、卵巢静止，猪 500～1500U，牛 800～1500U；用于超数排卵，牛 2000～2500U。

三、前列腺素

1. 来源与特性

1934 年，有人分别在人、猴、山羊和绵羊的精液中发现了前列腺素（PG）。当时认为可能是由前列腺分泌。后来发现 PG 是一组具有生物活性的不饱和脂肪酸，广泛存在于机体的各种体液和组织中，并非由专一的内分泌腺产生。主要来源于精液、子宫内膜、母体胎盘和下丘脑。

前列腺素的基本结构式为含有 20 个碳原子的不饱和脂肪酸，根据其化学结构和生物学活性的不同，可分为 A、B、C、D、E、F、G、H 多型（图 5-3），由不同组织分泌。在繁殖上以 PGE、PGF 两类最重要，特别是 15-甲基-$PGF_{2\alpha}$。

因其作用主要限于邻近组织，在血流中消失迅速，半衰期 1～5min，故被认为是一种“组织激素”“局部激素”。

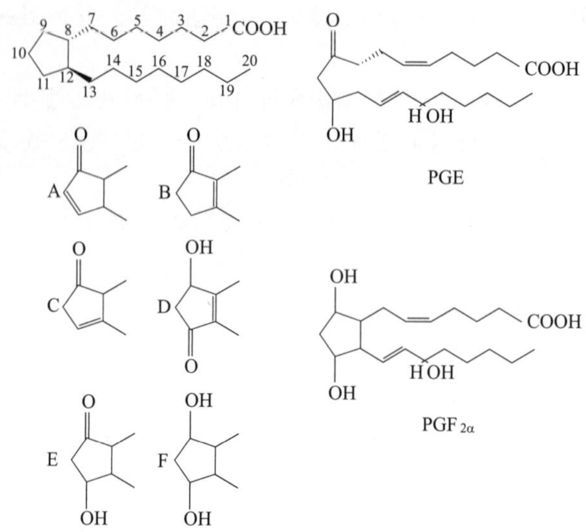

图 5-3 前列腺素的基本结构式及几种前列腺素结构示意图

2. 生理功能

不同类型的 PG 生理功能不同，在动物繁殖上最重要的是 PGF 类，其主要生理功能是：

(1) 溶解黄体 由子宫内膜产生的 PGF，通过“逆流传递机制”(图 5-4) 由子宫静脉渗透到卵巢动脉而作用于黄体，阻断 LH 的作用，抑制孕酮的合成，促使黄体溶解，使孕酮分泌减少或停止，从而促进发情。

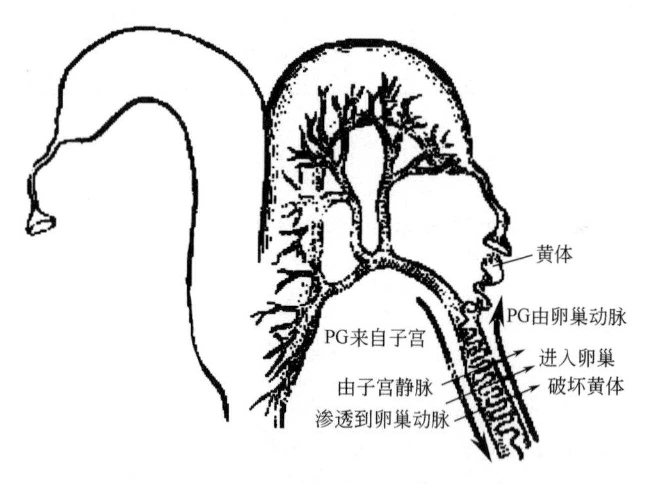

图 5-4 PG 逆流传递至卵巢

各种动物周期黄体对 PG 敏感时间不一，牛、羊、马、大白鼠、地鼠的周期黄体对 $PGF_{2\alpha}$敏感，排卵后 4d 以上的黄体才敏感；猪 10～12d 后才敏感；犬 24d 后才敏感。而前列腺素对猫没有溶解黄体作用，但在妊娠后期，当处于应激状态或事先注射过促肾上腺皮质激素（ACTH）时，注射前列腺素可引起流产。

研究表明，在黄体期末，卵泡雌激素分泌量增加，雌激素能刺激子宫对 PG 的合成；卵巢大黄体细胞能够分泌催产素和催产素结合蛋白，催产素能促进子宫内膜分泌 PGF。PGF

又能促进催产素从大黄体细胞释放。

卵巢黄体的消退与子宫有关，在牛的发情周期中，正常的子宫卵巢黄体维持15d；切除全部子宫黄体寿命延长许多月；移植卵巢至颈部黄体寿命延长许多周；切除同侧子宫角黄体寿命延长许多天（图5-5）。另外，子宫积脓的牛必然并发持久黄体。

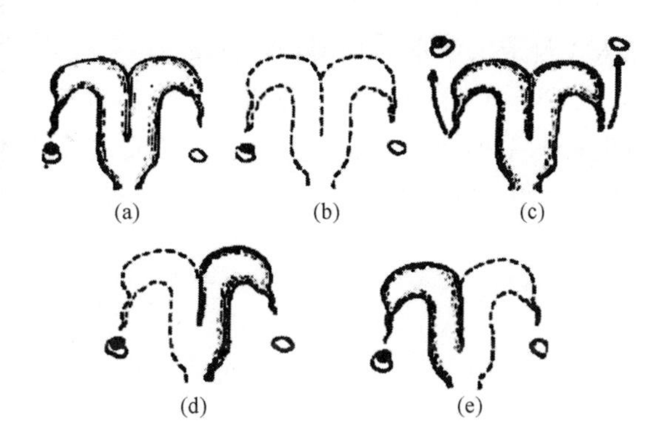

图5-5 牛子宫对黄体的局部性影响示意图
（a）正常子宫卵巢位置；（b）同时切除两侧子宫；（c）把卵巢移植到颈部；（d）切除黄体侧子宫；（e）切除没黄体侧子宫

（2）促进排卵 $PGF_{2\alpha}$能触发卵泡壁降解酶的合成，同时也由于刺激卵泡外膜组织的平滑肌纤维收缩增加了卵泡内压力，导致卵泡破裂排卵。

（3）与子宫收缩和分娩活动有关 PGE和PGF对子宫肌都有强烈的收缩作用。雌激素能刺激子宫对PG的合成。PG可促进OXT的分泌，提高子宫对OXT的敏感性。PGE可使子宫颈松弛，有利于分娩。

（4）可提高精液品质，参与射精过程 精液中的精子数与PG含量成正比，并能够影响精子的运行和获能。

（5）有利于受精 PG在精液中含量最多，对子宫肌有局部刺激作用，使子宫颈舒张，有利于精子的运行通过。$PGF_{2\alpha}$能增加精子的穿透力和驱使精子通过子宫颈黏液，精液中PG含量降低后其生育能力明显下降。

3. 临床应用

（1）调节发情周期，促进同期发情 PGF能显著缩短黄体存在时间，控制各种动物发情周期，促进同期发情和排卵。

（2）治疗持久黄体、黄体囊肿 部分卵泡囊肿在LH等促排卵激素治疗后，囊肿卵泡仍不能破裂而黄体化时，可先用PGF溶解黄体，促其发情，再适时用促排卵激素促进卵泡正常排卵，常可收到理想效果。

（3）治疗排卵迟缓 据测定，排卵迟缓的雌性动物发情时血中孕酮含量多偏高，可能由周期黄体消退不全引起，发情前或初期配合PGF能取得比单一注射促排卵激素更好的效果。

（4）用于排出死胎和人工引产或诱导分娩 在排出死胎时对于牛用PG与雌激素配合较好，对于猪用PG与OXT配合较好。在诱导分娩时对于牛易引起胎衣不下，对于羊易大出血和继发子宫内膜炎。

（5）用于子宫积脓、严重子宫内膜炎的辅助治疗 因严重的子宫炎症常造成子宫内膜分泌PG功能障碍，这些动物卵巢上多有持久黄体存在，降低了子宫的抵抗力和收缩能力。注射 PGF 后，能促使卵巢黄体退化，提高子宫净化能力。

(6) 增加雄性动物的射精量，提高受胎率 PG 对子宫肌有局部刺激作用，使子宫颈舒张，有利于精子通过，还能增加精子的穿透能力。

4. 治疗用量

生产中常用的制剂是人工合成的氯前列烯醇，0.2mg/2mL。

牛、猪 0.2～0.6mg，犬、羊 0.1～0.2mg。据报道，犬注射前列腺素有时会出现呕吐、流涎、站立不稳、呼吸急促等一系列症状，要注意控制剂量或先低后高注射剂量。

PG 是局部激素，以子宫内给药疗效较好。但子宫内给药很烦琐，当前常以阴户皮下注射或交巢穴注射代替。

四、雌激素

1. 来源与特性

雌激素（E）主要来源于卵泡内膜细胞和卵泡颗粒细胞。在卵泡发育过程中，先经 LH 刺激卵泡内膜分泌睾酮，再经颗粒细胞在 FSH 刺激下转化为雌二醇，即“双细胞双促性腺激素作用模式”。此外肾上腺皮质、胎盘和雄性动物睾丸也有分泌。

动物体内的雌激素主要有雌二醇、雌酮，雌三酮为前二者的转化产物。雌激素与雄激素一样，不在体内存留，降解后随粪尿排出体外。

人工合成的雌激素主要有己烯雌酚、苯甲酸雌二醇、二丙酸雌二醇、丙酸己烯雌酚、戊酸雌二醇、双烯雌酚等。

雌激素中以 17β-雌二醇活性最高，主要由卵巢分泌。各种雌激素生物活性都以 17β-雌二醇为 100 估计相对活性（表 5-3）。

表 5-3 各种雌激素活性物质按发情行为测定的相对活性

激素名称	来源	相对活性
17β-雌二醇(E_2)	卵巢	100
雌酮(E_1)	卵巢	17
雌三醇(E_3)	卵巢	3
苯甲酸雌二醇	合成	128
己烯雌酚	合成	71

2. 生理功能

① 雌激素通过反馈可促进或抑制促性腺激素的分泌。雌二醇的负反馈作用部位在下丘脑的持续中枢，正反馈作用部位在下丘脑的周期中枢（引起排卵前 LH 高峰），从而影响卵巢卵泡的发育、成熟、排卵、黄体形成及孕酮分泌。

② 发情期在少量孕激素协同作用下，促使雌性动物生殖道出现一系列生理变化和发情行为，如子宫颈松弛、黏液分泌增多；促使子宫内膜及肌层增长、刺激子宫肌层收缩，以利精子运行和妊娠；促进输卵管增长和刺激其肌层活动，以利精子、卵子运行。

③ 能刺激子宫肌自发性收缩活动，增强子宫肌对催产素敏感性；刺激子宫合成前列腺素；刺激子宫颈松弛、黏液分泌增多、黏液的黏稠度增加；促使耻骨联合松弛。

④ 为胚泡着床所必需。在大鼠交配后 4d 去掉卵巢，给予孕酮，胚泡可以长期在子宫腔内漂浮但不能着床，一旦给予雌激素，则胚泡就能迅速着床。

⑤ 促进未成熟雌性动物生殖器官的发育；与催乳素协同作用，促进乳腺管状系统的发育。注入外源性雌激素的剂量与乳腺肿瘤的发病率成正比。

⑥ 有的动物（如猪），胚泡产生的雌激素可作为妊娠信号，有利于妊娠的建立。

⑦ 促使雄性动物睾丸萎缩，副性器官退化，造成不育。

⑧ 雌激素作用于肠、骨、肾等组织的雌激素受体，能促进钙的吸收、减少钙的排泄，促进长骨骺部骨化，抑制长骨生长。

3. 性周期中雌激素的变化

在发情期牛、猪血液中含 20.70pg/mL 高于其他时间，在黄体期是 4.17pg/mL；发情行为表现前 4h 牛血清中达 170～190pg/mL，到发情后期下降到 8pg/mL；在发情结束后 4d，又逐渐上升，到发情后第 11d 时为 81pg/mL，表明出现一个卵泡发育波（图 5-6）。

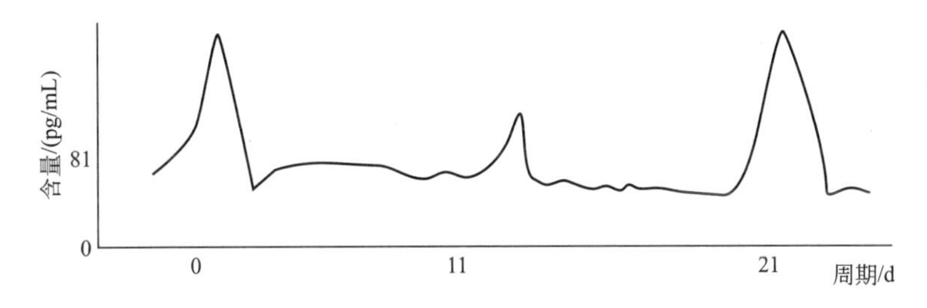

图 5-6　牛发情周期中的雌激素变化

通常在雌激素峰值后一天出现 LH 峰，这是由于雌激素正反馈触发 LH 分泌，引起 LH 峰，从而导致排卵。

4. 妊娠和分娩时雌激素的变化

雌性动物妊娠后，孕激素占优势，但在整个妊娠期，雌激素不仅出现，并随妊娠进展而增加。妊娠后雌激素在血中含量最高时期；马在妊娠中期；牛、羊、猪在妊娠结束前，开始发动分娩时。分娩前后牛血中雌酮浓度见表 5-4。

表 5-4　分娩前后牛血中雌酮浓度　　单位：ng/mL

前 16～14 周	前 8～6 周	前 4～2 周	前 5d	分娩后 5d
1.20±0.13	2.50±0.32	4.80±0.47	8.30±0.31	0.66±0.24

雌激素能增强子宫对催产素的敏感性，又能刺激 PG 分泌，在分娩中起重要作用。在临产时孕酮水平降到接近 0，雌激素达到最高峰，PG 在分娩时达到高峰，OXT 在分娩的最后阶段达到高峰。从胎儿产出方面说雌激素只是配角，主要靠肾上腺皮质激素、PG、OXT 的协同作用。

5. 临床应用

① 在牛、羊中用于促进死胎和产后胎衣的排出。雌激素可促进子宫收缩和宫颈开张，促进死胎排出，但最好在前一天配合注射 PG 溶解黄体。产后用雌激素可促进胎衣的排出。

② 诱导雌性动物发情。对大多数动物，雌激素可诱导雌性动物发情，但一般没有卵泡发育。因此，必须等到下一个情期发情才能配种。如配合少量孕激素可提高雌激素诱导发情

的效果。但对于母猪，由于雌激素具有促黄体作用，诱导母猪发情需要雌激素处理后配合应用前列腺素。

③ 也可用于雄性动物“化学去势”。

④ 与孕激素配合可用于牛的人工诱导泌乳，但目前没有多大生产意义。

6. 治疗用量

生产中常用的雌激素为苯甲酸雌二醇，含量为4mg/mL。肌内注射，马10～20mg，牛5～20mg，羊1～3mg，猪3～10mg，犬0.2～0.5mg。

五、外激素

1. 来源与特性

外激素的腺体分布很广，如皮脂腺、汗腺、唾液腺、下颌腺、泪腺、耳下腺、包皮腺等。有些家畜的尿液和粪便中亦含有外激素。

外激素的性质因分泌物的种类不同而异。如公猪的外激素有两种：一种是由睾丸合成的有特殊气味的类固醇物质5α-雄甾-16-烯-3-酮，贮存于脂肪中，由包皮腺和唾液腺排出体外；另一种是由下颌腺合成的有麝香气味的物质3α-羟基-5α-雄甾-16-烯，由唾液腺排出。各种外激素都含有挥发性物质。

2. 临床应用

哺乳动物外激素大致可分为信号外激素、诱导外激素、行为外激素等。其中，行为外激素对动物繁殖比较重要，主要应用于以下几方面：

(1) 促进雌性动物的性成熟和发情表现 据试验，给断奶后第2d、第3d的母猪鼻子上喷洒合成公猪外激素，能促进其卵巢功能的恢复；青年雌性动物给予雄性动物刺激，则能提早性成熟，如“公羊效应”；将公猪放入青年母猪群，5～7d后即出现发情高峰，比未接触公猪的青年母猪提早初情期30～40d。

(2) 母猪的试情 母猪对公猪的性外激素反应非常明显，例如用雄烯酮等合成的公猪性外激素试情，发情母猪则表现静立，发情母猪检出率在90%以上，而且受胎率和产仔率均比对照组高。

(3) 用于雄性动物采精调教 使用外激素，可加速雄性动物采精训练，公猪尤其明显。

(4) 方便仔畜寄养 外激素还可以改变猪群的母性行为和识别行为，为仔猪寄养提供方便。

单元二 以促进发情雌性动物排卵为主要功能的激素

发情雌性动物排卵是卵泡发育到一定阶段，体液中较高水平的雌激素正反馈激发LH达分泌高峰所致。促进发情雌性动物排卵的激素有：促进卵泡成熟、排卵的GnRH、LH、HCG；溶解卵巢残留黄体、解除卵泡排卵抑制的PG等，其中PG已在前面介绍。

一、促性腺激素释放激素

1. 来源与结构

促性腺激素释放激素（GnRH）是由下丘脑促垂体区肽类神经细胞分泌，数量极微，

165000头猪的下丘脑中仅能提取几毫克。同时松果体、胎盘亦能少量分泌。通常下丘脑前区、视前核和视交叉上核等神经核团可以调控垂体在排卵前促卵泡激素（FSH）和促黄体素（LH）的分泌活动，故又将这些区域称为周期分泌中枢；腹中核、弓状核和正中隆起等神经核团可调节垂体FSH和LH的持续分泌，这些区域又称为持续分泌中枢。所有哺乳动物下丘脑分泌的GnRH都是由10个氨基酸组成的十肽，分子量1183，并具有相同的分子结构和生物学效应。

GnRH的分子结构为焦谷-组-色-丝-酪-甘-亮-精-脯-甘-NH_2。

在GnRH分子结构中，前5个氨基酸与生物活性有关，后5个氨基酸与产生抗体有关；如果除去焦谷-组或色氨酸则活性全部丧失；改变第6、7、10位氨基酸能提高其活性，因第6位与第7位氨基酸间的肽键易被体内的内肽酶所破坏，若用D-氨基取代第6位的甘氨酸，则可对抗内肽酶的破坏；如以色氨酸取代第6位甘氨酸，以乙胺取代第10位甘氨酸（即促排3号或LRH-A_3），其效价可增加144倍。

GnRH在血液中消失很快，半衰期仅4min。

GnRH使用安全，即使达到最小有效量的10000倍也不会引起动物中毒。但用量过大有抗生育作用，这可能是由于血中GnRH异常升高后，性腺对内源性LH、FSH不发生反应或缺乏LH、FSH受体；或因额外的排卵后，影响了生长卵泡的发育，相继出现性激素浓度降低而引起抗生育作用。

2. 生理功能

（1）对垂体作用 GnRH能促进垂体合成、释放LH、FSH，其中又以促进垂体释放LH为主，故又名促黄体素释放素（LHRH）。促LH分泌快，可增加10倍，但不能持久；对FSH需持续作用。静注后5min血中LH即升高，25～30min达高峰，1～2h内恢复；FSH注射后45min才达高峰。

（2）诱导发情、刺激排卵 GnRH能引起排卵前LH分泌高峰，促进卵巢上的卵泡进一步发育成熟并排卵。

（3）促进精子生成 GnRH对雄性动物有促进精子生成和增强性欲的作用。

（4）抑制生殖系统功能 GnRH大量应用时，具有抑制生殖功能甚至抗生育作用，如抑制排卵、延缓胚胎附植、阻断妊娠、使性腺萎缩等。

（5）有垂体外作用 GnRH可以在垂体外的一些组织中直接发生作用，而不经过垂体的促性腺激素途径。如直接作用于卵巢而影响性激素合成；或直接作用于子宫、胎盘等。

3. 临床应用

① 促进排卵。用于诱发雌性动物及鱼类排卵（一般排卵发生在注射后24～48h之内），治疗排卵迟缓、卵巢囊肿，提高超数排卵的排卵率，增加母猪产仔数，提高禽类产蛋率。现在多用于定时排卵-输精程序。

② 治疗雌性动物卵巢发育不全、卵巢静止等，尤后备雌性动物效果较好。牛、猪25～50μg/头，连续注射3～4d。

③ 用于产后无奶。对分娩后无奶的雌性动物可注射LRH-A_3 50～100μg/头，有一定作用。

④ 用于早妊诊断。在牛输精后19d注射LRH-A_3 25～50μg/头，如3～4d内不发情，即为妊娠，这样可减少部分未妊娠而发情不明显造成的漏配现象。

⑤ 增强雄性动物性欲，提高精液品质。

4. 治疗用量

LRH-A_3 25μg/支。治疗排卵迟缓时，猪、牛 50μg；治疗卵巢囊肿时，猪、牛 100～150μg，羊用量减半；目前有一些新制剂，如生源、哥娜（GnRH 100μg/瓶），用于牛的定时排卵-输精程序；用于产后无奶，奶牛每次 50～100μg，配合 OXT 效果更好。

二、促黄体素

1. 来源与特性

促黄体素（LH）是由腺垂体嗜碱性细胞分泌，由 α、β 两个亚基组成的蛋白质激素，分子结构与 FSH 类似。分子量：牛、绵羊 30000，猪 100000，提纯品化学性质稳定，半衰期 21min。

LH 在性周期中以 1h 为周期呈现出波浪形变化，平时血液中 LH 浓度 5～10mU/mL，排卵前高峰达 80mU/mL，排卵后迅速下降。

2. 生理功能

① 选择性诱导排卵前卵泡生长发育，并触发排卵。给去垂体雌性动物单独注射 FSH 而没有 LH，卵泡不能达到正常大小，也不分泌雌激素。排卵是由于受到排卵酶的作用。现已证明，在卵泡液内存在蛋白溶解酶、淀粉酶、胶原酶、透明质酸酶等，当这些酶的数量和活性增加时，卵泡壁发生溶解从而破裂排卵。实验证明，在 LH 作用下产生的孕酮可促进排卵酶的形成及活性增强，并能使成熟卵泡分泌前列腺素，后者在排卵中也有一定作用。

② 促进排卵后的颗粒细胞黄体化，维持黄体细胞分泌孕酮。

③ 刺激卵泡内膜细胞分泌雌激素，扩散到卵泡液中被颗粒细胞摄取而芳构化为雌二醇。

④ 对雄性动物可促进睾丸间质细胞分泌睾酮，使睾丸间质细胞、副性腺组织增生，促进精子的最后成熟。

3. 临床应用

① 促进雌性动物排卵，治疗卵巢囊肿、排卵迟缓等排卵障碍。

② 与 FSH 合用治疗卵巢静止、卵泡中途萎缩、诱发季节性发情动物在非繁殖季节发情和排卵。用于同期发情，增加群体雌性动物发情和排卵的同期率。

③ 治疗黄体过早萎缩或卵泡交替发育引起的性周期紊乱、多卵泡发育。

④ 治疗黄体发育不全引起的胚胎早期死亡、习惯性流产。

⑤ 治疗雄性动物性欲不强、精液或精子量少等。

4. 治疗用量

LH 200U/支。治疗卵巢囊肿，牛 200U、猪 100～200U；排卵迟缓，牛 100～200U。

5. FSH/LH 比例与动物发情表现的关系

LH 与 FSH 的比例影响着雌性动物的发情表现。垂体中 FSH 以母牛最低、母马最高，猪、绵羊介于二者之间；两种激素的比例是牛、羊 FSH 显著低于 LH，而马恰恰相反，猪介于之间。因此，雌性动物发情持续期以马最长，牛最短，猪介于之间；牛、羊排卵时间也较马、猪为早，并且安静发情较多（图 5-7）。

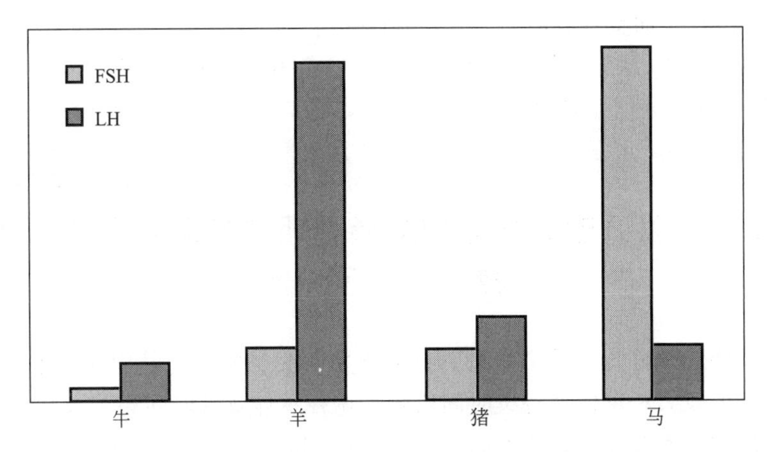

图 5-7 雌性动物 FSH/LH 比例与发情、排卵的关系
（以图柱高度表示 FSH/LH 大概比例）

三、人绒毛膜促性腺激素

1. 来源与特性

人绒毛膜促性腺激素（HCG）由孕妇胎盘绒毛的合胞体层产生（绒毛组织的朗氏细胞分泌），主要存在于孕妇尿液中，睡眠后尿液中含量增高。约在受孕后第 8d 开始分泌，第 8～9周达高峰，第 21～22 周降至最低。目前 HCG 制剂主要从孕妇尿液或刮宫液中提取。

HCG 是由 α、β 两个亚基组成的蛋白质激素，分子量 36700，化学结构与 LH 相似，半衰期 24h。

2. 生理功能

① HCG 生理功能与 LH 类似，可促进雌性动物性腺发育，促进卵泡成熟、排卵和形成黄体。

② 灵长类动物黄体仅在妊娠最早几周内对胚胎起保护作用，此后主要靠胎盘分泌的 HCG 维持妊娠。HCG 可兴奋类固醇激素生物合成途径中糖原合酶，刺激胆固醇转化成孕烯醇酮，同时加强对碳-19 底物芳构化，形成雌激素。此外，有报道提出，HCG 能直接作用于正中隆起，间接抑制垂体 FSH 和 LH 的分泌释放，在妊娠早期抑制排卵，维持妊娠。

③ HCG 能降低母体免疫反应能力，有免疫抑制作用，避免胎儿遭受母体的免疫排斥。

④ HCG 对雄性胎儿，能促进性腺分泌睾酮，促进雄性生殖器官发育；对成年雄性动物，能刺激睾丸曲细精管精子的发生和间质细胞的发育。

3. 临床应用

① HCG 在生产中主要用于促进卵泡成熟和排卵，治疗雌性动物排卵迟缓及卵泡囊肿，增强超数排卵和同期发情时的排卵效果。

② 配合 PMSG，用于治疗雌性动物卵巢静止等不发情现象，如 PG600。

③ 在输精时注射 HCG，可减少输精次数。

④ 对雄性动物睾丸发育不良和阳痿也有显著的治疗效果。

4. 治疗用量

HCG 制剂规格有 1000U/支、2000U/支、5000U/支。促排卵时，猪 1000～2000U、牛

2000～5000U。治疗牛卵巢囊肿时，5000～10000U。

目前有一种 PG600 制剂，每支含 PMSG 400U、HCG 200U。对 8～10 月龄初配和断奶后 5～10d 未发情母猪分别注射 PG600 一个剂量，有 75%左右的母猪于注射后 3～6d 发情。对未发情母猪可于 7d 后重复注射 PG600 一个剂量。

单元三　以调控雌性动物发情周期与妊娠为主要功能的激素——孕激素

雌性动物周期性发情的实质是卵泡期与黄体期的交替发育。其中卵泡期持续时间较短，调控排卵时间难度较大；黄体期持续时间较长，调控黄体发育时间相对较易。因此，调控雌性动物发情周期的激素有延长黄体期的孕激素（P）和缩短黄体期的前列腺素（PG）。

同时，孕激素与前列腺素也是调控妊娠的激素，孕激素有维持妊娠的作用；前列腺素则能溶解妊娠黄体，有终止妊娠而引发流产或分娩的作用。

前列腺素已在前面介绍。

1. 来源与特性

孕激素（P，孕酮）主要由卵巢黄体细胞分泌。部分动物如绵羊和马，妊娠后期的胎盘为孕酮更重要的来源。此外，睾丸、肾上腺、卵泡颗粒层细胞也有少量分泌。

牛、山羊、猪、犬在整个妊娠期都由黄体分泌孕酮；绵羊在妊娠前 1/3 由黄体分泌孕酮，其后由胎盘分泌孕酮；马受精后前 40d 靠主黄体分泌孕酮，41～120d 由卵巢上许多副黄体分泌孕酮，从妊娠第 90d 起主要由胎盘分泌的孕酮维持妊娠。

动物体内以孕酮生物活性最高，孕激素通常以孕酮为代表。

2. 性周期中孕酮的变化

母牛发情时脱脂乳中孕酮含量很低，仅 0.5ng/mL，第 5d 起明显上升，第 12～15d 达高峰 2.08ng/mL，到第 18d 又急剧下降，到下次发情前又接近 0.5ng/mL（图 5-8）。

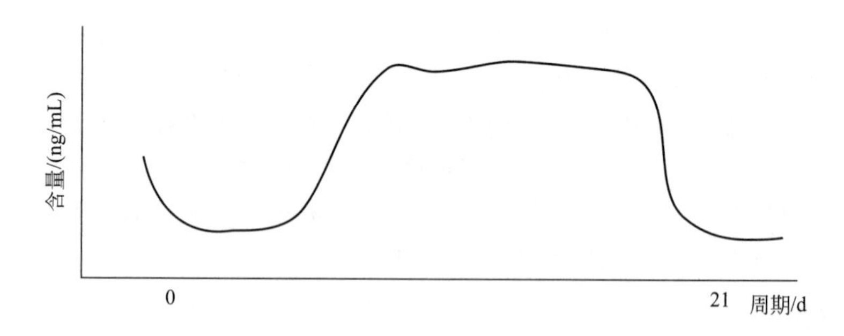

图 5-8　母牛发情周期中脱脂乳中孕酮含量变化（发情当天为 0d）

3. 配种当天孕酮含量与受胎率的关系

据测定 34 头配种母牛配种当天脱脂乳中孕酮含量，17 头受孕牛平均 0.6ng/mL（0.12～1.22ng/mL），孕酮与雌二醇比（孕雌比）为 11.32；17 头未受孕牛平均 2.03ng/mL（0.72～12.00ng/mL），孕雌比为 29.17，可见未受孕牛配种当天乳中孕酮含量或雌二醇含量较高，或二者都高，表明较高的孕酮含量延缓或抑制了卵泡的正常排卵，而影响受胎。

4. 生理功能

(1) 抑制发情 大量孕激素对雌激素有抗衡作用，抑制下丘脑 GnRH 分泌，降低垂体对 GnRH 敏感性，妨碍垂体前叶促性腺激素分泌，停止卵泡发育，这是制造人避孕药的重要药理基础。而少量孕激素则与雌激素有协同作用，可促进发情表现。因只有在少量孕酮的协同作用下，中枢神经细胞才能接受雌激素的刺激，雌性动物才能产生性欲及性兴奋，否则卵巢虽有卵泡发育、排卵，也无发情表现——安静发情。这也是绵羊在发情季节及乳牛产后的第一次发情多安静发情的原因。

(2) 维持妊娠 在黄体期早期或妊娠初期，孕激素能促进子宫黏膜层加厚，子宫腺增大，分泌功能增强，有利于胚泡附植；促使子宫颈口和阴道收缩，抑制子宫颈上皮的分泌活性，子宫颈黏液变黏稠，以防异物侵入，有利于保胎；抑制子宫的自发性活动，降低子宫肌层的兴奋性，维持正常妊娠。

(3) 促进乳腺发育 妊娠后，特别在后期，能促进乳腺发育或改建，在有雌激素、生长素、催乳素配合下促进乳腺小叶及腺泡发育的效应更大。

(4) 促进生殖道发育 生殖道受到雌激素的刺激而开始发育，但只有经过孕激素作用后，才能发育完全。孕酮对生殖道的作用需雌激素的预作用，雌激素可诱导孕酮受体的产生。

(5) 对输卵管的作用 雌性动物发情未排卵时，雌激素占优势，输卵管分泌黏液多、蠕动强、峡部收缩，输卵管内液体流由子宫端向伞部流动，有利于精子到达壶腹部；排卵后，孕激素使峡部舒张，造成输卵管内液体流向子宫流动。如交配后即注射孕激素，则排卵后12h 卵子进入子宫，卵子不能在壶腹部逗留，进入输卵管的精子少，故不能受孕；排卵后再注射孕激素，输卵管蠕动明显减慢，延缓卵子进入子宫，造成胚泡发育与子宫蜕膜变化不同步，也不能受孕。

(6) 促进同化代谢 孕酮和雄激素一样，有促进同化代谢的作用。妊娠后采食量增多，增重加快，营养改善。

5. 临床应用

孕酮口服效价很低，不能口服。人工合成的孕激素如醋酸甲羟孕酮（MPA）、氟孕酮（FGA）等效价远远大于孕酮，性质稳定，大部分可口服。现多制成油剂用于肌注，制成丸剂皮下埋植，或制成乳剂用于阴道栓，如氟孕酮阴道栓、CIDR 等。

(1) 用于保胎 在运输、妊娠检查、受强烈应激有流产可能时，可尽快注射孕酮抑制子宫肌收缩用于保胎。但要注意剂量，特别不要大剂量长期使用，否则如同期发情处理会造成流产；同时孕酮保胎后，要持续观察胎儿是否正常发育，以免死胎。

(2) 诱发同期发情 可用孕激素阴道栓等方法产生人工黄体期抑制发情，当同时撤除外源孕激素时解除对发情的抑制作用，则雌性动物同时发情；用孕激素预处理，也能提高雌性动物对促性腺激素的敏感性，改善超数排卵效果。

(3) 防止孕酮不足的功能性流产 如对卵巢功能不足的牛，从输精后第 8d 起连续注射孕酮 7～10d，每天 50～100mg。

(4) 治疗卵巢囊肿 牛隔天一次，连续 5～7 次，每次 100～200mg。

(5) 用于牛卵巢功能的诊断 通过测定脱脂乳或血液中孕酮水平可以判断卵巢功能是否正常，并能区别乏情、假发情、安静发情、持久黄体；确定适宜的配种时间；根据孕酮含量，进行早妊诊断，如牛配后19d、23d两次测定孕酮含量，脱脂乳中含量少于5.5ng/mL的未妊娠，大于7.0ng/mL的妊娠，介于之间的可疑。

(6) 诱导泌乳 与雌激素联合用于诱导泌乳。

6. 治疗用量

生产中常用的孕激素为黄体酮，20mg/1mL、50mg/1mL。肌内注射，用于保胎，牛100～200mg，猪、羊20～40mg，犬、猫5～20mg，必要时间隔3～5d重复注射；用于同期发情，牛间隔一天注射一次，连续注射5～6次，每次100～150mg。

近年又有长效孕激素制剂普罗，50mg/支。牛诱导发情，肌内注射100mg，若10d后仍没有发情，再重复用药一次。

单元四　以调控雌性动物子宫平滑肌兴奋性为主要功能的激素——催产素

调控雌性动物子宫平滑肌兴奋性的激素有强烈刺激子宫平滑肌收缩的催产素（OXT）；刺激子宫肌自发性收缩的雌激素（E）；溶解黄体、解除子宫平滑肌收缩抑制的前列腺素（PG）；以及抑制子宫平滑肌收缩的孕激素（P）等，其中PG、E、P已在前面介绍。

1. 来源与特性

哺乳动物催产素（OXT）属蛋白质激素，由9个氨基酸组成，分子量1100。主要由下丘脑视上核和室旁核合成，并沿神经束输送至垂体后叶，在该处贮存和释放（以前称垂体后叶素）。羊卵巢上大黄体细胞和牛卵巢上黄体细胞也可分泌少量OXT。

2. 生理功能

(1) 对子宫的作用 能强烈地刺激子宫平滑肌收缩，是催产的主要激素，故又称缩宫素。但在生理条件下，它不是发动分娩的主要激素，而是在分娩开始之后继发维持子宫收缩，促进分娩完成的主要激素。

卵泡成熟期，通过交配、输精可反射性引起OXT释放，刺激输卵管平滑肌收缩，有利于两性配子在雌性动物的生殖道运行。

(2) 对乳腺的作用 能有力地刺激乳腺导管肌上皮细胞收缩，引起排乳。在生理条件下，OXT的释放是引起排乳反射的重要环节，在哺乳、挤乳过程中起重要作用。

幼畜吮吸乳头的活动刺激了乳头神经感受器，反射性引起垂体后叶释放OXT，经血液循环到达乳腺肌上皮细胞，引起收缩排乳。幼畜的形状、气味、叫声都可形成条件反射。临产时子宫颈受到胎儿挣扎时的压迫或牵引，也会引起反射。乳房按摩也能通过神经反射引起乳房膨胀。

(3) 对卵巢的作用 能刺激子宫分泌前列腺素$F_{2\alpha}$($PGF_{2\alpha}$)，引起黄体溶解而诱导发情。

3. 临床应用

① 增强雌性动物分娩功能，用于产力性难产。最好缓慢静脉注射，注射后分娩过程得以继续，若最终死胎少说明适量，如死胎多则说明剂量过大。

使用时要注意检查子宫颈口是否开张（母猪第一头仔猪产出后）和胎位是否正常；配合雌激素使用能增强其效果；宜少量多次注射，如母猪20～40U/次，以免子宫痉挛性收缩引起仔猪窒息死亡；有剖宫产史的雌性动物禁用；使用后应注意观察产畜分娩情况。

② 治疗胎衣不下。牛产后6h未排出胎衣即可肌注OXT，间隔4～6h重复一次。产后时间超过24h以上时最好与少量雌激素配合应用。也可用于子宫脱出的整复。

③ 排出子宫积液、积脓、死胎等，最好与前列腺素、雌激素配合应用。

④ 治疗子宫出血，应与止血药配合应用。

⑤ 提高受胎率。输精前牛注射30～50U、猪注射5～10U，添加到精液中，可促进子宫收缩，提高受胎率，尤其对老龄母畜效果明显。

⑥ 用于产后无乳。

4. 治疗用量

OXT 10U/支。用于产力性难产，猪20～40U、犬5～10U；治疗胎衣不下、排出子宫异物，牛50～80U，猪40～60U；治疗产后无乳，牛50～80U，如配合LRH效果更好。

单元五　其他激素

一、松果体分泌的激素

松果体（脑上腺）为一卵形小体，位于间脑顶端后背部，为缰连合和后连合之间正中线上的一个小突起。幼龄动物较大，成年动物逐渐退化。

松果体对光刺激敏感，黑夜分泌功能兴奋，白天呈抑制状态，主要合成中间体5-羟色胺。

松果体主要分泌褪黑素（MLT）、8-精催产素（AVT），对内分泌系统有普遍的抑制作用。

注射外源MLT后，能减轻垂体的重量，降低血流中FSH、LH含量，抑制出现LH峰，抑制生长素、催乳素等的分泌；抑制甲状腺的功能；明显降低血浆皮质酮水平，对肾上腺皮质有抑制作用；明显抑制生殖系统功能，使性腺萎缩、附属器官重量减轻，降低子宫卵巢组织中DNA含量，延缓未成年动物性成熟。MLT是生理条件下抑制动物生殖器官发育和初情期到来的重要因素。

生产上可通过增加户外运动，提高动物繁殖力和生殖能力；在禽类通过控制光照来调控性成熟与开产日龄，适当延长光照提高产蛋率。

二、催乳素

1. 来源与特性

催乳素（PRL）又称促黄体分泌素，由垂体前叶嗜酸性细胞产生，通过垂体门脉系统进入血液循环；妊娠后期胎盘也有分泌。

PRL是由198个氨基酸组成的单链多肽，分子量：羊23300、猪25000。不同动物PRL的分子结构、生物活性和免疫活性都十分相似。

2. 生理功能

(1) 促进乳腺发育和乳汁生成　在性成熟前，PRL与雌激素协同作用，维持乳腺（主要是导管系统）发育。在妊娠期，PRL与雌激素、孕激素协同作用，维持乳腺腺泡系统的发育。对已具备泌乳条件的哺乳动物，与皮质类固醇一起，可以激发和维持泌乳功能，并能促进鸽子嗉囊发育和分泌嗉囊乳，以哺育雏鸽。

（2）促使和维持黄体分泌孕酮 在啮齿类（鼠）交配刺激后，PRL 能促使、维持黄体分泌孕酮；在大动物中尚不能确定；在犬、灵长类动物（包括人）中 PRL 也是促黄体因子之一。

（3）抑制性腺功能发育 生产中发现，产奶量高的牛配种受胎率低，这是因为高产奶牛血液中 PRL 水平较高，可以抑制卵巢功能发育，影响发情周期；母猪断乳后才能发情；人高 PRL 血症患者，对性腺激素的敏感性降低而出现闭经；在禽类，PRL 通过抑制卵巢对促性腺激素的敏感性而引起抱窝，用溴隐亭处理，可中止抱窝，恢复产蛋周期。

（4）行为效应 动物的生殖行为可分为“性爱”与“母爱”两种类型，前者受促性腺激素控制，后者受催乳素的调控。动物在分娩后，促性腺激素和性激素水平降低，PRL 水平升高，母爱行为增强。如禽类筑巢抱窝、兔拔毛做窝、猪衔草做窝等。在鸟类，PRL 对行为的影响更明显，用 PRL 处理后，会出现明显的筑巢，抱窝等行为表现。

（5）促进雄性动物副性腺发育 对雄性动物具有维持睾丸分泌睾酮的作用，并与雄激素协同，刺激副性腺发育。

三、性腺激素

性腺激素是由性腺（卵巢和睾丸）分泌，结构相似、功能接近的类固醇激素，主要包括雄激素、雌激素、孕激素等。它们之间的代谢关系见图 5-9。

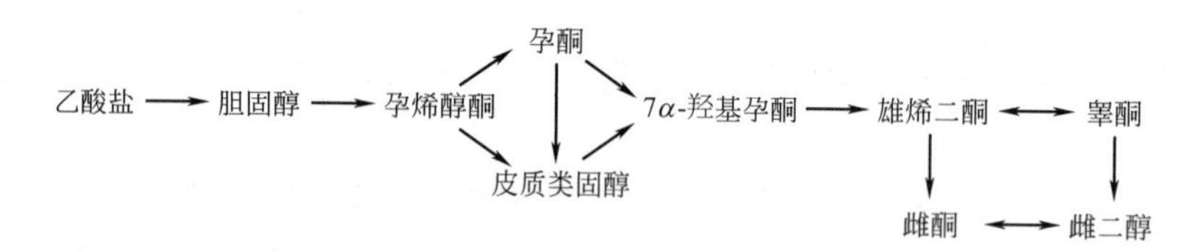

图 5-9 类固醇激素之间的代谢关系

这些激素还可由胎盘分泌，肾上腺皮质也可少量分泌。性腺激素的主要功能是促进第二性征发育和维持；促进动物的性行为表现和发情表现；促进生殖器官的周期性变化。

雌激素与孕激素已在前面介绍，这里主要介绍雄激素（A）的功能与应用。

1. 来源与特性

在雄激素中最主要的形式为睾酮，由睾丸间质细胞所分泌，在 5α 还原酶催化下睾酮转化为双氢睾酮。睾酮与双氢睾酮共有同一种受体，且双氢睾酮与受体的亲和力远大于睾酮，所以认为双氢睾酮是体内生物活性最大的雄激素。

在分泌雄激素的细胞中，雄烯二酮在 17β-羟脱氢酶催化下转化成睾酮，该反应是可逆的。而 5α 还原酶催化睾酮转化为双氢睾酮。

肾上腺皮质、胎盘、雌性动物卵巢门细胞也能分泌少量雄激素，睾丸分泌的雄激素是卵巢分泌量的 5 倍，同时卵巢、肾上腺皮质分泌的雄激素以雄烯二酮为主。

睾酮一般不在体内存留，而很快被利用或分解，并通过尿液或胆汁、粪便排出体外。

2. 主要功能

（1）刺激精子发生 对于成年动物，刺激曲细精管发育，促进精子生成。

（2）延长附睾中精子寿命 豚鼠如摘除睾丸，附睾中精子可存活30d；而配合雄激素处理可存活70d。

（3）促进雄性副性器官的发育和分泌功能 睾酮与雄烯二酮之比，在初情期是1∶1，到性成熟后是7∶1，表明性成熟后雄性动物血液中雄激素以睾酮为主。

（4）促进雄性第二性征的表现 如骨骼、肌肉的发育，鸡冠、肉垂的生长等。雄激素是同化激素，能促进蛋白质的合成、骨骼的生长。

（5）促进雄性动物性行为和性欲 动物的好斗行为是由睾酮引起的，睾酮转化为双氢睾酮则公牛脾气较温顺。

（6）维持激素平衡 通过对下丘脑的负反馈作用，抑制垂体分泌过多的促性腺激素，以维持体内激素平衡。大剂量的雄激素对雄性动物和雌性动物的促性腺激素分泌都有负反馈调节作用，可抑制促性腺激素的分泌。正常雄性动物用雄激素处理后，虽在短期内对提高动物性欲有利，但对提高精液品质不利，更有可能通过负反馈调节影响性欲。因此，临床上应用雄激素要慎重。

（7）雄激素对雌性动物的作用 在雌性动物中雄激素作用比较复杂，一方面对雌激素有拮抗作用，可抑制雌激素引起的阴道上皮角质化；对于幼年动物，雄激素可引起雌性动物雄性化，表现为阴蒂过度生长。另一方面，雄激素对维持雌性动物的性欲和第二性征的发育具有重要作用。此外，雄激素还通过为雌激素生物合成提供原料，提高雌激素的生物活性。

3. 临床应用

① 主要用于治疗雄性动物阳痿等性欲不强和性功能减退。但单独应用不如睾酮与雌二醇联合处理效果好。

② 用于雌性动物化学去势。

③ 雌性动物或去势雄性动物用雄激素处理后，用作试情动物。

④ 医药上因其具有同化作用，可促进伤口愈合，用于治疗贫血、发育不良、消化性疾病、骨折等，但应注意控制剂量，并加强营养。

4. 治疗用量

生产中常用的雄激素为丙酸睾酮25mg/支、50mg/支。

皮下或肌内注射：牛100～200mg；猪、羊100mg。

皮下埋植：牛500～1000mg；猪、羊100～250mg。

四、松弛素

1. 来源

松弛素（RLX）又称耻骨松弛素，主要由妊娠黄体分泌，某些动物的胎盘、子宫、乳腺、前列腺等也可分泌少量松弛素。猪、牛等动物的松弛素主要来自黄体，而兔主要来自胎盘。

2. 生理功能

在妊娠期能防止未成熟的胎儿流产。其作用机制：一是影响结缔组织，使耻骨间韧带扩张，抑制子宫肌层的自发性收缩；二是激活内源性阿片肽（EOP），抑制OXT的释放。

在分娩时，松弛素水平降低，解除EOP对OXT释放的抑制作用，使OXT释放增加，有利于分娩。

在雌激素的作用下，松弛素还可促进乳腺发育。

在卵泡发育过程中，松弛素作为生长因子，具有促进颗粒细胞增生的作用。

3. 临床应用

目前国外已有三种松弛素商品制剂，即 Releasin（由松弛素组成）、Cervilaxin（由宫颈松弛因子组成）和 Lutrexin（由黄体协同因子组成）。临床上可用于子宫镇痛、预防流产和早产以及诱导分娩等。

技能训练　生殖激素促进雌性动物发情试验

【目的和要求】

通过对不同生殖激素及剂量促进雌性动物发情的效果比较，观察药后雌性动物发情的时间，知道生殖激素的作用特点，为将来进行动物繁殖方面的科研、畜牧生产应用打下基础。

【主要仪器及材料】

母牛、母羊、母猪、母兔等实验动物；孕激素阴道栓、促卵泡激素、孕马血清促性腺激素、前列腺素、雌激素等；注射器、酒精棉球、开膣器等。

【技能训练内容】

1. 促性腺激素处理

① 原理。促性腺激素（FSH、PMSG），通过促进卵泡生长发育，恢复卵巢功能，促进雌性动物发情。

② 方法。单独用促性腺激素 FSH（牛 100～200U、羊 50～100U）、PMSG（牛 1000～2000U、羊 500～1000U）分 3～4 个剂量组肌注，观察雌性动物发情表现，确定最适剂量。

2. 雌激素处理

① 原理。雌激素可迅速诱导雌性动物出现明显的发情表现，但当次发情缺乏卵泡发育，常是假发情，必须等到下次发情才有卵泡发育、排卵。

② 方法。用苯甲酸雌二醇（牛 8～16mg、羊 4mg）肌注，连续 3d，诱导雌性动物发情。

3. 孕激素处理

① 原理。孕激素对垂体促性腺激素的分泌活动具有负反馈调节作用，可以抑制发情和排卵。但连续多日接受孕激素处理（如连续 9～16d）的乏情雌性动物，在撤除孕激素的抑制作用后，可以使雌性动物出现发情。

② 方法。在雌性动物阴道放置孕激素阴道栓，9～16d 后撤除，观察雌性动物发情表现。

4. 孕激素与促性腺激素结合处理

牛先用孕激素阴道栓处理 9d，在撤栓前 1d 注射 FSH 100U，诱导母牛发情。

【作业】

1. 根据不同生殖激素、剂量促进雌性动物发情的结果，指出生殖激素促进发情的特点，提出促进雌性动物发情的最适剂量。

2. 指出不同生殖激素促进雌性动物发情的预期时间。

一、相关名词

生殖激素、促性腺激素、性腺激素、外激素

二、思考与讨论题

1. 使用生殖激素时要注意哪些问题?

2. 简述生殖激素对雌性动物生殖活动的调节。

3. 生殖激素的作用特点是什么?

4. 可用于促进雌性动物发情的激素及特点是什么?

5. 可用于治疗卵巢囊肿的激素有哪些?

6. 可用于促进子宫平滑肌收缩的激素及特点是什么?

7. 可用于调节发情周期的激素及特点是什么?

8. 使用催产素对分娩雌性动物在催产时应注意什么?

9. 雌激素对催产素的功能有何影响? 在什么情况下才能使用催产素来进行助产或缩短产程?

10. 说明促性腺激素释放激素的生理作用以及在动物繁殖中的应用。

11. 说明促卵泡激素、促黄体素、孕马血清促性腺激素、绒毛膜促性腺激素的生理作用以及在动物繁殖中的应用。

12. 说明 PGF 的生理功能以及其在动物繁殖中的应用。

13. 能提高雌性动物卵巢功能、促进发情的激素有哪些? 各有何特点? 应用时应注意什么?

14. 如何实施对奶牛诱导泌乳?

15. 前列腺素对各种雌性动物周期黄体的溶解作用有什么特点?

16. 雌激素、孕激素和雄激素对动物的生理作用有何共性? 其化学结构有何共同点? 为什么三合激素中既含有雌二醇, 又含有黄体酮和丙酸睾酮, 但却能促进雌性动物的发情表现?

17. 在所学的各种激素中, 有哪些激素具有促进卵泡排卵的作用? 这些激素都能够治疗动物的哪些繁殖障碍? 选择使用这些激素时要考虑哪些因素?

18. 催产素是由什么部位分泌的? 有何生理作用? 有什么因素控制其释放?

项目六　发情调控技术

学习目标

1. 知道发情控制技术的类型与原理；不同动物发情控制的特点。

2. 会在生产中实施雌性动物诱导发情、同期发情、定时输精、超数排卵等发情控制技术。

认识雌性动物发情表现、鉴定发情状态、掌握发情规律是家畜繁殖工作的基本要求。在现代畜牧生产中，为了提高雌性动物繁殖效率，期望在非配种季节或乏情期发情，单胎动物产双胎，一群雌性动物在特定时间内同时发情等，人类有意识地采用了一些技术或措施，干扰动物发情的自然规律，对其发情进行人为控制。

应用某些激素或药物以及畜牧管理措施人为控制雌性动物个体或群体发情并排卵的技术，称为发情调控技术。诱导单个乏情动物发情并排卵的技术，称为诱导发情；使一群动物在同一时期内发情并排卵的技术，称为同期发情；通过同期发情结合排卵控制，使雌性动物排卵时间更趋统一，从而实现按计划输精的技术，称为定时输精；使单个或多个动物发情并排出超过正常数量卵子的技术，称为超数排卵。

实施发情调控技术时要注意，正确的饲养管理是动物繁殖的基础；使用激素制剂应有严格科学的态度。每种激素产生效应都需要一定的条件，应用时要综合考虑雌性动物的生理状态、血液中激素浓度、维持时间、激素之间的相互作用等因素。

单元一　诱导发情技术

在畜牧生产中常常发现，有些动物到了初情期月龄后长时间不出现第一次发情；有些动物在分娩后较长时间或断奶后迟迟不出现发情；有些动物只有到一定的季节才能出现发情。为了提高动物的繁殖效率，就需要对这些动物进行诱导发情处理。

一、诱导雌性动物发情的基本方法

雌性动物不发情（乏情）有多方面的原因，如季节、营养、泌乳、衰老等。妊娠性的乏情要注意鉴别和维持；非繁殖季节或产后乏情则可采取适当措施缩短乏情时间；先天性生殖器官畸形引起的乏情应及早诊断并淘汰；营养性、病理性乏情则要及时查明原因，调整营养，采取措施促进雌性动物发情。雌性动物乏情从卵巢卵泡、黄体发育的实质看，即卵巢静止类和持久黄体类等。因此，诱导雌性动物发情可采用下列方法。

(1) 促性腺激素处理 季节性、泌乳性、营养性乏情的雌性动物，卵巢多处于静止状态，可注射促性腺激素 FSH、PMSG，以促进卵泡的生长发育，恢复卵巢功能，促使雌性动物发情；发情后，最好辅助选用 LH、HCG、GnRH 类促性腺激素，促进卵泡成熟排卵。

(2) 性腺激素处理 雌激素可诱导雌性动物出现明显的发情表现，但常缺乏卵泡发育，必须等到下次发情才有卵泡发育、排卵，生产中应用效果不好；孕激素对促性腺激素的分泌活动具有负反馈调节作用，能抑制发情和排卵，但连续多日接受孕激素处理（如连续 9～16d）的乏情雌性动物，在撤除孕激素的抑制作用后，则会出现发情。

(3) 前列腺素处理 前列腺素（PG）具有溶解黄体的作用。对卵巢上有持久黄体或囊肿黄体存在的雌性动物，可用 PGF 类激素溶解黄体，解除孕激素对发情活动的抑制作用，诱导其发情。

(4) 外激素或异性刺激 对乏情的雌性动物用雄性动物刺激能促其发情。如与公羊隔离 20d 以上的母羊群，在引入公羊 5～7d 后，由于外激素或异性刺激的作用，将有大量母羊开始发情；用公猪刺激断乳后不发情的母猪可使其发情；用雄性动物刺激不发情的后备雌性动物可诱导其发情。

(5) 提早断奶 母猪产后发情多在仔猪断奶后一周左右出现，如要提前发情，则应提早断奶。母羊产后泌乳期乏情长达 2～3 个月，如要提高母羊的繁殖效率，促其产后发情，也可采取提早断奶的方法。

(6) 控制光照 羊是短日照发情动物，在日照缩短时发情是其对长日照抑制母羊发情的不反应性之故。

据对羊实施光照控制试验，每天延长 0.5～1h 到光照 13～15h，持续 4～6 周；再每天缩短 0.5～1h 到光照 9h，在持续 8 周内有 83%～100%母羊发情。而长光照只持续两周的效果不好。

(7) 提高诱导发情效果的方法 加强饲养管理，在用促性腺激素处理前先用孕激素预处理，可提高雌性动物发情率；在早期断奶的同时，配合少量促性腺激素、异性刺激可提高断奶雌性动物发情率。

二、牛的诱导发情

牛的诱导发情主要是改善营养结合促性腺激素法、性腺激素法、前列腺素法等。

(1) 促性腺激素法 对母牛产后乏情，检查卵巢松软偏小、功能减退的，注射 FSH 100～150U 或 PMSG 1000～1500U；对育成母牛不发情的，注射 FSH 80～150U 或 PMSG 800～1500U，一般 4～6d 后发情。

(2) 性腺激素法 对育成母牛不发情的，可用孕激素制剂处理，如氟孕酮阴道栓“牛欢”或 CIDR 阴道放置 9～14d，在撤除阴道栓前 1d 注射促性腺激素 PMSG 600～800U，一般在撤栓后 2～5d 发情；也可注射长效孕激素普罗 100mg，一般 7d 左右母牛发情；早期还可注射 3～5mL“三合激素”（每 1mL 含丙酸睾酮 25mg、苯甲酸雌二醇 1.25mg、黄体酮 12.5mg）或雌激素配合少量孕激素肌内注射诱导发情。对产后乏情，也可用孕激素阴道栓或普罗诱导发情。

(3) 前列腺素法 对产后乏情，检查卵巢上有黄体存在的，可肌注氯前列烯醇 0.4～0.6mg 诱导发情。

此外，对产后40～45d的母牛，可肌注LRH-A_3 25～50μg，每日一次，连续1～3次，诱导发情排卵。

三、羊的诱导发情

母羊在初情期后不发情或处于非发情季节的诱导发情，与牛的诱导发情类似，还可采用公羊效应、提早断奶等方法。一般愈接近繁殖季节，处理效果就愈好。

(1) 补饲催情 在配种季节即将到来时，加强饲养管理，补喂一些精料，诱导母羊发情期提早到来，以提高发情率和产羔率。

(2) 公羊效应 在配种季节到来前，将一定数量的公羊放入母羊群中，可刺激乏情母羊的卵巢活动。公羊刺激也有助于泌乳母羊的提早发情。利用“公羊效应”时，如结合“补饲催情”则效果更佳。

(3) 提早断奶 羊属季节性发情动物，产后乏情期长达60～90d。自然哺乳时，母羊产后发情多等到下个发情季节，一般只能一年一胎。若要提高母羊繁殖率，达到两年三胎或三年五胎，则须提早断奶。如两年三胎的应在75～90日龄断奶；三年五胎的在45～60日龄断奶；一年两胎的在15～30日龄断奶。如提早断奶结合注射促性腺激素则效果更好。

(4) 控制光照 如前所述，先每天延长0.5～1h到光照13～15h，持续4～6周；再每天缩短0.5～1h到光照9h，在持续8周内有多数母羊发情。

(5) 性腺激素、促性腺激素法 诱导乏情母羊发情时，可先将氟孕酮阴道栓“羊乐”放置12d，在停药前48h一次注射PMSG 200～500U，一般母羊在撤栓后2～3d发情，配种时注射LH 100U；也可单独注射PMSG 500～1000U。

单用雌激素可以引起发情，但不排卵（假发情）；而仅用PMSG和HCG可以引起排卵，但不一定有发情表现（隐性发情）。

给乏情母羊注射16～20mL的牛初乳（初乳中含有某种生理活性物质），或注射氯地酚10～15mg，也能诱导母羊发情。

四、猪的诱导发情

我国南方本地母猪及外来品种与本地母猪杂交的一代、二代母猪发情比较明显，而瘦肉型母猪往往因各种原因乏情率较高，一般在10%～25%左右。即使在管理水平中等的种猪场，也会有5%～15%在后备母猪达到性成熟年龄后仍不发情，约有10%的母猪断奶后长期不发情。因此，诱导这些母猪发情、配种并妊娠，对于猪场降低饲养成本增加经济效益意义重大。

诱导母猪发情，常用提早断奶、异性刺激等畜牧管理措施和促性腺激素处理等方法。

(1) 提早断奶 母猪在哺乳期内通常不发情，在断奶后才陆续发情。因此，仔猪提早断奶，可促使产后母猪提早发情。在断奶时，如配合注射FSH 50U或PMSG 500～800U，效果更好。

(2) 异性刺激 断奶后母猪用公猪刺激发情明显提早，一般能提前3d。据Langendi jk等（2000年）让断奶后2d的母猪，每天接触公猪3次，每次30min，结果有51%的母猪在9d内发情排卵，排卵大多集中在6.5～9d；而断奶后不接触公猪的对照组，9d内排卵的仅有30%。这表明接触公猪，能促进断奶母猪特别是有较长断奶-排卵间隔的母猪发情排卵。

据报道，对160日龄的后备母猪每天上下午各接触公猪一次，平均28.9d后出现发情；

每天上午接触公猪一次的，平均 32.4d 后出现发情；而未接触公猪的，则要 45d 才出现发情。

另外，如让母猪嗅闻公猪尿液，或在母猪鼻部喷洒合成的公猪外激素等，也能诱导其发情。

(3) 促性腺激素处理 当后备母猪 8～9 月龄或体重达到 80～90kg 仍未发情的，可用改善饲料营养、公猪刺激、注射 PG600 或 PMSG 700～1000U 等方法诱导其发情。

初情期发情后不再发情的母猪，往往因卵泡囊肿所致，注射 HCG 1000～2000U 或 LRH-A_3 25～50μg 可诱其发情。

对断奶后乏情的母猪，可用 PMSG 750～1000U 诱导发情，在注射 PMSG 后 48～92h 配合注射 HCG 或 PG 则效果更佳。母猪一般在注射 PMSG 后 5～7d 发情。

(4) PG600、FG600 处理 PG600 中含 PMSG 400U 和 HCG 200U，FG600 含细胞工程产品类 FSH 100U 和 HCG 400U。对性成熟期未发情的 6.5～9 月龄母猪、断奶后不发情母猪，可注射一个剂量的 PG600 或 FG600，多数母猪在 3～7d 内发情，一周内不发情的可重复注射一次，对再不发情的母猪予以淘汰处理。如注射 PG600、FG600 时，配合饥饿法、公猪刺激法则效果更好。

五、犬的诱导发情

促性腺激素或前列腺素均可用于犬的诱导发情，但是犬属多胎动物，乏情期时卵巢静止。因此，前列腺素处理效果往往不如促性腺激素，且产仔数也较少。

对已达性成熟年龄但在配种季节尚未发情的母犬，可一次注射促性腺激素如 PMSG 400～800U，也可在注射 PMSG 后间隔 1～2d 注射少量 PG，发情时注射促排卵类激素。有报道连续多天注射 PMSG（或再配合 HCG、$PGF_{2\alpha}$、E_2 等）诱导母犬发情的。其实 PMSG 半衰期 144h，诱导母犬发情，只要剂量适当一次注射即可，连续多次注射反而易引起卵巢囊肿。也有认为催乳素抑制因子溴隐亭诱导母犬发情效果好，但溴隐亭需连续 20d 较大剂量阴道投药，还是 PMSG 较方便，只是犬品种多，体型大小悬殊，要根据不同个体确定合适剂量。

单元二 同期发情技术

同期发情是指利用某些激素制剂或畜牧管理措施，人为地使一群雌性动物在预定时间内集中发情的技术。在家畜繁殖中，同期发情技术具有十分重要的意义。

① 有利于推广人工授精技术，特别是在推广初期、偏远地区，变分散、零星的发情输精为成批量、集中、定时的发情输精。

② 便于合理组织集约化生产，使畜群的发情、妊娠和分娩相对集中，便于仔猪寄养，使断奶、仔猪培育等各阶段做到同步化，促进工厂化养猪、订单农业的发展。

③ 提高繁殖率。同期发情在使正常雌性动物发情的同时，也能使乏情雌性动物出现性周期活动，缩短畜群的繁殖周期，提高繁殖率。

④ 为胚胎移植技术创造条件。胚胎移植尤其是鲜胚移植，前提条件是要求供体与受体必须做到发情同期化。

一、同期发情的基本原理

雌性动物周期性发情的实质是黄体期与卵泡期的交替发育过程，黄体期的结束是卵泡期的开始。在黄体期，相对高的孕激素水平抑制了雌性动物的发情。因此，同期发情的核心是控制黄体期的寿命并同时终止黄体期，使一群雌性动物同时发情。

在自然状态下，任何一群雌性动物，每个个体均随机处于发情周期的不同阶段。同期发情技术主要是借助外源性激素，有意识地干预雌性动物的发情过程，暂时打乱自然发情规律，继而把发情周期的进程调整到统一的步调上，使它们的功能处于一个共同的基础上。

实施同期发情的途径有两条。一是延长黄体期，给一群雌性动物同时施用孕激素类药物，人工延长黄体期，虽然部分雌性动物在处理期间周期黄体相继退化，但仍不能发情；在同时撤除孕激素后，各雌性动物解除孕激素对发情的抑制作用同时进入卵泡期，达到同期发情的目的。二是缩短黄体期，用 PGF 溶解所有雌性动物的周期黄体，使其同时提前结束黄体期而进入卵泡期，产生同期发情的效果（图 6-1）；当然也可以先孕激素处理，再结合 PG 处理实现同期发情。

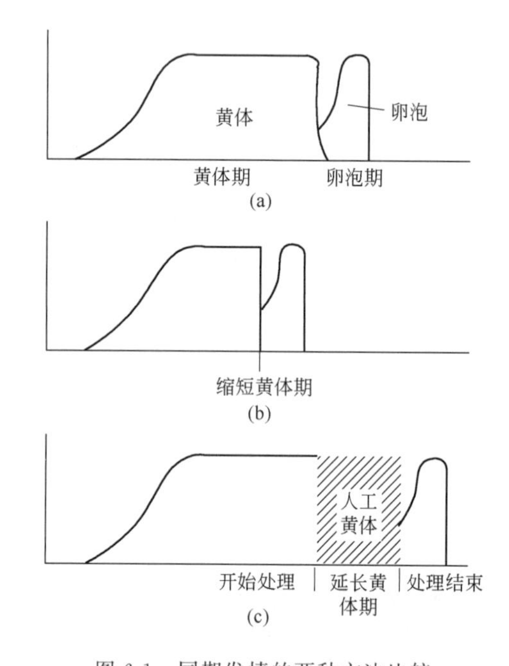

图 6-1　同期发情的两种方法比较

(a) 自然发情周期；(b) 缩短黄体期；(c) 延长黄体期

孕激素处理法不但可用于有性周期活动的雌性动物，也可在非繁殖季节诱导乏情雌性动物发情；而前列腺素法不仅能使有正常性周期活动的雌性动物同时发情，也能使有持久黄体的雌性动物发情。

二、同期发情的基本方法

应用于同期发情的药物，根据其性质大体分为三类：一是抑制卵泡发育制剂，如孕激素；二是溶解黄体制剂，如前列腺素；三是促进卵泡发育、排卵的制剂，如促卵泡激素、促性腺激素释放激素等。前两类是同期发情的基础药物，第三类是为了提高同期发情效果而采用的辅助药物。除此之外，对某些特殊动物（如猪），还可采用同期断奶的方法实现同期发情。

1. 延长黄体期法

延长黄体期法主要是用孕激素类激素，如孕酮、氟孕酮、氯地孕酮等。它们能抑制垂体FSH 的分泌，强烈抑制卵巢卵泡发育和成熟，使雌性动物不能发情。

如持续给雌性动物提供外源性孕激素，这样即使雌性动物自然黄体退化后也不能发情。而当同时撤除孕激素后，由于大部分雌性动物卵巢上已没有周期黄体，所以抑制被解除后，雌性动物的卵泡发育和发情会同时开始，从而达到同期发情的效果（图 6-2）。

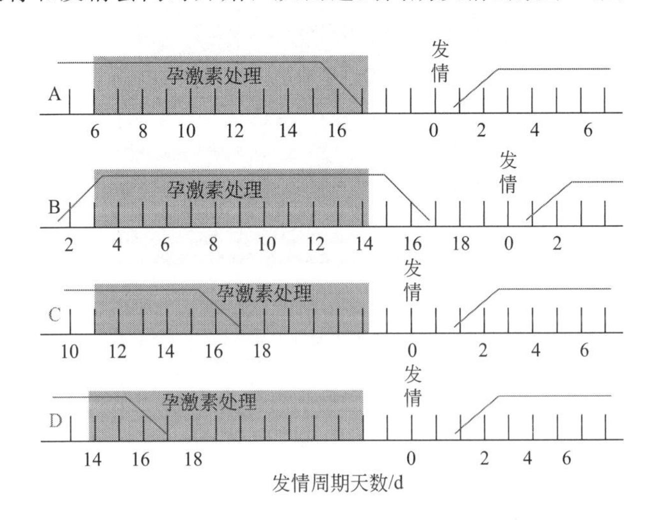

图 6-2　孕激素诱导母牛同期发情

(1) 孕激素的给药方法

① 口服法。每日将一定量的孕激素均匀拌入饲料中饲喂，直至药物处理结束。这种方法主要用于舍饲雌性动物。特点是方便，但用药量大、个体摄入量不准确、同期化程度低。同时孕酮不能口服。

② 注射法。每日将定量药物做皮下或肌内注射，经一定时期后停止。特点是剂量准确，但操作烦琐。

③ 埋植法。将孕激素制剂装入带孔细管中，用兽用套管针埋植于耳背皮下组织，使药物缓慢吸收，经一定时间后统一取出埋植的细管（图 6-3）。缺点是需要两次手术。

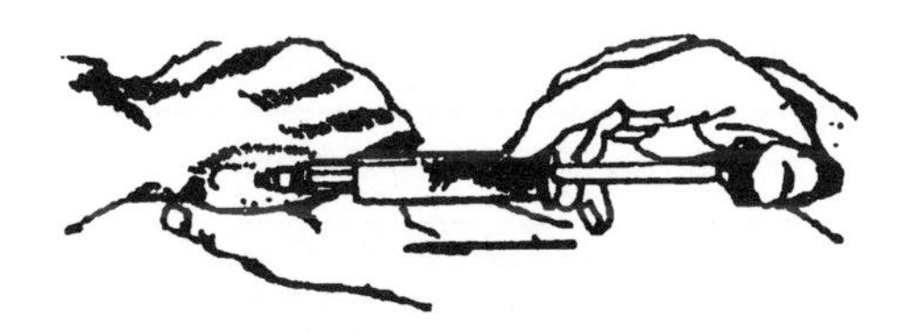

图 6-3　牛耳背皮下组织埋植孕激素制剂

④ 阴道栓塞法。将孕激素制剂用经消毒的食用油溶解后浸泡于圆柱形海绵中，或将孕激素装入特制“Y”状（新西兰式，CIDR）或螺栓状（美式，PRID）阴道栓中，用放栓枪将其放置于子宫颈口附近，留一线尾在阴门外，药液缓慢释放被阴道黏膜吸收，经一定时间后取出（图 6-4）。

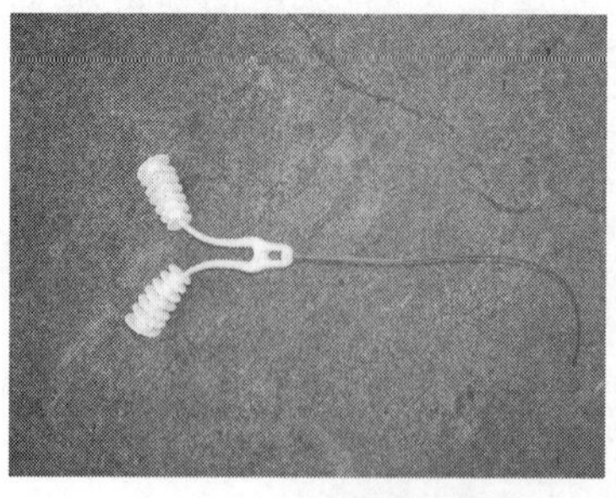

(a) 牛用PRID　　(b) 羊用CIDR

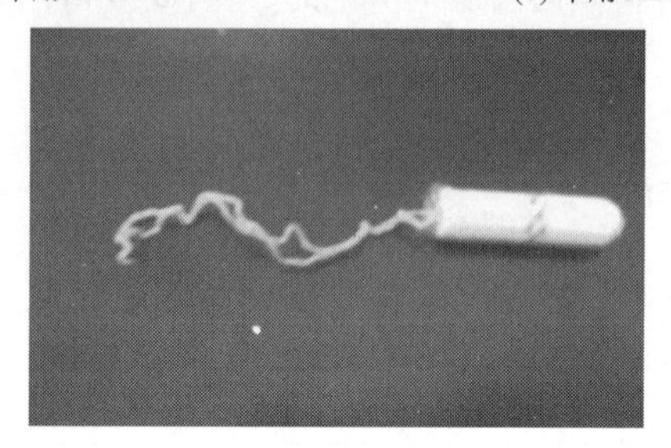

(c) 阴道海绵栓

图 6-4　孕激素阴道释放装置

上述四种给药方法各有利弊，以阴道栓塞法应用较多。近几年又有长效孕激素制剂——普罗，一次注射大约 5d 有效，比阴道栓塞法更方便、剂量更准确。

（2）孕激素的补充时间　外源孕激素的补充时间有长、短之分。

① 长期给药法。周期黄体的存在时间约 14～16d，如果连续补充外源孕激素 14～16d，则周期黄体全部退化。停止补充后，所有雌性动物都能发情，同期发情率较高，但会改变子宫内环境，不利精子的运行、存活和受精，影响受胎率。

② 短期给药法。如牛用孕激素阴道栓留置 6～9d 后取出，由于停止补充外源孕激素，少部分雌性动物周期黄体尚未退化，同期发情率稍低，但输精受胎率较高。

为提高孕激素处理的同期发情效果，可在放置阴道栓时注射雌二醇 3～5mg，以加速黄体消退或抑制新黄体形成；注射孕酮 50～250mg，以阻止即将发生的排卵；还可以在撤除孕激素前注射促性腺激素或前列腺素。

如牛在发情周期的任一天（发情当天除外）放置氟孕酮阴道海绵栓“牛欢”，并肌注苯甲酸雌二醇 2mg、黄体酮 50mg。第 10d 撤栓，并肌注 PG 0.4mg，观察发情效果，结果见表 6-1。

表 6-1　牛的同期发情效果

发情时间	0～24h	25～48h	49～72h	3d 内发情率
青年母牛	11.1%(10∶90)	51.1%(46∶90)	37.8%(34∶90)	89.1%(90∶101)
经产母牛	14.3%(17∶119)	28.6%(34∶119)	57.1%(68∶119)	75.3%(119∶158)

上表显示，孕激素处理后至发情的时间，青年母牛多数集中在撤栓后 25～48h 发情，而经产母牛则集中在 49～72h 发情。

绵羊，以放置阴道栓并肌注雌孕激素复合制剂当天为第 0d；第 10d 肌注 PMSG 200U/只；

第 12d 撤栓，撤栓后 48～52h 输精，并注射 LRH-A_3。

阴道栓处理不适合水牛，因阴道栓放置后，要在外阴部露出一小段引线，水牛泡水时，污水会沿此引线进入阴道而造成阴道感染。

2. 缩短黄体期法

在同期发情处理中，PGF 具有明显的溶解黄体、促使雌性动物发情的作用，适用于处于黄体期的雌性动物。当前多以 PGF 类似物氯前列烯醇代替。

不同动物黄体对 PGF 敏感期有差异，牛、羊、马、大白鼠、地鼠排卵后 4d 的黄体即对 PGF 有反应，猪排卵后 10～12d 的黄体才对 PGF 有反应，犬的黄体则要等到 24d 后应用 PGF 才有效。因此，用 PGF 一次处理雌性动物，2～4d 后只有 70%左右的牛、羊和 50%左右的猪能发情。

为了提高发情同期率，对牛、山羊可间隔 9～11d 再用 PGF 处理（图 6-5）。

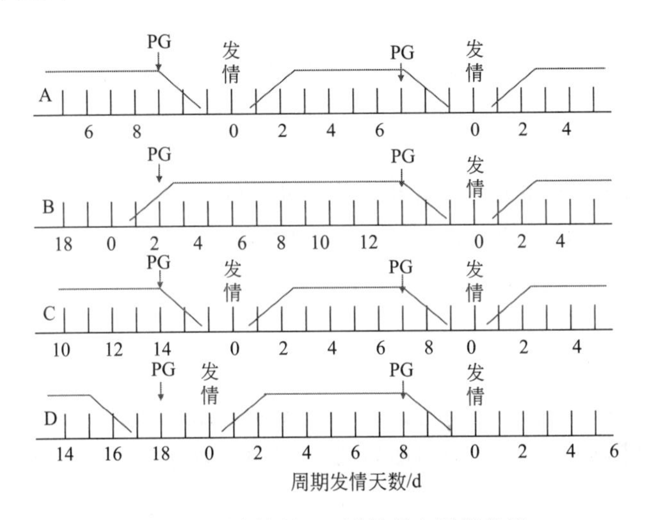

图 6-5 两次施用 PG 诱导母牛同期发情

据对绵羊的同期发情试验，在第 0～3d 每天注射 LRH-A_3 5μg/只，第 9d 注射 PG 0.16mg/只，在注射 PG 后 24～72h 内进行试情，结果多数在注射 PG 后 48h 左右发情。

前列腺素是局部激素，理想的给药方法是子宫内灌注，但这比较烦琐；而肌内注射需加倍剂量，且有时效果不确定；目前多数采取阴道黏膜内注射或交巢穴注射，用量约为肌注的一半。

3. 孕激素配合前列腺素法

短期补充孕激素延长黄体期或一次注射 PGF 缩短黄体期，雌性动物发情率均较低，而二者结合则可明显提高发情率（图 6-6）。即孕激素先用 6～9d，在孕激素撤除之时或之前肌注 PGF。

经过 6～9d 的孕激素处理后，没有退化的黄体已经处于对 PGF 的敏感阶段，此时注射 PGF 能使没有退化的黄体溶解，因而绝大多数雌性动物可在撤除孕激素后发情。

同期发情技术应用时，为了提高雌性动物的同期发情率，常要配合使用诸如 PMSG、FSH、HCG、LH、GnRH 等促性腺激素。

如牛、羊在使用孕激素撤栓前 2d 或使用 PGF 前 1d，配合应用低剂量的 PMSG，可提高雌性动物的同期发情率。

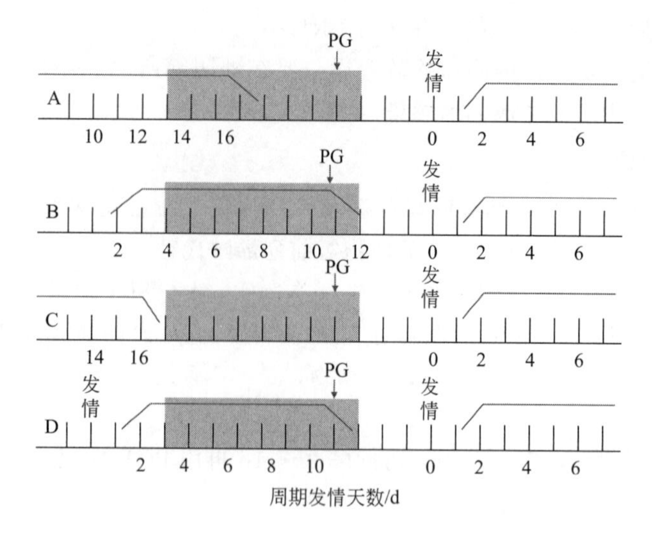

图 6-6 孕激素配合前列腺素法同期发情处理

4. 分批处理法

条件允许时可采用分批处理法，即第一次注射 PGF 后发情的雌性动物先输精，不发情的间隔 9～11d 第二次注射 PGF。或是根据直肠检查、发情记录，开始只对黄体发育明显、处于发情周期第 5～17d 的雌性动物注射 PGF；间隔 11d 后对其余雌性动物和注射 PG 后未发情的雌性动物注射 PGF。

在有发情记录的牧场，在孕激素同期发情时，对处于发情周期第 6～17d 的牛、羊放置孕激素阴道栓 12d，可确保撤栓后所有的牛、羊周期黄体都已消退；对 18～5d 的牛、羊在 10d 后开始处理，此时处于下个发情周期的第 7～15d，故可通过 12d 的放置孕激素阴道栓处理，获得较高同期发情率。

5. 猪的同期发情

猪的同期发情有其特殊性，通常对牛、羊有效的孕激素对猪基本上无效，还会引起卵巢囊肿；前列腺素对母猪发情周期第 10～12d 前的黄体没作用；而猪的泌乳性乏情特别明显，多数哺乳母猪在断奶后 3～9d 内发情。因此，母猪同期发情常采用同期断奶的方法。为提高断奶后母猪发情率，在断奶时注射 PMSG 750～1000U 或配合公猪刺激，可使大多数母猪于断奶后 5～8d 内发情。

对初情期前的母猪用 PG600 或 800～1000U PMSG 处理 72h 后，肌注 500U HCG；对经产母猪在断奶后当天或一天后用 PG600 或 1000～1500U PMSG 处理 72h 后，肌注 700～1000U HCG，可以提高同期发情排卵的同期化程度。

单元三 定时输精技术

采用同期发情技术虽能使群体雌性动物的卵泡发育同步化，但排卵的时间范围仍然变化较大（表 6-1），需要配合发情鉴定，才能做到适时输精。如果配合排卵调控，就能使雌性动物发情、排卵更趋整齐，不需发情鉴定就可以在预定时间输精，即定时输精技术。

一、牛的定时输精技术

1. 卵泡发生波理论

雌性动物的周期性发情是卵泡期与黄体期交替发育的结果。发情期卵泡充分发育，血浆中雌二醇浓度升高，促进下丘脑分泌 GnRH，后者又相应促进垂体分泌 LH，即排卵前 LH 达到高峰，LH 高峰使成熟的卵泡排卵，卵泡排卵后形成黄体，抑制卵泡的发育和发情。黄体在经过一个间情期的时间后，在子宫内膜产生的 $PGF_{2\alpha}$作用下退化，使下一轮卵泡发育并排卵。

卵泡发育是个动态过程，即在任何时期检查动物的卵巢，均可发现处于两种或两种以上不同发育阶段的卵泡。这种反映从原始卵泡到成熟卵泡发育动态变化的过程叫卵泡发生波。几乎所有哺乳动物在一个发情周期内都可出现 2～3 个卵泡发生波（图 6-7）。在两个卵泡发生波的发情周期内，第 1 批卵泡出现于排卵当天，在排卵后第 3d 形成优势卵泡，第 6d 优势卵泡发育至排卵前大小。这时期由于卵巢上有黄体发育，高水平孕酮抑制了卵泡继续发育、排卵，故该优势卵泡一直维持到排卵后的第 10d 闭锁。并在这一天出现第 2 批卵泡发育，发育速度和形成优势卵泡所需时间与第 1 批卵泡相同，到排卵后第 16～20d 黄体退化时，第 2 批的优势卵泡得以继续发育并最后排卵。

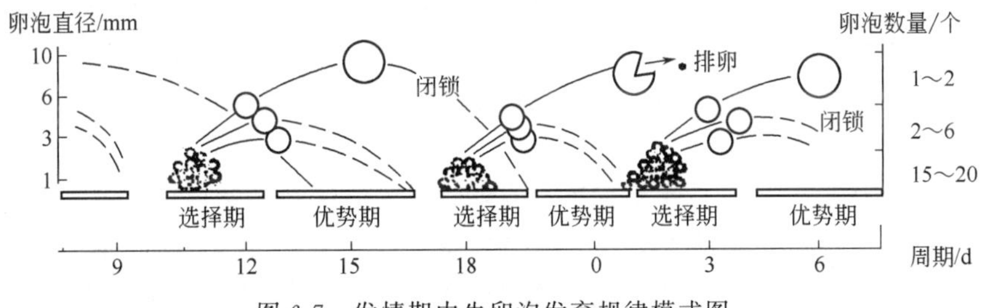

图 6-7　发情期内牛卵泡发育规律模式图

2. 定时输精方法

认识到黄体功能和卵泡发生波及排卵之间的关系，就可以在一个时间段内使卵泡发育和黄体退化按顺序进行并使卵泡定时排卵，对雌性动物定时输精。这对发情表现不明显、排卵时间难以掌握或安静排卵的雌性动物是提高繁殖率的有效措施。

定时输精是在彻底认识卵泡生长调控机制的基础上发展而来的。其基本程序是先注射一次 GnRH 100μg，诱导任何一次卵泡发生波中的卵泡排卵并形成黄体，同时促进新一波卵泡发育。7d 后注射 PG 0.4～0.6mg，以溶解所有黄体，此时卵巢上应该存在一个来自第一次 GnRH 注射后产生的卵泡发生波中的卵泡发育，在卵泡发育接近成熟时（间隔 48h 左右），第二次注射 GnRH 以诱导该卵泡排卵并定时输精（图 6-8）。

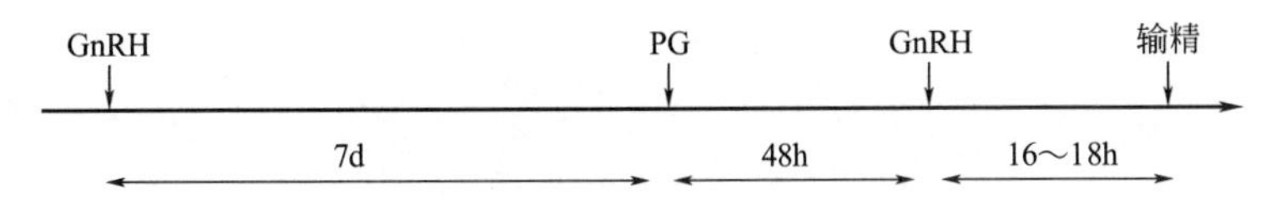

图 6-8　牛简易定时输精程序

定时输精技术对提高乏情牛的受胎率特别有效。按对第一次和第二次注射 GnRH 发生反应并排卵进行计算，定时输精程序可以诱导多数乏情牛发情。许多乏情牛因促性腺激素不足，而重复产生不分泌雌激素的非排卵性卵泡。经程序处理后，乏情母牛在第一次或第二次GnRH注射后排卵，则受胎率会趋于正常。

定时输精技术的成功与否，取决于第一次注射GnRH后能否使优势卵泡排卵并形成黄体。如果优势卵泡排卵，则第一次注射GnRH就可以诱发新一轮卵泡发生波的发生，即在第二次注射GnRH时有新的排卵前卵泡。如果第一次注射GnRH后没有卵泡排卵，则注射PG后可能没有黄体退化和卵泡发育。为提高定时输精效果，可在第一次注射GnRH前，实施预同期处理（图6-9）。

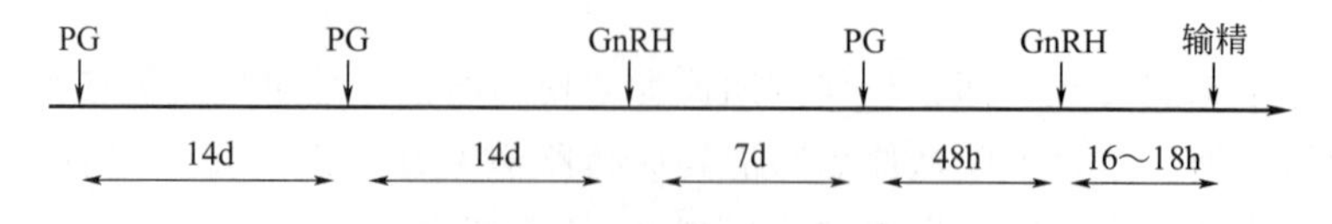

图6-9　牛的精准定时输精程序

牛的精准定时输精程序看似复杂、持续时间长，在简易定时输精程序前，需二次注射PG调控卵泡发育时间。但如果结合产后护理，在产后20～30d第一次注射PG，可以及时判断子宫感染情况，采取相应的护理措施；34～44d第二次注射PG；这样到55～65d第三次注射PG，能确保奶牛在产后60d左右发情、输精，不失为可行的程序。

因定时排卵、输精程序是不检查卵泡发育就对所有实施程序的母牛输精，所以易造成部分母牛，特别是发情不明显的母牛在输精后既不妊娠也不发情，即假妊娠。为了克服此问题，需在输精后仔细观察有无返情，对未返情牛还应做好早妊诊断，降低假妊娠对繁殖率的影响。

当然，如果在产后60d以后实施精准定时输精程序就需要考虑时间成本。在生产中，最好在简易程序注射PG后对发情不明显的母牛暂停第二次注射GnRH。到第17～19d检查卵巢黄体功能，对卵巢功能正常、有黄体发育的，注射GnRH，开始新的定时输精程序；对卵巢静止的，改为用长效孕激素普罗或促性腺激素诱导发情，可避免多次实施简易程序而造成受胎率低问题（图6-10）。

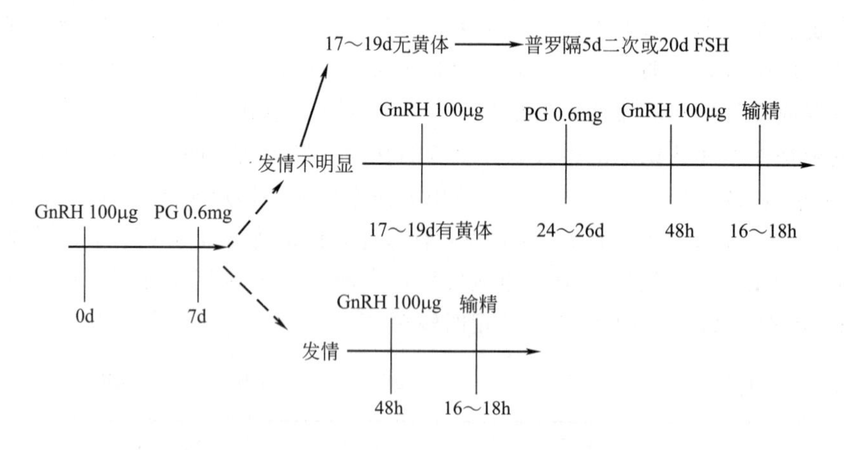

图6-10　牛的精细化定时输精程序

二、猪的批次化生产与定时输精技术

随着大型猪场的发展，传统的自然发情造成的每天有母猪发情、输精、分娩已不适应管理要求，必须使母猪有控制的间隔一定时间（如 1 周、3 周）同时发情、输精，实现母猪发情、输精、分娩批次化，即批次化生产。

猪场批次化生产，对于管理人员，可以把一群母猪当成一头来管理，相对均衡生产，使猪舍及设备利用率达到最大化；提高了母猪的发情率、繁殖率；对于猪群日常管理，可以做到全进全出，提高了猪群健康水平，有效防控疫病；对于繁殖技术员，则提高了劳动效率，有更多时间可自主安排。

猪场批次化生产的前提是实施定时输精技术，即在同期发情基础上，实施排卵控制。

虽然使用 HCG、LH 等激素也能控制母猪排卵，但使用 GnRH 能促进母猪体内 LH 分泌，更具有正常的生物学特性。通过 GnRH 促进 FSH 和 LH 协同分泌，具有促进卵泡最后成熟和排卵的作用，对提高排卵数、调整排卵时间以及排卵同步化具有决定性的作用。

1. 经产母猪定时输精

母猪断奶后 24h，每头注射孕马血清促性腺激素（PMSG，初产母猪 1000U、2 胎以上 800U），间隔 72h 注射 GnRH 100μg；排卵多发生于注射促排药物后 32～37h，排卵持续 2～6h。

因此，注射 GnRH 24h 后进行第 1 次输精；间隔 20～24h 进行第 2 次输精（图 6-11）。

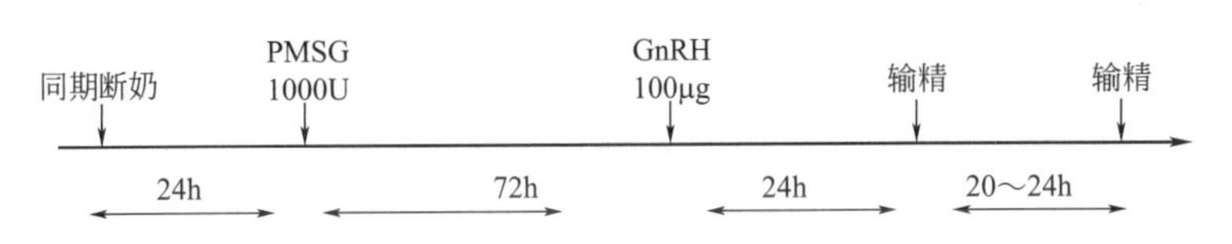

图 6-11 经产母猪定时输精

2. 后备母猪定时输精

（1）简易定时输精 后备母猪由于其性周期不一致或隐性发情，因此对 8～9 月龄后备母猪，需要先饲喂烯丙孕素 20mg，每天一次，连续 18d，发情集中于停药后第 5～9d。第 19d 开始进行发情鉴定，对出现静立反应的母猪立即输精，于第 1 次输精后 16h 进行第 2 次配种，第 2 次输精 24h 后对仍有静立反应的母猪追加 1 次输精。

也可对 195d 的后备母猪先用 PG600 诱导发情，从 225d 开始连续饲喂烯丙孕素至 243d，停饲后对母猪进行发情鉴定，在确定发情后 24h 和 32h 进行两次人工输精（图6-12）。母猪发情集中在烯丙孕素停饲后 140h 左右，排卵在发情开始后 33h 左右。

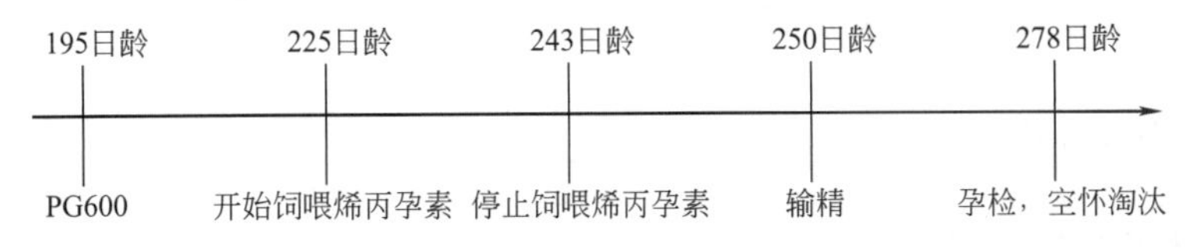

图 6-12 后备母猪简易定时输精

（2）精准定时输精 在简易程序停喂烯丙孕素后 42h，注射 PMSG 800U，再间隔 78～80h 注射 GnRH 100μg，发情集中于停喂烯丙孕素后第 5～6d。在注射 GnRH 后 24h、40h 各输精一次（图 6-13），第 2 次输精 24h 后对仍有静立反应的母猪追加 1 次输精。

输精前在精液里加 10U 催产素，可促进子宫收缩，提高受胎率和产仔数。输精后第 25～28d 对母猪使用 B 超诊断进行妊娠检查。对无法确定是否妊娠的母猪，在第 1 次检查

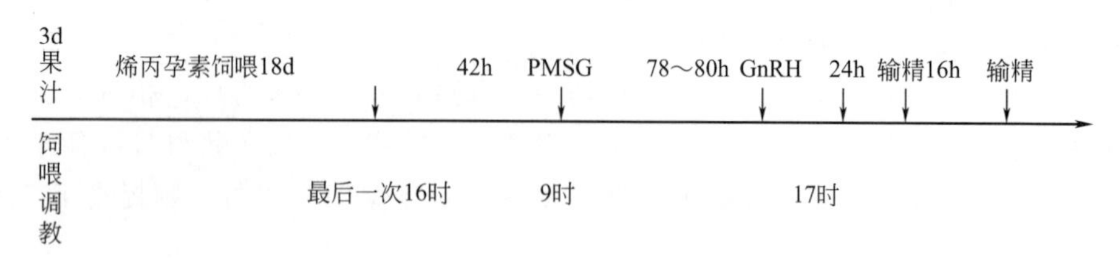

图 6-13 后备母猪精准定时输精

10d 后进行第 2 次检查。

单元四 超数排卵技术

超数排卵是指应用外源性促性腺激素诱发卵巢多个卵泡发育，并排出具有受精能力卵子的方法，简称“超排”。是在进行胚胎移植时，对供体雌性动物必须进行的处理，以便获得更多的优质胚胎。

一、超数排卵的原理

(1) 潜力 一头母牛出生时卵母细胞约有 6 万～10 万个，但绝大部分在发育过程中退化。如母牛一生以存活 15 年计，只发情不配种也仅有 255 个卵母细胞成熟、排卵，只占其总量 0.2%～0.4%，因此潜力十分巨大。

(2) 可能 在一个发情周期中有 2～3 个卵泡发生波，像接力赛一样，大多数卵母细胞都在发育中途萎缩或黄体化，只有一个卵母细胞能发育成熟并排卵。原因是促性腺激素分泌不足以及前几波卵泡发育处于黄体期，导致不能最后成熟排卵。

(3) 措施 在牛、羊发情周期的大部分时间内，卵巢上都存在直径在 2～4mm（羊）或 4～8mm（牛）的 2～3 批具有发育成熟潜力的卵泡。因此，在发情周期的适当时期，补充外源性促性腺激素以使这些卵泡同时发育成熟，取得超数排卵的效果。

如在发情周期的末期，以人为的方法应用药物使功能性黄体消退，使卵巢上卵泡处于开始发育时期，即黄体处于退行性和卵泡处于进行性交替的关键时期，使用适当剂量的促性腺激素处理，以提高体内促性腺激素水平，就能使卵巢上出现比自然状况下数量多几倍、十几倍的卵泡在同一发情期内发育成熟，并集中排卵。

超数排卵对于多胎动物意义不大，而对马则较难产生反应。

二、超数排卵的方法

1. 超数排卵的基本方法

超数排卵的基本方法是补充外源性促性腺激素 PMSG、FSH。由于 PMSG 半衰期达 144h，故用于超数排卵时只需一次注射。但为了有效控制剂量、提高排卵率，应在发情时注射等量的抗 PMSG 血清，以便中和体液中剩余的 PMSG。FSH 的半衰期只有 4h，需多次减量注射，一般牛按总剂量分 4d 共 8 次减量注射。

超数排卵第一次注射促性腺激素是在雌性动物发情周期的黄体期、一波卵泡启动发育的阶段。为提高促性腺激素的应用效果，解除孕激素对卵泡发育的抑制作用，应在第一次注射促性腺激素后 48h 和 60h，分别注射前列腺素溶解黄体。

经超数排卵处理后，卵巢上有比自然发情更多的卵泡发育，为提高成熟卵泡排卵率，超数排卵后在发情输精时，应注射促排卵类激素。

在自然状态下，群体雌性动物处于发情周期的不同阶段。为使供体雌性动物在超数排卵时处于发情周期的同一阶段，则应对供体雌性动物实行预同期化处理，即在注射促性腺激素前 8～9d 预先注射一次前列腺素；也可在超数排卵开始前用孕激素制剂预处理一定时间，使供体雌性动物发情同期化。

2. 各种动物的超数排卵

(1) 牛的超数排卵

① PMSG 法。在发情周期第 10～13d（2 个卵泡发生波）或 16～17d（3 个卵泡发生波）中的任意一天，肌注 PMSG 5U/kg 体重（约 1500～3000U），在注射后 48h 及 60h，分别肌注氯前列烯醇 0.4～0.6mg。母牛出现发情后 12h，再肌注抗 PMSG 血清，剂量以能中和 PMSG 的活性为准（图 6-14）。

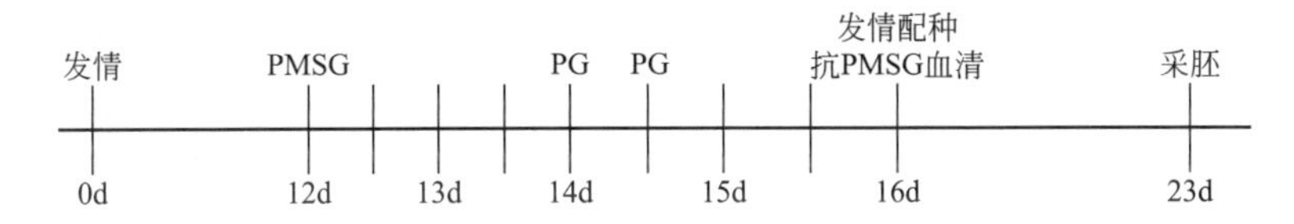

图 6-14　PMSG 超数排卵程序模式图

② FSH 法。在发情周期第 9～13d 或 16～17d 中的任意一天肌注 FSH，以递减剂量连续肌注 4d，每天上、下午各注射一次，总剂量为 18～20mg 或 400～500U。在第一次注射 FSH 后 48h 及 60h，各肌注一次氯前列烯醇 0.4～0.6mg（图 6-15）。总剂量 500U FSH 超数排卵剂量表见表 6-2。

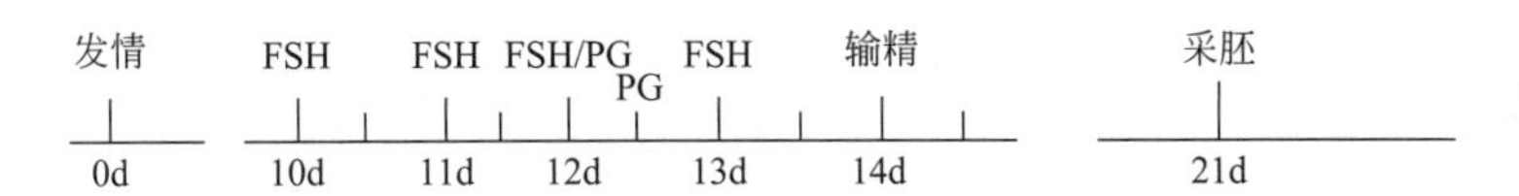

图 6-15　FSH 超数排卵程序模式图

表 6-2　牛 FSH 4d 8 次减量注射超数排卵剂量表

项目	第一天	第二天	第三天	第四天
FSH/U	100/100	70/70	50/50	30/30
PG/mg			0.6/0.4	

注：第 5d 上午不出现发情时可再注射 FSH 20U。

在黄体期，由于血中孕激素水平高，FSH 水平低，抑制了生长卵泡的发育，需要较大剂量促性腺激素（如第一天注射总剂量的一半）启动和促进卵巢生长卵泡的发育；为解除孕激素对卵泡发育的抑制，故在第一次注射 FSH 后 48h、60h 注射 PG 溶解卵巢黄体；大多数母牛在 FSH 处理后的第 5d 上午发情，但有少数例外。减量注射 FSH 不仅有利于促进更多卵泡同时发育成熟，还有利于及时发情和集中排卵；经超数排卵处理后，数量较多的卵泡在发育到一定程度会产生大量的雌激素，经反馈促进垂体释放 LH，促使卵泡最后成熟、排卵，理论上不必补充外源性促排卵类激素，生产中则多注射 $LRH\text{-}A_3$ 以提高排卵率；超数排卵母牛在发情及开始超数排卵时，各注射 V_{ADE} 10mL 有利于提高超数排卵效果和胚胎质量。

③ 孕激素+FSH 法。在避开发情当日的任意一天于阴道放置 CIDR，然后再肌注雌二醇 2mg、黄体酮 50mg，并于放置 CIDR 的第 5d 开始连续 4d 共 8 次减量注射 FSH，FSH 总剂量为 18～20mg。在注射 FSH 后的第 3d 上午撤除 CIDR 同时肌注氯前列烯醇 0.4mg，在发情配种时注射 50～100μg LRH-A_3。

供体母牛大多在超数排卵处理后 12～48h 发情，由于超数排卵处理后排卵数较多且排卵时间不一致，输精时应增加输精次数和精液量，以提高受精率。一般在母牛接受爬跨站立不动后 8～12h 第一次输精，以后间隔 8～12h 再输精一次。

④ PVP（聚乙烯吡咯烷酮）+FSH 法。PVP 是大分子聚合物（分子量 40000～700000），用 PVP 作为 FSH 的载体，和 FSH 混合后注射，可使 FSH 缓慢释放，从而延长 FSH 的作用时间（半衰期延长到 3d 左右），一次注射 FSH 即可达到超数排卵的目的。如将 30mg FSH 溶于 10mL 30%PVP K-30（分子量为 40000），一次肌内注射。

(2) 羊的超数排卵

① PMSG 法。在发情周期第 12～13d（绵羊）或 17d（山羊）一次肌注 PMSG 750～1500U，在出现发情后或配种当天注射等量抗 PMSG 血清或 HCG 500～750U（图 6-16）。

② FSH 法。在发情周期第 12～13d（绵羊）或 17d（山羊）递减剂量 3d 共 6 次注射 FSH 100～150U，在初次注射 FSH 后 48h 注射氯前列烯醇 0.2mg，第 4d 开始每天上、下午进行试情，发现发情时注射 HCG 1000U 并输精。

③ 孕激素+促性腺激素法。孕激素预处理能提高雌性动物对促性腺激素的敏感性。如用氟孕酮阴道栓（羊乐）预处理 9～12d（绵羊）或 14～18d（山羊），撤栓前 1～2d 一次性肌注 PMSG 800～1000U，或 FSH 100～150U 分 3d 共 6 次注射，发情时再注射 HCG 750～1000U。

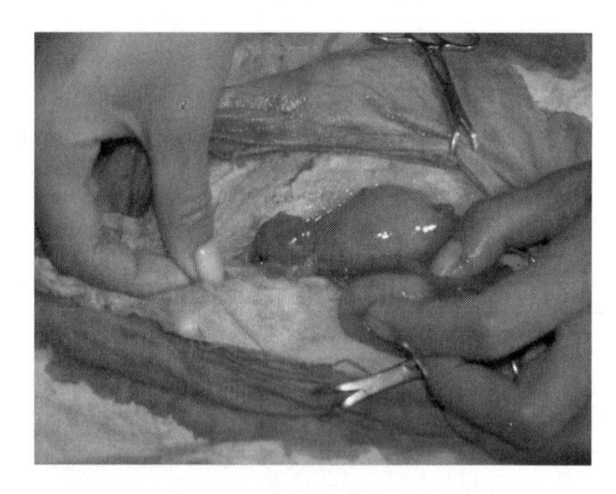

图 6-16 羊超数排卵后卵巢

(3) 猪的超数排卵 猪的超数排卵一般不用 FSH。在发情周期第 15～16d 注射 PMSG 500～2000U，PMSG 注射后 72～96h 注射 HCG 1000～2000U。猪的黄体对 PG 不敏感，一般不用氯前列烯醇对供体母猪的发情周期进行调整。

(4) 兔的超数排卵 FSH 40～60U 分 3d 6 次皮下注射，或 PMSG 80～120U 一次注射，在开始处理后的第 4d 上午静注 HCG 250U 并进行输精。也可在注射 PMSG 的同时，皮下注射 FSH 10～20U，以提高 PMSG 的超数排卵效果。

(5) 小白鼠的超数排卵 用5～6周龄的昆明系雌性小白鼠，间隔48h分别腹腔注射10U PMSG和HCG，注射HCG后与性成熟公鼠合笼，次日检查阴道栓，有栓表示小鼠已交配。

3. 超数排卵处理时要注意的问题

(1) 掌握剂量 超数排卵效果的优劣，取决于超数排卵雌性动物的发情率、排卵率和受精率。若要取得良好的超数排卵效果，各种激素的剂量应适当。促性腺激素剂量过大易引起卵巢囊肿、排卵率下降；未排卵卵泡分泌的雌激素还影响早期胚胎的质量，并使黄体早衰、胚胎回收率下降。

不同品种对促性腺激素的反应性有差异，如以荷斯坦牛对PMSG的敏感性为1，则利木赞牛为0.9，夏洛来牛为2.5，使用剂量应有区别。

不同批次促性腺激素效价有所不同，试验结果也相差较大，确定促性腺激素剂量时要以小批量试用为依据。如1997年余文莉等用FSH对波尔山羊进行超数排卵试验，总剂量138U和150U分别冲出9.5枚和12.5枚胚胎。而2001年张令进等用FSH超数排卵，总剂量60～132U处理5头羊均过量，卵子未受精；37～44U处理则冲出受精卵，平均14枚。

(2) 提高超数排卵效果的措施 在发情周期中有小卵泡发育时，实施超数排卵效果较好，而在有优势卵泡、大卵泡时实施超数排卵反应性较差；在第一次注射促性腺激素后48h、60h应配合注射PG溶解黄体，消除卵巢黄体分泌的孕激素对卵泡发育的抑制；在输精时配合注射LRH-A_3可提高卵泡排卵率；为提高受精率和可用胚数，在超数排卵处理前和处理时，应改善营养，补充维生素及微量元素；避免在高温季节进行超数排卵；泌乳母牛超数排卵效果优于干乳期母牛，但要在泌乳高峰期后进行超数排卵。

(3) 提高反复超数排卵效果的措施 两次超数排卵处理要间隔一定时间（牛要间隔100～120d），同时适当增加促性腺激素剂量，也可更换激素制剂。

(4) 促进性周期恢复 超数排卵后卵巢上有较多黄体发育，孕激素浓度高，在采胚后需注射PG以促进黄体退化和恢复发情周期。

4. 诱发产双胎

通过适当应用促性腺激素，诱发原来产单胎的动物（如肉牛）产双胎或提高双胎率，如绵羊产羔率可比原来提高50%以上。母羊在发情前4d注射PMSG或先用孕激素处理14d，再注射PMSG 300～700U，配种时再注射HCG 200～300U可获得较好的效果。诱发产双胎时，要控制促性腺激素剂量，避免产多胎。

技能训练一 母犬、母羊的诱导发情

【目的和要求】

能够应用生殖激素对雌性动物进行诱导发情处理，了解这些技术的各个环节。

【主要仪器及材料】

实验动物：母羊、母犬各若干只（亦可用其他实验动物）。

药品与器械：FSH、PMSG；生理盐水、2%碘酒；注射器。

【技能训练内容】

1. 羊的诱导发情

以发情鉴定实验为目标，在实验前5d肌注PMSG 400～700U或前4d注射FSH

70～80U。

2. 犬的诱导发情

以发情鉴定实验为目标，在实验前7d、9d、11d分别选择数只母犬注射PMSG 400～700U，采取阴道涂片法发情鉴定，以判断不同时间注射母犬的发情阶段。

【作业】

1. 简述雌性动物诱导发情的基本方法。
2. 为提高动物诱导发情效果，可采取哪些措施？

技能训练二 母牛的定时输精

【目的和要求】

能够应用生殖激素对母牛进行定时输精程序处理，了解影响定时输精效果的因素。

【主要仪器及材料】

实验动物：母牛若干头。

药品与器械：PG（氯前列烯醇）、GnRH；生理盐水、2%碘酒；注射器。

【技能训练内容】

以上午输精实验为目标，在实验前10d肌注GnRH 100μg，前3d下午注射PG 0.6mg，前16～18h注射GnRH 100μg（图6-17）。

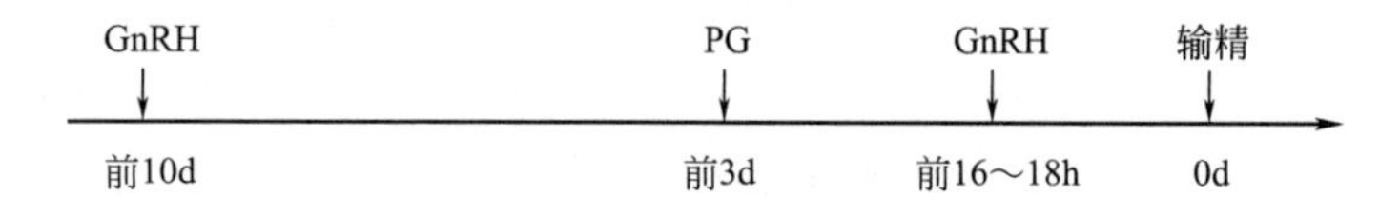

图6-17 牛的定时输精实施程序

【作业】

1. 简述母牛定时输精的原理。
2. 影响母牛定时输精的因素有哪些？

技能训练三 母羊、母兔的超数排卵

【目的和要求】

能够应用生殖激素对雌性动物进行超数排卵处理，了解超数排卵的原理与基本方法。

【主要仪器及材料】

实验动物：选择母羊、母兔各若干只（亦可用其他实验动物）。

药品与器械：FSH、PMSG、GnRH、PG（氯前列烯醇）；生理盐水、2%碘酒；注射器。

【技能训练内容】

1. 羊的超数排卵

以子宫角胚胎采集当天为0d，母羊于实验前18d注射PG 0.2mg预同期，前9d下午开始注射FSH 140U，每天上、下午各一次，连续3d 6次减量注射，第一次注射FSH后36h

注射 PG 0.2mg（见表 6-3）。

根据母羊接受爬跨确认发情，早晚各试情一次，发情时注射 GnRH 20～40μg 促进排卵并输精。

表 6-3　母羊超数排卵采胚程序

天数	时间	供体日程
0d	上午	采胚
前 5d	上午	发情、输精
前 6d	下午	注射 GnRH 20～40μg 并输精
	上午	FSH 10U/只
前 7d	下午	FSH 10U/只
	上午	FSH 20U/只、PG 0.2mg
前 8d	下午	FSH 20U/只
	上午	FSH 40U/只
前 9d	下午	FSH 40U/只
前 18d	下午	PG 0.2mg

2. 兔的超数排卵

以上午输卵管胚胎采集为 0d，实验前 6d 上午 PMSG 100～120U 一次注射，前 2d 上午注射 GnRH 20μg 并用公兔自然交配（图 6-18）。

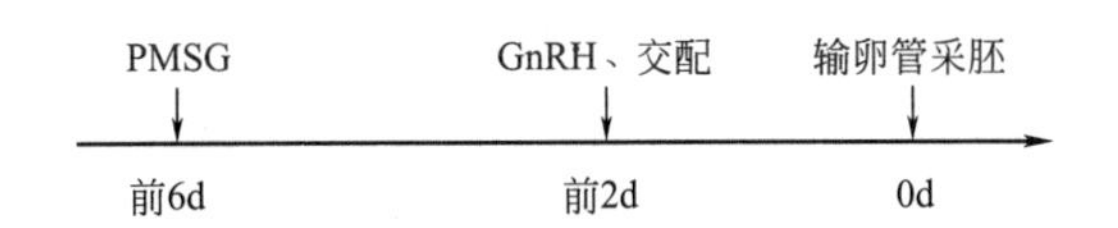

图 6-18　母兔超数排卵程序

【作业】

1. 简述超数排卵的基本方法。
2. 影响超数排卵效果的因素有哪些？

一、相关名词

发情控制、诱导发情、同期发情、定时输精、超数排卵

二、思考与讨论题

1. 发情控制技术包括哪几种？
2. 使乏情雌性动物发情的方法有哪些？
3. 诱导发情和同期发情在处理方法和效果上有何异同点？
4. 同期发情时孕激素的给药途径有哪几种？
5. 简述雌性动物同期发情的原理。
6. 从原理上分析不同的同期发情方案对同期发情效果的影响。
7. 如何提高同期发情的同期化程度？

8. 试述雌性动物同期发情在畜牧生产中的意义。

9. 同期发情在生产上可用于哪些方面？

10. 某个交通不便的肉牛场，引进了50头母牛，需要实施人工授精，请问如何实施，才能既方便又能降低相关成本，并能取得较好的受胎效果？

11. 孕激素类药物不适于处理哪种家畜的同期发情？

12. 猪如何应用同期发情技术？

13. 为什么可对雌性动物实施超数排卵？

14. 试述雌性动物超数排卵的处理方法。

15. 超数排卵时排卵数越多越好吗？

16. 要提高超数排卵的效果，可采取哪些措施？

17. 影响超数排卵效果的因素有哪些？

18. 牛定时输精的原理是什么？

19. 猪定时输精的方法有哪些？

20. 后备母猪与经产母猪定时输精的方法为什么不同？

项目七　受精与胚胎移植

学习目标

1. 知道受精的过程与早期胚胎发育的阶段；胚胎移植的原理与过程；胚胎的检查方法与分级方法。

2. 了解常见生物工程技术的原理与基本方法。

3. 会制定牛、羊、兔的超排、采胚的程序，会实施手术法与非手术法胚胎采集与移植技术。

知识准备

胚胎移植技术是采集一头良种雌性动物配种后的早期胚胎或体外受精的胚胎，移植到另一头生理状态相近的雌性动物体内，使之受孕并发育为新个体的技术，也叫“借腹怀胎”。提供胚胎的个体为供体，接受胚胎的个体为受体。

胚胎移植的时间一般是发育至多细胞的桑椹胚或囊胚早期的胚胎，最早不能在 2 细胞期前。

一、胚胎移植发展简史

胚胎移植技术的研究已有 100 多年。根据其发展历史，大致可分为四个阶段。

(1) 初始研究阶段（1890—1900）　1890 年，英国剑桥大学的 Walter Heape 首次将 2 枚安哥拉母兔的 4 细胞胚胎移植到另一头已交配 3h 的比利时母兔输卵管内，获得 2 只纯种安哥拉仔兔和 4 只比利时仔兔。

(2) 初级研究阶段（1900—1950）　在此期间，胚胎移植试验逐步由兔、小鼠和大鼠等实验动物扩展到绵羊和山羊等家畜。1934 年美国人 Warwick 等成功进行了绵羊的胚胎移植，此后山羊的胚胎移植也由 Warwick 等人于 1949 年宣布成功。1948 年美籍华人张明觉等在英国成功进行了兔胚在 10℃保存后移植的试验。

(3) 技术发展阶段（1950—1975）　这一时期，胚胎移植试验已从小家畜转移到大家畜。1951 年猪和牛的胚胎移植试验成功，1970 年马的胚胎移植获得成功。1971 年牛的胚胎冷冻保存技术获得成功，使胚胎的体外保存技术实现了突破，胚胎移植技术的商业化应用成为可能。

(4) 应用初始阶段（1975—现在）　1975 年 1 月，第一届国际胚胎移植学会的成立大会在美国的科罗拉多州成功召开，标志着胚胎移植技术的研究与开发进入了一个新阶段。1977年美国、英国等13国先后成立了数百家商业化胚胎移植公司，到1985年仅北美的胚胎移植妊娠牛就达5万头，目前世界上胚胎移植牛年生产量已超过35万头。

我国胚胎移植技术起步较晚，直到1973年才在家兔上获得成功。此后，绵羊、牛、山羊和马的胚胎移植技术分别于1974年、1977年、1980年和1982年取得成功；1986年牛胚胎二分割获得成功，1989年牛体外受精获得成功。到2001年底，北京奶牛中心已累计移植高产奶牛胚胎5000多枚，培育出高产奶牛1000多头，优秀公牛100多头。2002年我国为使胚胎移植技术尽快转化为生产力，为畜牧生产服务，开展了“万枚胚胎移植富民工程”，在九个省区移植胚胎共15000多枚。

二、胚胎移植的意义

胚胎移植技术是继人工授精技术后又一次新的繁殖技术革命。人工授精技术提高了雄性动物的繁殖效率，胚胎移植则为提高雌性动物的繁殖潜力开辟了新的途径。

（1）挖掘雌性动物繁殖潜能，加快品种改良和育种进程 在自然条件下，良种雌性动物一生的大部分时间要承担繁重的妊娠过程，因此繁殖的后代数量很少。应用超数排卵和胚胎移植技术，一头供体母羊一次发情配种后可获得10头以上的羔羊；一头供体牛一年可获得50多头犊牛。

在育种工作中，应用胚胎移植技术，可加大留种雌性动物选择强度，缩短世代间隔，加快遗传进展。

（2）加快扩群速度 对于单胎动物（如牛），通过杂交改良获得某一品种的纯种，要经过7～8个世代、15～20年，而采用胚胎移植技术则可以一次获得纯种后代，大大加快了优良品种的扩群速度。

（3）代替种畜引进 胚胎的冷冻保存，可使移植不受时间和地点的限制，因而通过胚胎的运输代替以往的种畜引进，既安全可靠又节省费用。

（4）保存品种资源 通过胚胎的长期冷冻保存，可以建立品种的基因库，使各种品种避免因遭受意外灾害而灭绝；与活畜保种相比，费用低且简单易行。这对保存濒危动物的遗传资源和一些目前价值不大但又不能放弃的地方品种资源意义重大。

（5）防止疫病传播 在养猪业中，为了建立SPE猪群，防止疫病传播，向封闭猪群引进新个体时，用胚胎移植代替剖宫产仔将更有效。

（6）作为发育生物学和其他生物技术的研究手段 体外受精、克隆和转基因动物生产等生物技术的实施，均以胚胎移植技术为基础。同时，胚胎移植技术的进一步推广也有赖于体内采胚、体外受精、性别鉴定等生物技术的发展。

三、胚胎移植技术的原理

1. 胚胎移植的生理学基础

（1）雌性动物发情后生殖器官的孕向发育 雌性动物的每一次发情、配种都是受精、妊娠的前奏。雌性动物周期性发情的实质是卵泡期与黄体期的交替，对自发性排卵动物，每次排卵后，都要形成周期黄体，使子宫内膜组织增生增厚、腺体发育并分泌子宫乳，为胚胎发育提供营养，妊娠与未妊娠并无区别。这就为胚胎的成功移植和在受体内正常发育提供了理论依据。

(2) 早期胚胎的游离状态 早期胚胎从输卵管移行到子宫角后，在脱离透明带前，尚未与子宫建立实质性的联系，而是靠自身的营养或子宫乳继续发育，并在子宫内寻找合适的位置着床。早期胚胎所处的这种游离状态，使之可以脱离母体而被取出且在短时间内容易成活。

(3) 移植的胚胎具有免疫耐受性 受体雌性动物的生殖道（子宫、输卵管）对于具有外来抗原性质的胚胎和胎膜组织，在同一物种内没有排斥现象。所以，当胚胎从一个个体取出，移植到另一个个体时，可以存活下来，并能继续发育。

(4) 妊娠信号由胚胎发出 动物的妊娠信号是胚胎在一定的发育阶段发出的，而不是在受精阶段就已确定的。因此，移植的胚胎在受体内发育到一定时期，便可发出妊娠信号，并以此与受体雌性动物建立生理上和组织上的联系，从而保证以后的正常发育。

(5) 胚胎的遗传特性不受受体雌性动物影响 胚胎的遗传特性在受精时就已确定，不受母体环境改变的影响，受体环境仅在一定程度上影响胎儿的体质发育。因此，胚胎移植的后代仍保持其原有的遗传特性，继承其供体雌性动物的优良生产性能。

2. 胚胎移植技术的基本原则

胚胎移植的生理学基础为胚胎移植提供了可能，但要将可能转化为现实，在胚胎移植的实践中还应遵循如下原则：

(1) 同一性原则 胚胎移植前后所处环境的同一性原则包括三个层次。

① 同一物种。供体和受体的亲缘关系要比较接近，一般要求是同一物种。当然，并不排除在动物进化史上血缘关系较近，生理和解剖特点相似的异种间移植的可能性，如犏牛与牛之间。对血缘关系小的不同物种，因胚胎的组织结构、发育所需的条件、发育速度（即附植时间和妊娠期）等差异太大，移植的胚胎不易正常存活。

② 同一生理阶段。供体和受体所处的发情阶段要相同，一般要求二者相差不超过24h。对于体外受精的胚胎，一般以体外受精胚胎的发育阶段与体内胚胎的发育阶段相当为时间参照。

③ 同一解剖部位。胚胎移植前后所处的空间环境要相似，即胚胎采集的部位（如输卵管或子宫角）要与移植的部位相同。对于体外受精的胚胎，一般参照体外胚胎相当于体内发育过程所处的部位对应。

(2) 时间原则 胚胎采集和移植的时间，不能超出周期黄体的寿命和胚胎脱离透明带时间。通常胚胎脱离透明带时间更早。因此，胚胎移植应在脱离透明带前的桑椹期至早期囊胚阶段进行。

(3) 质量原则 胚胎在采集、保存、移植过程中可能受到任何不良因素的影响而危及生命力。因此，必须经鉴定确认为发育正常的胚胎方能用于移植。

(4) 供、受体状况 供体的生产性能、经济价值均须大于受体，两者均须健康无病。

总之，胚胎移植只是空间位置（现象）上的更换，而不是生理环境（实质）上的改变，因而不会影响到胚胎的生长发育（或只是微小的），更不会危害生命。

单元一　受精与早期胚胎发育

在实施胚胎移植前，先要了解精子与卵子受精的过程、早期胚胎的发育。

受精是指雄性动物和雌性动物自然交配或人工授精后，精子与卵子在输卵管壶腹部结合成为合子的过程。

一、受精前准备

1. 动物射精类型、输精部位、受精部位

（1）射精类型 在自然交配时，雄性动物射入发情雌性动物生殖道的精液所处部位有明显的种间差异。马、猪、犬在射精时，雄性动物可直接将精液射入发情雌性动物子宫颈或子宫体内，称为子宫射精型；牛、羊、猫、兔等动物因发情时子宫颈管开张比较小，雄性动物射精时，只能将精液射入发情雌性动物的阴道内，称为阴道射精型。

（2）输精部位 在人工授精时，同样由于雌性动物子宫颈构造和体格大小的差异，有子宫体输精（牛、猪、犬等）、子宫颈口输精（羊、兔等）。

（3）受精部位 哺乳动物精子与卵子受精的部位在输卵管壶腹部，禽类的受精部位在输卵管漏斗部。

2. 精子在雌性动物生殖道内的运行

（1）精子运动的特性 精子在液体状态或雌性动物生殖道内运动时表现出向流性、向触性和向化性的特点。

① 向流性。指精子在流动的液体中向逆流方向运动，能在雌性生殖道内沿管壁逆流而行。

② 向触性。指当精液或稀释液中有异物存在时，精子有向异物边缘运动的趋势。

③ 向化性。表现为精子具有向着某些化学物质运动的特性，如雌性动物生殖道内卵细胞可能会分泌某些化学物质，吸引精子向卵子运行。

（2）精子在雌性动物生殖道的运行 精子自雌性动物射精部位到受精部位运行的动力，主要是雌性动物发情时子宫、输卵管平滑肌的收缩力，以及雄性动物交配时的射精力量、交配时产生的子宫负压的吸入作用。精子自身的运动能力在精子通过雌性动物生殖道的关键部位起着关键作用，如穿过子宫颈、宫管结合部等。催产素、雌激素、前列腺素对精子的运行有促进作用。

以牛、羊为例，射精后精子在雌性动物生殖道内从阴道到达输卵管壶腹部，要经过子宫颈、宫管结合部、壶峡部三道生理屏障。

① 精子通过子宫颈。发情雌性动物雌激素水平相对较高，子宫颈黏膜上皮细胞分泌旺盛，此时子宫颈黏液多而稀薄，有利于精子通过。而在间情期，孕激素水平升高，子宫颈黏液黏稠，阻碍精子通过。

阴道射精型、子宫颈口输精的动物，子宫颈是精子在雌性动物生殖道的运行中要经过的第一道生理屏障。射精后，精子靠自身的运动和子宫颈黏液的流动通过子宫颈，死精子和活力差的精子一般不能通过。进入子宫颈的精子，大部分进入宫颈“隐窝”形成的精子库，然后再缓慢释放出来；小部分精子直接送入子宫。经过子宫颈筛选，大多数精子留在外面，少数精子能进入子宫。如绵羊一次射精近 30 亿精子，通过子宫颈的不足 100 万。精子库内精子的缓慢释放，可维持受精部位的活精子数。

② 精子通过子宫。进入子宫的精子，借助发情雌性动物子宫平滑肌强烈的间歇性收缩，很快通过子宫，被迅速输送到子宫输卵管连接部（宫管结合部）。如牛、羊交配后 15min 即可在输卵管壶腹部出现少量精子。宫管结合部是精子在雌性动物生殖道的运行中要经过的第

二道生理屏障，在发情时牛的宫管结合部收缩关闭，限制了过多精子通过，只有生命力强的精子才能通过。宫管结合部还能限制异种精子通过。猪精子可在此处停留 24h，逐步持续向输卵管内输送。

③ 精子进入输卵管。输卵管具有同时输送精子与卵子向相反方向前进的功能，精子在输卵管内的运行主要受输卵管的蠕动和逆蠕动的影响。输卵管峡部与壶腹部连接处（壶峡部）是精子在雌性动物生殖道的运行中要经过的第三道生理屏障。

在输卵管内具有受精能力的精子是很缓慢输送的。如绵羊有受精能力的精子在配种后 6～8h 进入输卵管，并在峡部停留，直到排卵时才释放至壶腹部；啮齿动物也有类似的规律。壶峡部对精子的筛选最严格。峡部精子处于相对静止状态，一旦进入壶腹部便被激活。而进入壶腹部的精子数极少，只有活力最旺盛的精子才能最终到达受精部位完成受精过程。如一般动物交配后有数亿个精子进入生殖道，然而 4～12h 后在峡部的精子只有 10^3 个，而可能进入壶腹部的精子仅 10^2 个，绝大部分在雌性动物生殖道中消失（图 7-1）。

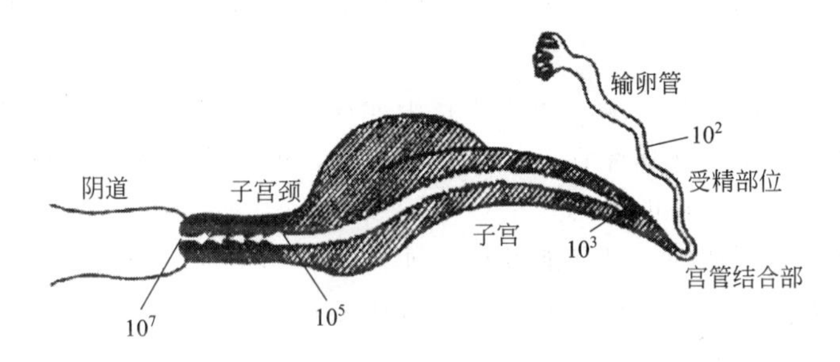

图 7-1 精子运行模式图

（3）精子在雌性动物生殖道内的存活时间与维持受精能力的时间

① 精子在雌性动物生殖道内的存活时间大致为 1～2d。如牛 15～56h、猪 50h、羊 48h、马的时间最长达 6d。

生殖道内不同环境对精子存活的影响也有差别，如牛的精子在阴道内可存活 4h、子宫颈 30h、子宫内 7h、输卵管 12h。

② 精子在雌性动物生殖道内维持受精能力的时间：猪约 30h、牛 30h、羊 36h、兔30～36h。

3. 卵母细胞在输卵管内的运行

（1）卵子的接纳 刚排出的卵子（卵母细胞）包裹在放射冠和卵丘细胞内，排卵时，在雌激素的作用下，伞部充血膨胀，贴近卵巢表面，其表面的纤毛与卵子外面的卵丘细胞相互作用，促使卵子进入输卵管。卵子本身没有运动能力，从卵巢排出并被输卵管接纳后，借助纤毛的摆动、输卵管的收缩、液体的流动而进入输卵管壶腹部。卵子的运行是随着管壁的收缩间歇性地向前移动。平滑肌的收缩活动受输卵管类固醇激素的影响，在排卵时作用加强，使卵子在很短时间内就被运送到受精部位。卵子一般在壶峡连接处的壶腹部一侧停留 2～3d，然后迅速通过峡部进入子宫。

雌激素可使壶峡部环形肌强烈收缩而发生闭锁，而孕酮则使壶峡部环形肌松弛，以利于卵子向子宫方向运行。因此，雌激素可延长卵子在壶峡部的逗留时间，孕酮却相反。

（2）卵子保持受精能力的时间 多数动物卵子保持受精能力的时间在 12～24h，如牛 18～20h、猪 8～12h、绵羊 12～16h、马 4～20h，但犬的卵子保持受精能力的时间长达

4.5d。卵子进入峡部后即迅速失去受精能力。

卵子的受精能力，是指卵子能正常受精，并且胚胎能正常发育。卵子在失去受精能力前虽能受精，但这种受精卵通常不能在子宫内附植，或即使附植，胚胎也不能正常发育。家畜中尤其是单胎动物，如牛经交配而不受孕，往往是由卵子衰老所引起。

因此，要提高雌性动物的受胎率，必须让生活力旺盛的精子和卵子在其有效时间内在输卵管壶腹部相遇并完成受精过程。否则，衰老的精子或卵子即便受精也会因生活力弱、异常受精而容易造成胚胎早期死亡。

卵子通过输卵管的时间，除马、猫和犬需6～7d较长外，一般不超过100h。据估计牛约80h、猪约50h、绵羊约72h。

4. 精子和卵子受精前的变化

（1）精子的获能 哺乳动物的精子在雌性动物生殖道内，必须经过一定的时间，在其形态及生理生化发生某些变化之后，才能获得与卵母细胞受精的能力。这一生理现象称为精子获能。

精子获能是在子宫内开始，最终在输卵管中完成。不同动物精子获能的部位有所差异，牛、猪的精子获能部位主要在输卵管。只有完成获能，精子才能在接近卵母细胞透明带时发生顶体反应，具备与卵子受精的能力。

精子的获能过程是可逆的。已获能的精子如再接触精清或附睾液，便又失去受精能力，这种现象叫去能。去能的精子如再放回雌性动物生殖道内，或培养于输卵管液、卵泡液中，又可再次获能。这是因为精清或附睾液中存在一种抗受精物质，称为去能因子（DF），它能抑制精子获能、稳定顶体，与精子结合后可阻止精子顶体水解酶的释放，因此又称为“顶体稳定因子”。

雌激素对精子获能有促进作用，而孕激素则有抑制作用。精子完成获能的时间，猪、牛约需6h，绵羊1～2h，兔5～6h，犬7h。

（2）卵子受精前的变化 未通过输卵管的卵子即使与获能的精子相遇也不能受精。因此，卵子在运行到受精部位的过程中，也有类似精子获能的生理变化而获得与精子结合的能力。

二、受精过程

精子和卵子经一系列的准备之后相遇，就会发生受精过程。精子将依次穿过卵子的放射冠、透明带、卵细胞膜，进入卵细胞质，精子和卵子的细胞核分别形成雄原核和雌原核，最后二者相互融合形成合子，完成受精过程。

1. 卵子的结构

卵子的结构见图7-2。

卵子的结构由外向内依次为：

（1）放射冠 放射冠是紧贴透明带外的一层卵泡颗粒细胞即卵丘细胞，因其呈放射状排列，故称放射冠。多数动物放射冠在排卵后数小时自行脱落，如牛、羊、猪、马、兔；鼠、犬、猫、貉、狐等放射冠可维持到受精后2～4细胞期。

（2）透明带 透明带位于放射冠和卵黄膜之间，为一层均匀而明显的半透膜，是由卵泡细胞、卵母细胞形成的细胞间质，主要成分是糖蛋白、黏蛋白、多糖等。

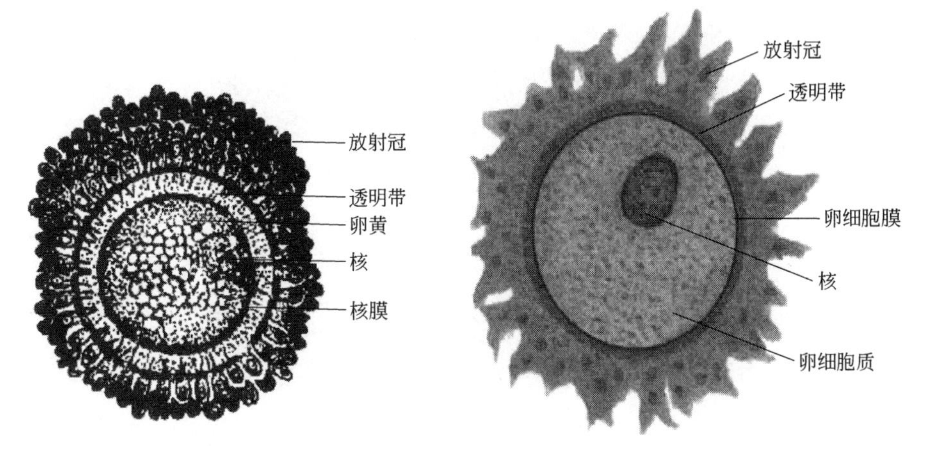

图 7-2 卵子的结构

(3) 卵黄膜（卵细胞膜） 卵黄膜是卵细胞皮质的分化物，类似细胞的原生质膜，由两层磷脂质分子组成。

(4) 卵黄（卵细胞质） 在透明带内占据大部分容积，受精后，卵黄有所收缩，并在透明带与卵黄膜间形成“卵黄周隙”。

(5) 核和核仁 卵母细胞核的位置不在卵子中心，核膜明显，内有一个或多个染色质核仁。

2. 受精过程

哺乳动物卵子受精是单精子受精，在精子、卵子完成受精过程中，有一系列的机制如精子穿过透明带时的透明带反应、通过卵黄膜时的多精子入卵阻滞效应等，调节着精子和卵子的受精过程，防止多精子受精等异常受精过程的出现（图 7-3）。

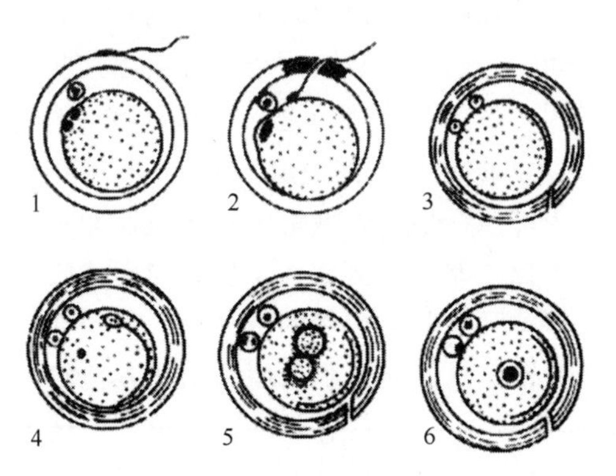

图 7-3 猪受精过程模式图

1—精子与透明带接触；2—精子已穿过透明带；3—精子进入卵黄内；
4,5—雄原核与雌原核形成；6—受精完成

(1) 精子穿过放射冠 放射冠是精子入卵的第一道屏障，精子通过顶体反应释放透明质酸酶和放射冠穿透酶溶解卵丘细胞和放射冠细胞间的基质，使精子穿透放射冠（图 7-4）与透明带接触。精子穿透放射冠没有种间选择性，不同动物的精子所释放的透明质酸酶均能溶解放射冠。

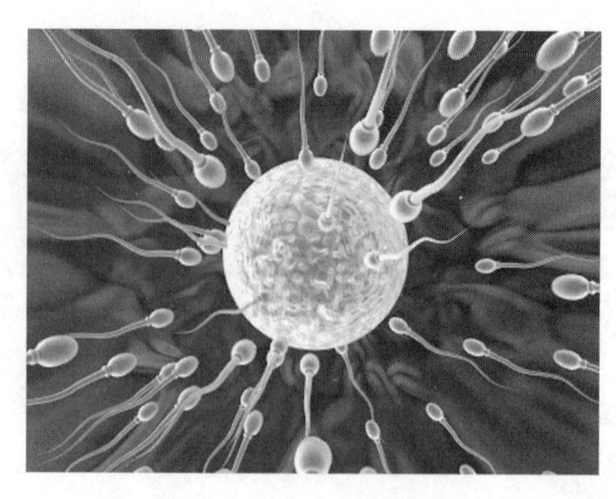

图 7-4 精子穿透放射冠

参与受精的精子虽是极少数，但精子的浓度对放射冠的溶解有重要意义。当精子浓度大时，能释放更多的透明质酸酶，从而使黏蛋白的基质更容易溶解。当精子浓度为 100 万个/mL 时，穿透放射冠约需 2～3h；精子浓度为 0.5 万～1 万个/mL 时约需数倍时间；而精子浓度为 100 个/mL 时几乎不能穿透放射冠；精子浓度过高则透明质酸酶释放过多，卵子被溶解。

（2）穿过透明带 精子穿过放射冠后，以刚暴露的顶体内膜附着于透明带表面，并发生顶体反应，从顶体中释放出可溶解透明带的许多酶，如透明质酸酶、芳香基硫酸酯酶、顶体酶原等，将透明带的质膜软化，溶出一条狭窄、圆形的隧道型通道，使精子借助自身的运动能力钻入透明带内。

大量研究表明，在受精过程中钻入透明带的精子不止一个，但它能阻止异种精子进入。这是因为从顶体释放的能溶解透明带的酶数量和性质，在物种间存在着差异，精子穿透透明带有严格的物种选择性。

当精子通过透明带进入卵黄周隙后，发生顶体反应的精子立即识别并结合卵母细胞质膜上的结合位点，这时卵子被激活，引起卵黄膜收缩，释放出某些物质扩散到卵的表面和卵黄周隙，从而使透明带马上封闭，阻止其他精子进入，这种变化称为“透明带反应”，但常有多个精子（补充精子）进入。兔的卵子无透明带反应。

（3）进入卵黄膜 卵黄膜外覆密集的微绒毛，精子触及卵黄膜后，微绒毛即包住精子头部，通过微绒毛的收缩将精子拉入卵内。随后精子质膜与卵黄膜相互融合，使精子的头部完全进入卵细胞内。精子进入卵黄膜有非常严格的选择性，仅允许 1 个精子进入。当 1 个精子进入卵黄膜后，立即发生卵黄紧缩，使卵黄膜增厚，阻止其他精子进入卵黄，这个反应称为“卵黄封闭作用或多精子入卵阻滞效应”，能有效地阻止第二个精子入卵。

大多数哺乳动物在精子接触卵黄膜之前，卵子的第一极体已存在于卵黄周隙中，当精子进入卵黄后，卵子才进行第二次减数分裂，排出第二极体。

（4）原核形成 精子进入卵黄后，头部膨大，尾部脱落，形成雄原核；卵子在精子进入后，引起卵黄紧缩，完成减数Ⅱ分裂，排出第二极体，形成雌原核。卵子体积为精子的 10000 倍以上。

（5）配子结合 雌、雄原核经充分发育，在数小时内体积增大约 20 倍。雄原核略大于雌原核。之后雌雄原核逐渐相向移动，在卵子中央，核仁、核膜消失，两原核彼此紧密接触合并，染色体重新组合并准备进行第一次有丝分裂，至此受精完成，形成一个称为“合子”

的单细胞胚胎。

3. 受精过程需要的时间

受精卵形成后，就标志着新生命发育的开始。各种动物从精子进入卵母细胞到第一次卵裂的间隔时间，牛 20～24h、猪 12～14h、绵羊 16～21h、兔约 12h、马约 24h。

三、异常受精

哺乳动物的正常受精为单精子受精。当受精过程中，由于人为或环境因素的影响，如输精延迟，生理、物理和化学刺激等，有时会出现非正常受精现象。

1. 多精子受精

多精子受精在鸟类中多见，而哺乳动物在正常情况下的发生率不超过 1%～2%。但由于输精延迟、卵母细胞衰老，阻止多精子受精的功能失常，会形成多精子受精。如猪配种延迟时可引起 15%的卵子被一个以上的精子穿透；在绵羊发情后 36～48h 输精，异常受精卵中 39%是多精子受精。

2. 双雌核受精

双雌核受精是由于卵母细胞在某一次减数分裂时，未排出极体所致，如此形成有 3 个原核的三倍体。双雌核受精多见于猪，在母猪发情后 36h 输精，则 20%以上的卵子是双雌核。

3. 雌核发育或孤雌生殖

雌核发育是在某些鱼类受精中，精子进入卵子后将卵子激活，但不形成原核并萎缩，而被激活的卵子充分发育，并且不排出第二极体，仍发育为二倍体。

孤雌生殖是指有性生殖的卵子不经过精子的受精作用而被激活，并开始无性生殖过程。自然界中有很多动物以孤雌生殖或单性生殖来繁殖后代，如无脊椎动物中的某些昆虫，单性生殖是其正常方法。鸟类中的火鸡有自然单性生殖的，并高达 41.7%，后代均为雄性，且有少数能正常产生精子，具有繁殖能力。

4. 雄核发育

雄核发育是卵子被激活后，雌核消失，只有染色体的雄核开始发育。

用实验的方法使未受精卵单独发育称为人工单性生殖或孤雌生殖，主要是模拟受精过程中精子对卵子的激活条件，以便探索受精机理。

异常受精形成的多倍体或单倍体胚胎一般不能正常发育，而在胚胎早期死亡。

四、胚胎的早期发育

胚胎的早期发育是指哺乳动物由受精卵开始到胚胎脱离透明带，完成细胞分化前的阶段，包括桑椹期、囊胚期和原肠期三个阶段（图 7-5）。

1. 桑椹期

受精卵在透明带内进行有丝分裂，卵裂球呈几何级数增加，但因每个卵裂球并不一定全都同时分裂，所以也可能瞬间出现奇数个卵裂球。当透明带内早期胚胎细胞分裂至 16～32 细胞期时，卵裂球在透明带内形成致密细胞团，形似桑椹，称为桑椹胚。这一阶段胚胎的特点：

① 胚胎细胞分化为内、外两层，外层细胞中的膜蛋白和细胞器呈现不对称分布。

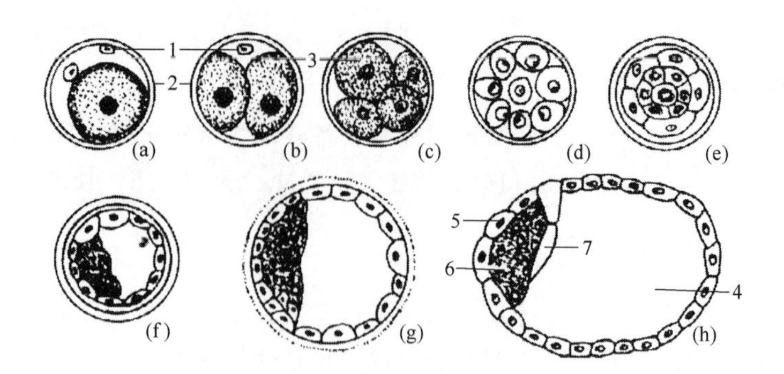

图 7-5 胚胎的早期发育

(a) 受精卵单细胞期；(b) 二细胞期；(c) 四细胞期；(d) 八细胞期；(e) 桑椹期；(f)～(h) 囊胚期；
1—极体；2—透明带；3—卵裂球；4—囊胚腔；5—滋养层；6—内细胞团；7—内胚层

② 胚胎细胞间连接紧密，外层细胞出现紧密连接；内层细胞、内层与外层细胞之间出现缝隙连接。

③ 胚胎中总物质含量继续减少，与成熟卵子相比，牛胚胎总质量减少了 20%，绵羊减少了 40%。

④ 胚胎发育所需的营养物质主要来源于自身，部分来自输卵管液或子宫液。

⑤ 细胞出现初步分化，胚胎依然在透明带中。

2. 囊胚期

桑椹胚形成后，内外层细胞间的联系结构基本发育完善，外层细胞间通过紧密连接形成半透膜囊，外层细胞中的 Na^+/K^+ ATP 酶通过主动运输把胚外介质中 Na^+ 和 Cl^- 运送到胚胎中心，导致中心渗透压升高，水分子通过自由扩散向中心聚积，结果使胚胎内形成一个充满液体的囊腔，这时的胚胎称为囊胚，其中的腔隙称为囊胚腔。内层细胞随着囊胚腔的扩大，成团块状附着在腔的内侧，称内细胞团（ICM)。囊胚后期从透明带脱出，称为孵化囊胚。这一阶段胚胎的特点：

① 胚胎细胞分化为两类，外周的滋养层细胞和内层的内细胞团。滋养层细胞以后发育为胎膜和胎盘，内细胞团将来发育为胎儿。

② 胚胎基因组的转录和表达活性增加，胚胎发育明显加快。

③ 胚胎生活在子宫中，发育所需营养物质主要来源于子宫乳。

④ 囊胚在孵化过程中或之后产生妊娠信号，与母体子宫建立初步联系。

3. 原肠期

囊胚孵化后，进入快速生长期。在此过程中，ICM 分化为上、下两个胚层。下胚层又称原始内胚层，这类细胞紧贴滋养层生长，最终形成一个密闭的囊腔，这个囊腔称为原肠腔，这层细胞将进一步发育为卵黄膜。上胚层内又形成一个囊腔，把其分为胚体上胚层和羊膜外胚层。胚体上胚层又分化为胚体内胚层、胚体中胚层、胚体外胚层，进一步发育为胎儿体内的各种组织和器官。羊膜外胚层进一步发育为羊膜囊。

单元二　胚胎移植的程序

胚胎移植主要包括供、受体雌性动物的选择，供体超数排卵与受体同期发情，供体发情配种，胚胎采集，胚胎受体移植等环节（图 7-6）。

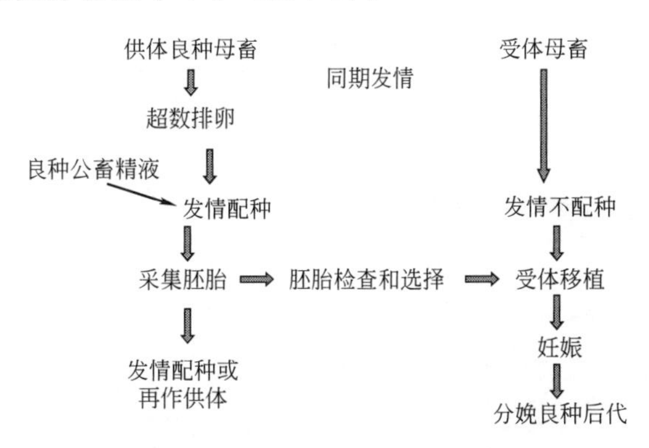

图 7-6　胚胎移植基本程序示意图

一、供、受体雌性动物的选择

在胚胎移植技术中，育种价值高的供体是前提，合格的受体是基础，胚胎质量是关键，移植技术是保障。

① 供、受体的共同点：都要有良好的繁殖性能。

a. 年龄选择 3～5 岁的壮年雌性动物，最好是后备雌性动物，经产雌性动物产后要间隔一定时间。

b. 发情周期正常，对大动物最好通过直肠检查确定卵巢功能正常。

c. 营养良好，体质强健、健康，更无生殖道疾病，最好在胚胎移植前补充维生素与微量元素，以提高受精率或妊娠率。

d. 选择气候适宜的季节，季节性发情动物要在发情季节进行。

② 供、受体在发情时间上接近或一致。

③ 供、受体的差异。除繁殖性能外，供体雌性动物应具有遗传优势和较高的育种价值；受体应选择对当地适应性强、来源广泛、容易购买、难产率低、体型适中的非良种雌性动物或本地雌性动物，达到初配年龄的后备雌性动物则更佳。

二、供体的超数排卵和受体的同期发情

1. 供体的超数排卵

供体超数排卵有 PMSG 一次注射法（见图 7-7）和 FSH 多次减量注射法（见图 7-8、图 7-9），目前牛以 FSH 4d 8 次减量注射法超排效果较好（详见项目六发情调控技术的单元四超数排卵技术内容）。

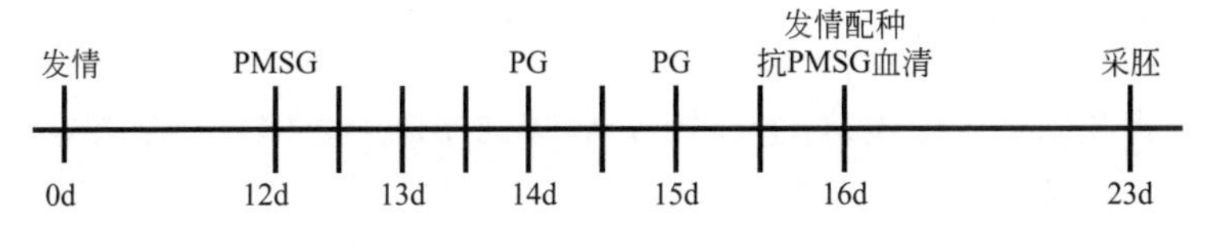

图 7-7　牛 PMSG 超排采胚程序

在供体超数排卵前，要加强营养，补充维生素和微量元素，以保证超排效果和胚胎的质量。

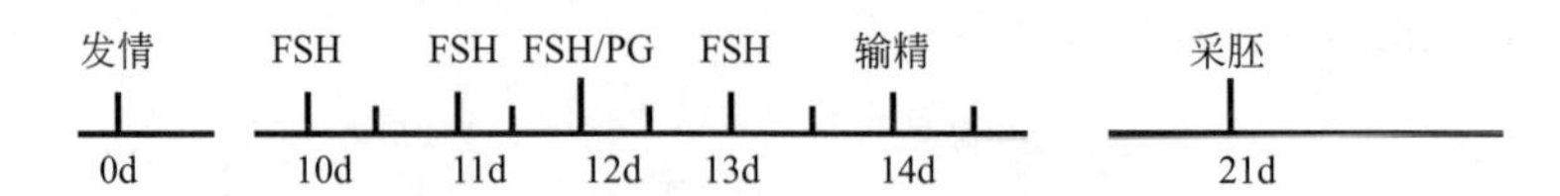

图 7-8 牛 FSH 超排采胚程序

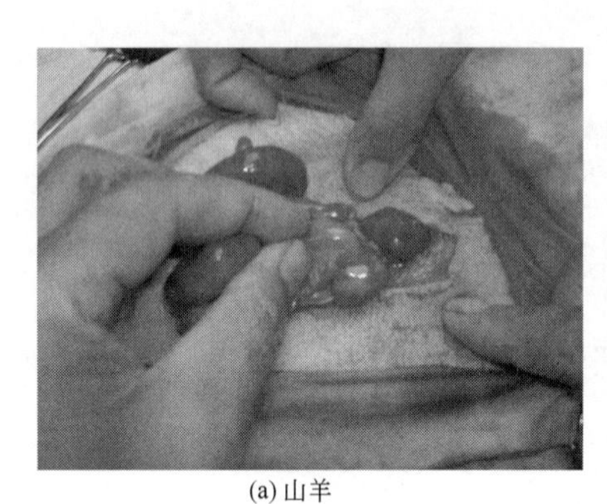

(a) 山羊

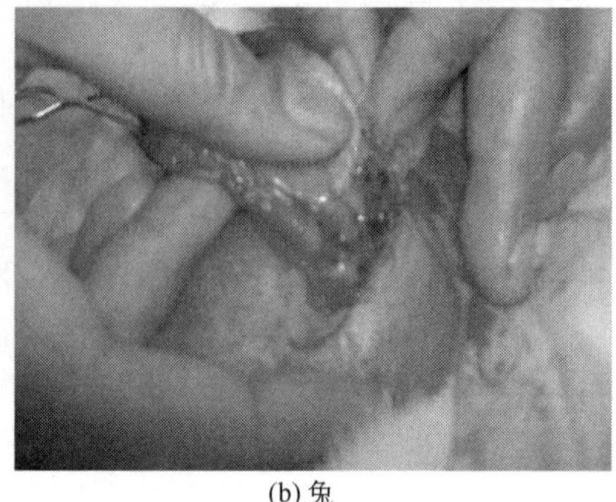

(b) 兔

图 7-9 超排后的山羊和兔的卵巢

2. 受体的同期发情

用鲜胚移植时，在供体雌性动物超排处理的同时，应对受体雌性动物同期发情处理。

在供体采用促性腺激素结合 PG 超数排卵时，在供体注射 PG 的前一天，对受体雌性动物注射氯前列烯醇 0.4mg，如在注射氯前列烯醇后 24h 配合注射适量的 FSH、PMSG，可明显提高同期发情效果。

如供体采用孕激素结合促性腺激素超数排卵，则受体在供体撤栓前一天撤除孕激素阴道海绵栓或 CIDR 同期发情。

如用冷冻胚胎对自然发情雌性动物做受体移植，则受体不需做同期发情处理；但为了提高胚胎移植效率，也可以对受体同期发情，以便对批量受体同时移植。

3. 供体的输精

在超排结束后，要密切观察供体的发情表现。一般供体雌性动物大多在超排处理结束后 12～48h 发情。由于超排处理后排卵数较多且排卵时间不一致，输精时应增加输精次数和精液量，以提高卵子受精率。如母牛在接受爬跨站立不动后 8～12h（母羊在出现发情当天）第一次输精，间隔 8～12h 再输精一次。为提高排卵率，在第一次输精的同时，还应肌注 LRH-A_3 等促进排卵。

受体雌性动物发情后不输精，发情后在供体雌性动物采胚的同时进行受体移植。

三、胚胎的采集

利用冲胚液将胚胎从供体生殖道中冲出，收集到器皿中，称为胚胎的采集。胚胎采集分手术法和非手术法两种。

1. 胚胎采集前的准备

（1）冲胚液、培养液的配制 冲胚液、培养液现多用杜氏磷酸盐缓冲液（PBS 液，表 7-1），目前也有市售的商品冲胚液和培养液。在使用前要加入血清白蛋白，添加量为0.1%～

3.2%，也可用犊牛血清代替，但需56℃水浴加热30min灭活其中的补体，以利胚胎存活。冲胚液血清添加量一般为3%（1%～5%），培养液血清添加量为20%（10%～50%）。

冲胚液、培养液用前需放37℃的水浴锅或恒温箱中预热，备用。

表 7-1 杜氏磷酸盐缓冲液成分 单位：mg/L

NaCl	KCl	$CaCl_2$	$MgCl_2 \cdot H_2O$	Na_2HPO_4	KH_2PO_4	葡萄糖	丙酮酸钠
8000	200	100	100	1150	200	1000	36

(2) 收集胚胎的器械 主要有二路式采胚管、采胚管钢（塑）芯、扩宫管、连接管、集胚皿和集卵杯等（图7-10）。此外，还有常规外科手术器械及药品。冲胚前所有器械要进行灭菌处理，在无菌间用冲胚液冲洗消毒后的采胚管及其连接管、集卵杯，插入采胚管钢芯（牛）或塑芯（其他动物），检查气囊是否完好。

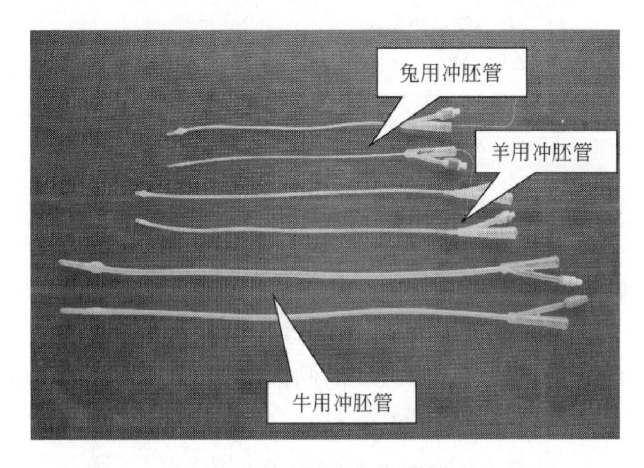

图 7-10 胚胎收集器械

2. 胚胎采集的时间与部位

胚胎采集时间要考虑发情时间、排卵时间、胚胎运行过程和胚胎在生殖道的发育速度等因素，只有这样才能顺利地采集到胚胎。各种动物早期胚胎发育速度见表7-2。通常采集时间应在第一次卵裂后（发育至4～8细胞以上为宜）至脱离透明带前，一般在发情配种后3～8d从输卵管或子宫角采集胚胎。

表 7-2 各种动物早期胚胎发育速度 单位：排卵后天数/d

畜别	排卵时间	2细胞	4细胞	8细胞	16细胞	进入子宫	囊胚形成	脱离透明带
牛	发情结束前10～12h	1～1.5	2～3	3	4	3～4	7～8	9～11
绵羊	发情开始后24～30h	1.5	1.5～2	2.5	3	2～4	6～7	7～8
猪	发情开始后35～45h	1～2	2～3	3～4	3.5～5	2～2.5	5～6	6
兔	交配后10～11h	1	1～1.5	1.5～2	2	2.5～4	3～4	

3. 胚胎采集的方法

(1) 手术法采集 手术法主要用于羊、猪、兔等中小动物的胚胎收集，有输卵管采胚和子宫角采胚两种（图7-11）。由于输卵管与子宫角连接部的结构不同，羊的输卵管采胚可采

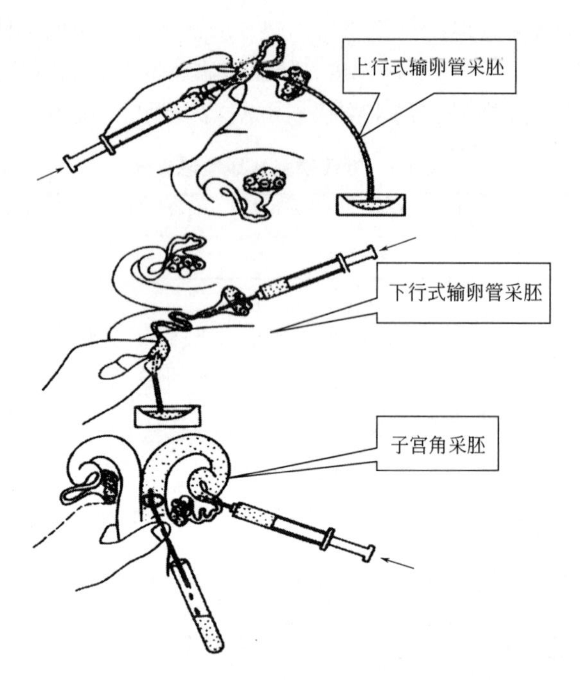

图 7-11 手术法采集胚胎

用上行式、下行式；而猪只能采用下行式输卵管采胚。

① 羊输卵管采胚。在羊发情后 2～3d 采用输卵管采胚。采胚时，羊仰卧保定，术部在乳房前腹中线旁、两条乳静脉间，或后肢股内侧鼠蹊部，术部长 2～5cm。

术前停食 24～48h，肌注 2%静松灵 0.3～0.5mL 做全身麻醉，局部用 0.5%普鲁卡因 20mL 浸润麻醉；也可用 2%普鲁卡因 2～3mL 或利多卡因 2mL 在第一、二尾椎间做硬膜外麻醉。

按照外科手术要求在术部做一切口切开腹壁，找到子宫和输卵管，并引出切口外，观察卵巢上黄体发育与数量；在子宫角小弯处用止血钳刺一小孔，根据子宫角粗细，取 10# ～12# 冲胚管向子宫角端部插入，并将气囊充气固定冲胚管在子宫角端部，把冲胚管口接到平底集胚皿边沿等待收集冲胚液；再取 6# ～8# 冲胚管在输卵管伞部插入输卵管，并用手抓紧避免液体从管壁渗出；冲胚管口连接注射器，把 20～30mL 预温的冲胚液缓慢注入输卵管；观察冲胚液流动是否通畅，当冲胚液收集到集胚皿即完成一侧输卵管冲胚；用同法采集另一侧输卵管的胚胎。

因输卵管冲胚对输卵管损伤较大，目前很少采用。

② 羊子宫角采胚。在羊发情后 5～7d 采用子宫角采胚（图 7-12）。手术部位同输卵管采胚。暴露子宫角后，用止血钳在一侧子宫角基部刺一小孔，取 12# ～14# 冲胚管向子宫角前端插入到子宫角大弯处，气囊充气 3～6mL 固定冲胚管，把冲胚管口接到平底集胚皿边沿等待收集冲胚液；用冲卵针从子宫角端部插入，连接注射器，分次将 50～80mL 预温的冲胚液缓慢注入子宫角；观察冲胚液流动是否通畅，当冲胚液收集到集胚皿即完成一侧子宫角冲胚；用同法采集另一侧子宫角胚胎。

③ 兔输卵管采胚。兔是刺激性排卵动物，排卵持续时间长，使胚胎进入子宫时间变动较大，兔胚胎进入子宫角的时间为交配后 2.5～4d；同时兔妊娠期短，脱离透明带较早。因此，兔的胚胎采集时间为交配后 48h 内输卵管采胚或 48～72h 子宫角采胚。其中以 48h 内输卵管采胚较好。

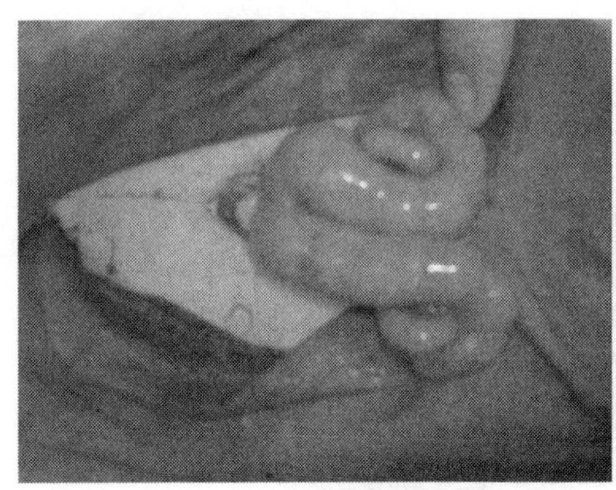
(a) 羊的子宫

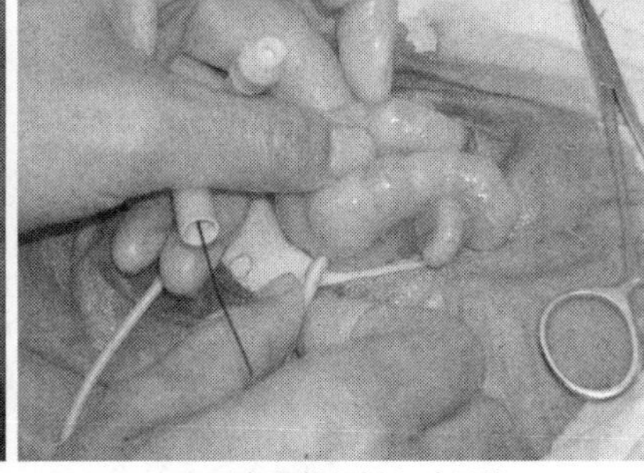
(b) 子宫角基部插入冲胚管

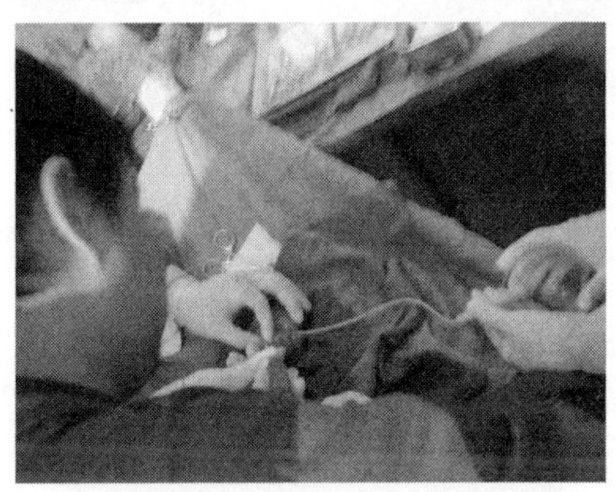
(c) 冲胚管口接到集胚皿边沿及收集冲胚液

图 7-12 羊的子宫角采胚

手术部位在倒数第 1～2 乳头腹中线，后备兔稍靠近倒数第 1 乳头，经产兔靠近倒数第 2 乳头。

采胚时，先在子宫角近端部用止血钳刺一小孔，根据子宫角粗细，取 8# ～10# 冲胚管向子宫角端部插入，并将气囊充气固定冲胚管在子宫角端部，把冲胚管口接到平底集胚皿边沿等待收集冲胚液；再取 6# ～8# 冲胚管在输卵管伞部插入输卵管，并用手抓紧避免液体从管壁渗出；冲胚管口连接注射器，把 20～30mL 预温的冲胚液缓慢注入输卵管；观察冲胚液流动是否通畅，当冲胚液收集到集胚皿即完成一侧输卵管冲胚；用同法采集另一侧输卵管的胚胎（图 7-13）。

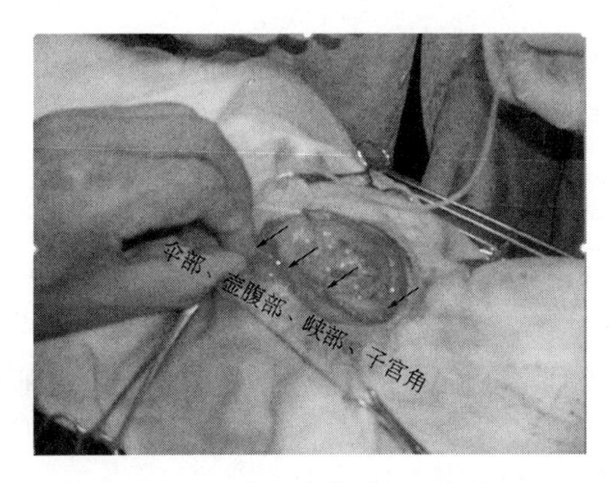

图 7-13 兔输卵管采胚示意图

④ 猪的胚胎采集。在猪排卵后 2～4d 从输卵管采胚，排卵后 4d 从子宫角采胚。术部在腹中线或肷部。猪的子宫角与输卵管结合部有一活塞状结构，输卵管采胚采用下行式。子宫

角采胚是在距宫管结合部下方50cm左右处插入冲胚管，充气固定于子宫角，再同羊子宫角采胚方法收集胚胎。

(2) 非手术法采集 牛的采胚多在配种后6～8d用非手术法从子宫角（图7-14）采集桑椹胚或早期囊胚。采胚前，母牛要禁水、禁食一天；采胚时，应将母牛适当保定。

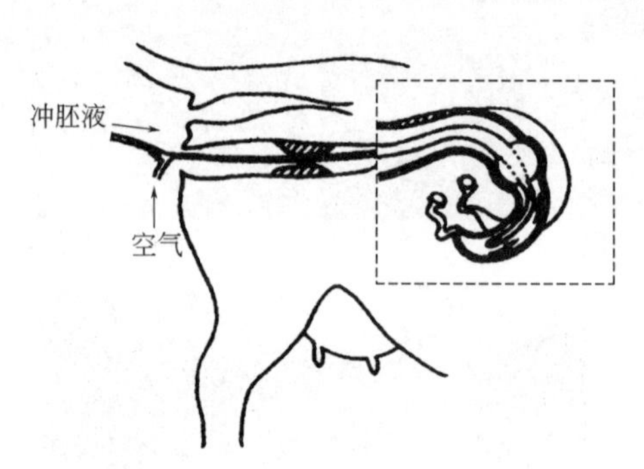

图7-14 牛非手术法采集胚胎

采胚前10min进行麻醉（如注射2%静松灵1～2mL做全身浅麻醉或利多卡因5mL做尾荐麻醉）。操作者按直肠把握输精法将插有不锈钢钢芯采胚管插入一侧子宫角大弯处，离子宫角端部约10cm左右，由助手抽出钢芯；气囊注入14～20mL空气固定冲胚管于子宫角内。接着再由助手从冲胚管注液口注入已37℃预温的冲胚液50～60mL，停留片刻后，将冲胚液连同胚胎回收到500mL量筒等集胚器内。

冲胚时，开始冲胚液不要太多，进液速度要慢，出液速度要快，防止冲胚液流失；为促进冲胚液回流，直肠内手应提起子宫角并略加压。如此反复冲洗5～6次，将回收的冲胚液收入集胚器内，置于37℃恒温箱或无菌室内等待检查。

一侧子宫角冲洗完后，按上法再冲另一侧子宫角。一般每侧子宫角需用冲胚液300～500mL。结束后向子宫内注入抗生素和PG以防感染和溶解黄体。如60mL生理盐水加土霉素3g、PG 0.6g于子宫内注入。

四、胚胎的检查与鉴定

1. 胚胎检查方法

胚胎检查应在20～25℃的无菌操作室内进行（图7-15）。羊用半球形平底集胚皿收集冲胚液的，可静置10min后，置于实体显微镜下放大10～40倍检查。牛用量筒收集冲胚液的，需先用滤胚器过滤冲胚液，待滤胚器内剩下10～20mL冲胚液时，置于实体显微镜下，按滤胚器底部的方格逐格检查胚胎。

发现胚胎后，用移胚管将胚胎转移到装有20%犊牛血清PBS培养液的六孔培养皿中保存。

2. 胚胎质量的鉴定

胚胎质量的鉴定主要根据早期胚胎透明带完整性、卵裂球排列紧密程度、胚胎发育速度等方面进行。发育正常的胚胎，其透明带完整，细胞分布均匀而紧密、大小一致、外形整齐，发育速度与胚胎日龄相一致（图7-16）。胚胎分级标准如下：

(1) A（优）级 胚胎发育阶段与胚龄基本一致，卵裂球紧密充实、大小均匀成一整体，无游离细胞卵裂球，界限明显，透明度好，透明带圆而平滑。若是囊胚，胚结、滋养层细胞、囊胚腔明显可见，变性细胞小于10%。

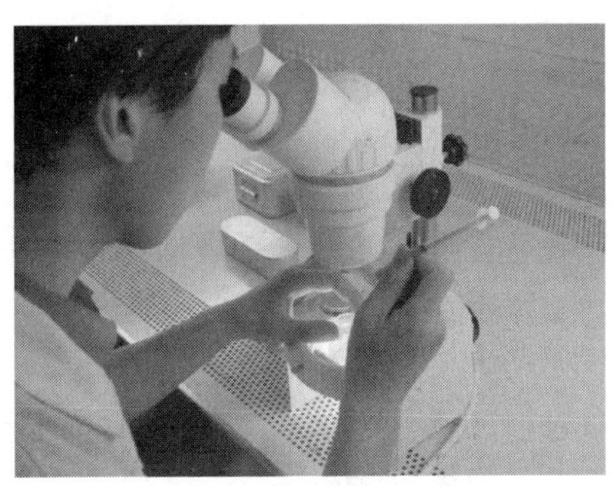

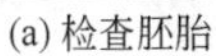

(a) 检查胚胎

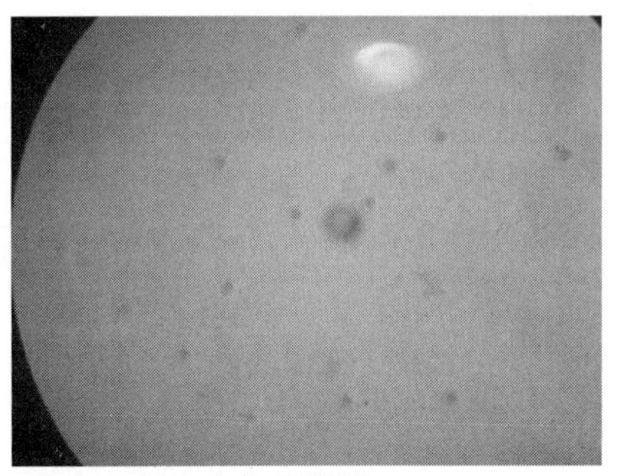

(b) 早期胚胎

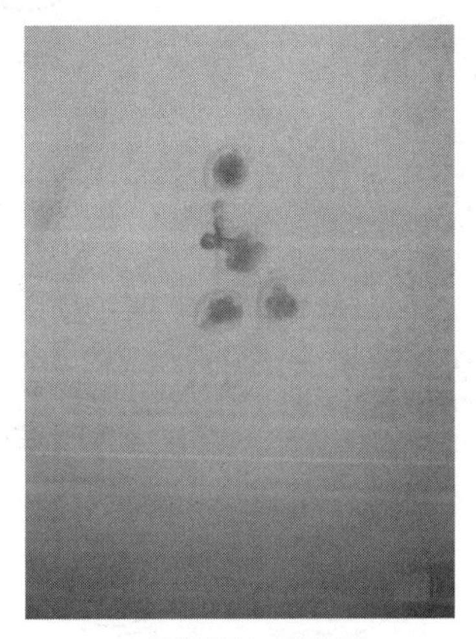

(c) 早期胚胎与未受精卵

图 7-15　兔的早期胚胎

(2) B（良）级　胚胎发育阶段与胚龄基本一致，卵裂球有基本结构，比较紧密，但有个别细胞游离，透明度较好，透明带呈圆形，变性细胞占 10%～30%。

(3) C（中）级　胚胎发育阶段与胚龄不太一致，细胞团松散，游离细胞较多，细胞界限模糊、发暗，卵黄周隙大，变性细胞占 30%～50%。

(4) D（劣）级　有碎片的卵细胞变性，没有细胞组织结构，变性细胞占胚胎的大部分，约 75%，不用于胚胎移植。

胚胎检查合格（C 级以上），如有相同生理状态的雌性动物，即可装管移植。如冷冻保存，胚胎质量应达到 B 级以上。

五、胚胎的保存

1. 常温保存

胚胎在 15～25℃下用含 20%犊牛血清的 PBS 培养液常温保存，只能存活 24～48h，且胚胎代谢旺盛，每 2h 需更换培养液。此法只能做短暂的保存与运输。

2. 低温保存

在 0～10℃下低温保存，胚胎分裂暂停，代谢减慢，可存活数日。但早期胚胎对于降温较为敏感，比发育阶段较晚的桑椹胚或囊胚易受到低温损害。猪胚胎对低温更敏感，较难存

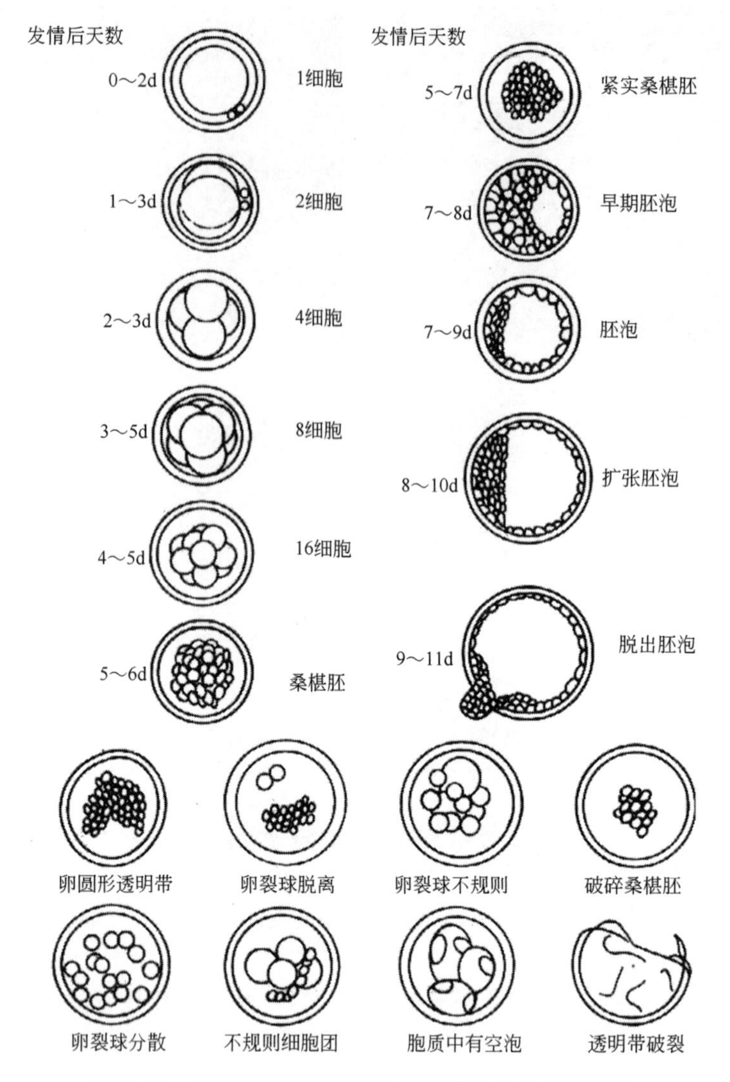

图 7-16　发育至不同阶段的牛胚胎及形态异常的胚胎

活。目前低温保存广泛采用改良的 PBS 液，其优点是 pH 值稳定。

不同动物低温保存的适宜温度为牛 0～6℃、猪 15～20℃、山羊 5～15℃、绵羊和兔 10℃、小鼠 5～10℃。

3. 超低温冷冻保存

以液氮为冷源进行冷冻保存可使胚胎达到长期保存的目的。胚胎冷冻保存技术的成功，使胚胎移植不再受时间和空间的限制，避免了受体与供体必须同期发情的问题，只要有合适的受体就可进行移植；而且可以更严格地筛选受体雌性动物，提高了受体移植的妊娠率；也大大方便了胚胎的运输；为长期保存珍稀或濒危动物和优良动物品种的遗传资源、建立基因库提供了更有效的途径。

超低温冷冻保存可分为慢速冷冻保存和玻璃化冷冻保存。

(1) 慢速冷冻保存

① 冷冻过程对胚胎的影响

a. 温度变化影响。卵子和胚胎对室温急速降至 0℃的低温打击影响不明显。但猪胚胎在孵化囊胚前、牛体内受精发育到致密桑椹胚前和体外受精发育到致密桑椹胚阶段的胚胎，在降温20～10℃时就会受到损伤。

b. 过冷现象。生理性溶液中的胚胎在温度降到冰点以下时，细胞内外液会形成结晶，造成对胚胎细胞的损伤。为此，胚胎冷冻保存液中需添加适量的抗冻剂，如1.0～2.0mol/L的甘油、乙二醇、二甲亚砜、丙二醇等低分子渗透性抗冻保护剂。1.0～2.0mol/L抗冻保护剂溶液的冰点是－4.8～－2.6℃。在胚胎慢速冷冻时，当溶液达到冰点温度时往往不结冰，而在－10℃左右条件下也不会形成冰晶，如果继续降温便会有冰晶生成，这种现象叫过冷现象。

c. 植冰。溶液在冰点以下任一温度都可能回升到冰点，对细胞产生损伤。如果溶液结冰的温度离冰点很远，则由于潜热的释放使溶液温度迅速上升，接着又下降，对细胞产生更大的伤害；同时分子的运动和温度呈正相关，当溶液在冰点附近结冰时，水分子处于相对活跃状态，生成的冰晶小且呈无序排列，对细胞损伤小；如在过冷现象下结冰，就会形成有序排列的大冰晶，将对细胞造成严重伤害。所以，在稍低于溶液冰点（－5℃）时用浸入液氮冷却后的镊子夹住细管的棉栓部，强行冷却诱导溶液结冰，使溶液瞬间渡过冰点温度，防止过冷现象的发生。这种促使溶液结冰的方法叫植冰，是形成无序排列的小冰晶、减轻对细胞伤害的有效措施。

d. 细胞外冰晶的影响。细胞外液的水分子形成冰晶后，使溶液浓度相对升高，抗冻剂的浓度也随之升高，这对细胞会产生化学伤害。因此，在冷却过程中，应尽快使溶液降至过冷现象温度以下。

胚胎与精子相比体积较大，但相对表面积较小，在低温条件下细胞内的水分子向外渗出需要一定的时间。为此，在植冰后应以0.3～0.5℃/min的速度缓慢降至－35～－30℃，使细胞内的水分子不断渗出并形成冰晶。如降温过快，水分子来不及渗出，在细胞内部形成冰晶，会对细胞产生物理伤害。

② 慢速冷冻保存的方法。胚胎慢速冷冻保存技术早期以甘油作为抗冻剂冷冻保存，但由于甘油对胚胎有一定的危害，需分步添加，解冻时又需分步脱除甘油；后来改良为在细管内胚胎的两端装入非渗透性的蔗糖溶液，在解冻后只要甩动细管将蔗糖溶液与有胚胎的冷冻液混合，即可脱去抗冻剂，直接用于胚胎移植。

20世纪90年代初，用乙二醇（EG）作冷冻保护剂的直接移植冷冻法取得了成功，受胎率与常规甘油法相近。EG直接移植法不需分步脱除抗冻剂，可像细管冻精一样解冻并直接移植给受体，不需实验室条件。该方法现已广泛应用于商业胚胎移植。

100mL EG冷冻液的配制：取83mL PBS液，加入1mL AA（复合抗生素溶液）、7mL FCS（犊牛血清）和9mL乙二醇。配制后过滤灭菌，分装冷冻保存。

乙二醇降温冷冻过程如下：

a. 胚胎的采集及鉴定。选择B级以上的桑椹胚或早期囊胚，在含有20%犊牛血清的PBS中冲洗两次。

b. 加入冷冻液。在室温（20～25℃）下将胚胎移入乙二醇冷冻液中，再装入塑料细管，封口、标记。

c. 装管。用0.25mL的细管，每管装一枚胚胎。装管原则是中间一段为装载胚胎的EG冷冻液，两端为PBS保存液。具体是先将胚胎移入EG冷冻液中，然后吸取1cm PBS保存液、小空气泡、2.5cm PBS保存液、小空气泡、一小段EG冷冻液、小空气泡、一小段EG

冷冻液、小空气泡、2.5cm EG冷冻液加胚胎、小空气泡、一小段EG冷冻液、小空气泡、一小段EG冷冻液、小空气泡、PBS保存液至细管末端，最后封口（图7-17）。

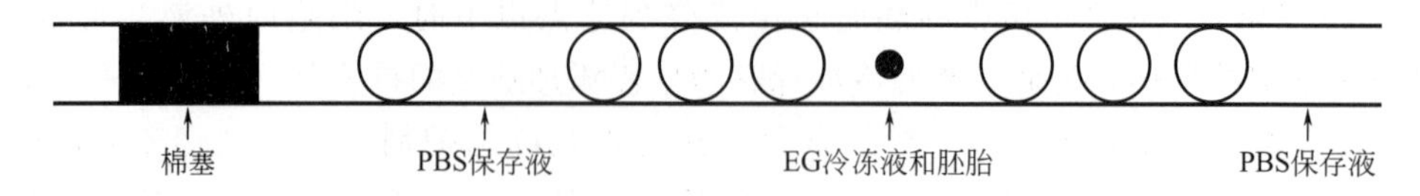

图7-17 胚胎装管示意图

d. 冷冻。以程序控制冷冻仪准确控制降温速度。先以1～3℃/min的速率从室温降至−7～−6℃，在此温度下诱发结晶，平衡10min；然后以0.3～0.5℃/min的速率降至−38～−35℃，平衡数分钟后投入液氮中长期保存（图7-18）。

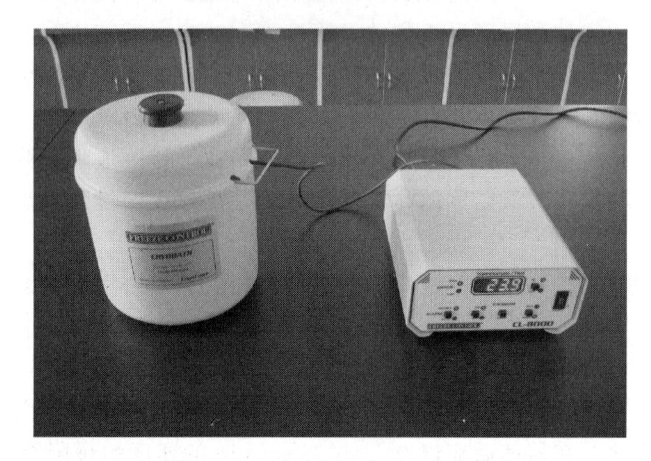

图7-18 8800型胚胎程序冷冻仪

e. 解冻。解冻胚胎时，用预冷后的镊子夹取一支细管，在空气中停留5～10s后，水平放入37℃温水中水浴解冻。

（2）玻璃化冷冻保存 玻璃化冷冻是在0℃以上的条件下，将胚胎置于高浓度且急速降温时易形成玻璃化的溶液中平衡后，直接投入液氮中，细胞内、外液都形成玻璃化状态，使胚胎长期保存的方法。相对于慢速冷冻，其抗冻保护剂浓度较高，一般达到50%（V/V）或8.0mol/L以上，对冷冻前操作要求较高。

如改进的PBS液＋15% FCS，冷冻液抗冻剂为25%甘油＋25%乙二醇。胚胎先在12.5%甘油＋12.5%乙二醇的平衡冷冻液中在室温下平衡2～5min，然后在4℃的玻璃化冷冻液中平衡1min，或在室温下平衡30s，再装入拉细的开口塑料细管中，最后将装有胚胎的细管直接投入液氮中冷冻保存。

胚胎解冻时，将胚胎从液氮中取出，在含0.3～0.5mol/L蔗糖的PBS液中解冻，脱去抗冻剂，装管移植。

六、胚胎的解冻与移植

1. 胚胎的解冻

以乙二醇作抗冻剂的胚胎，将胚胎从液氮中垂直取出，不要摇动，在室温空气中停留10s，然后水平放入37℃的温水中至完全融化。剪去封口端后，直接将细管装入胚胎移植枪，在10min内移入受体牛子宫角中。

胚胎从液氮取出后，要在室温空气中短暂停留，是防止胚胎在冷冻、解冻过程中，在液相与固相转化时（－130～－110℃），如果温度变化过快，会因物质的膨胀率和收缩率不同而形成断裂面；之后须迅速投入25℃或37℃的温水中，是为了尽快通过－80～－50℃之间的脱玻璃化温区（由玻璃态变为结晶态）。

2. 胚胎的移植

(1) 牛非手术法移植 因为采集的胚胎是供体发情后第7d的胚胎，所以移植时受体也应处于发情后的第7d，二者之间最多相差不能超过一天；注意不是输精后或排卵后7d。

移植时，先清洗、消毒外阴，用纸巾擦干阴户；用左手分开阴唇，右手持移植枪插入阴道至子宫颈外口；左手伸进直肠把握子宫颈，右手先用力外拉撕开移植枪外套膜，再两手协调使移植枪通过子宫颈，至移植侧（黄体侧）子宫角小弯处或稍后的移植部位，移植枪退回0.5cm，慢慢推出胚胎，转一下移植枪防止胚胎黏着丢失，最后退出移植枪。

整个操作手法要轻缓，可以在不麻醉的状态下进行；有时为减少母牛努责可用利多卡因做尾荐麻醉。

受体胚胎移植后不仅要注意其健康状况，还要留心观察它们在预定时间的发情状况，60d后经过直肠检查进行妊娠诊断。对妊娠母牛则要加强饲养管理和保胎，防止流产。

(2) 羊手术法移植 羊通常在发情后5～7d于子宫角采胚，移植时也应选择发情后5～7d的受体羊移植（图7-19）。

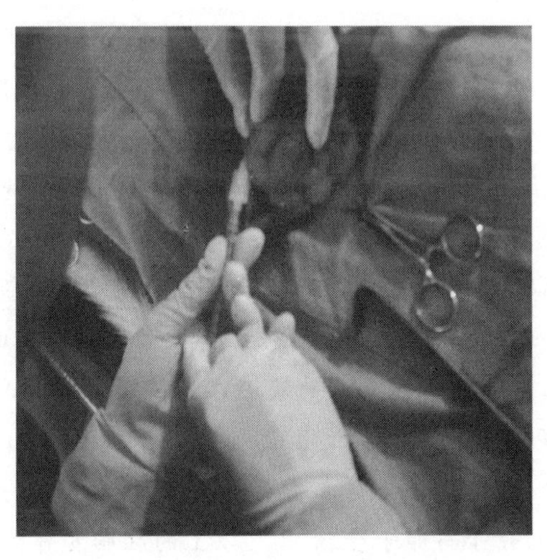

图7-19 羊子宫角鲜胚移植

羊手术法移植时，受体羊先空腹12～24h，2%静松灵0.3～0.5mL麻醉，仰卧保定。在进行胚胎检查的同时，立即在受体腹部做一切口（同采胚部位），找到卵巢并观察黄体发育情况。移胚时，先用钝形针头在有黄体侧子宫角扎孔，将移胚管顺子宫角方向插入子宫腔，并推出胚胎，然后让子宫复位。手术时不要用力拉卵巢，不能触摸黄体，子宫角扎孔时要避开血管。

对黄体发育良好的受体羊可移植1～3枚胚胎，但移植两枚以上胚胎时应分别移植两侧子宫角。

(3) 羊腹腔镜法移植 先对羊进行全身麻醉，而后从腹部插入腹腔镜，用特制的镊子夹住子宫角，并将其轻轻提起，然后将胚胎注入子宫角。该法对羊的损害小，且整个移植过程仅需 2～3min，故该法目前已成为羊胚胎移植的一种重要方法。只是该法需一台腹腔镜，在条件比较简陋的地方无法进行。

目前奶牛胚胎移植妊娠率：鲜胚 55%～60%，冻胚 45%～50%，体外胚 30%～40%，克隆胚 30%左右。羊的鲜胚移植技术也已成熟，但冻胚移植受胎率较低。

知识拓展　　胚胎生物工程技术

1. 性别控制

动物性别控制是指通过某种手段对动物的自然繁殖过程进行人为干预，使雌性动物能按人类的意愿生产出特定性别后代的一种生物技术。就目前而言，动物的性别控制途径主要包括 X、Y 精子分离，环境控制，胚胎性别鉴定等。性别控制技术的应用，使现有的畜牧生产方式发生重大的改变。因此，研究动物性别控制具有深远的意义和广阔的应用前景。

(1) X、Y 精子的分离　精子分离的主要依据是 X、Y 精子在 DNA 含量、大小、密度、活力、膜电荷、酶类、细胞表面、移动速度、抵抗力等方面均有差异，尽管差异很小。其主要分离方法有电泳法、沉降法、离心沉降法、密度梯度离心法等，目前比较成功的是流式细胞分离法。

流式细胞分离法分离精子的原理，是建立在 X 精子的 DNA 含量比 Y 精子高出 3%～4%（如牛 3.8%、猪 3.6%、羊 4.2%）的基础上。

分离过程：先稀释精液，继而用 DNA 特异性荧光染料（Hoechst33342）对精子进行染色，这种染料可定量与 DNA 结合；然后将精子连同少量稀释液逐个通过激光束，因为 X 精子比 Y 精子含较多的 DNA，所以其放射出的荧光信号较强；这些信号通过仪器和计算机系统扩增，从而分辨出 X 精子与 Y 精子，或是分辨模糊的精子。当含有精子的缓冲液离开激光系统时，借助于颤动的流动室将垂直流下的液柱变成微小的液滴；计算机指令液滴充电器，使发光强度高的液滴带正电荷，低的带负电荷；最后带电液滴通过高压电场，不同电荷的液滴在电场中被分离，进入两个不同的收集管，正电荷收集管为 X 精子，负电荷收集管为 Y 精子（图 7-20）。

流式细胞分离法分离 X、Y 精子的准确率达 90%以上，分离速度为 $(3\sim4)\times10^6$ 个精子/h，用分离的精子与卵子受精 90%以上的胚胎发育成为雌性或雄性后代。

(2) 环境控制

① 生母液（主要成分为 5%精氨酸）　由于 Y 精子对酸性耐受性比 X 精子差，日本学者利用 5%精氨酸处理子宫颈后 10min 再输精，可使牛的母犊率达 63%左右。

目前还有“奶牛性控胶囊”“母犊素”等中药制剂的奶牛性控产品，主要是激活含 X 染色体的精子，同时改变生殖道内环境，促进 X 精子运动，使 X 精子获得更多的受精机会。据试验，母犊率稳定在 70%～75%。

② 营养　据报道，饲料不足或饲喂酸性饲料多，母牛产公犊多。

③ 年龄　有报道，老龄母牛产公犊比母犊多；中年母牛尤其双亲都为中年牛，产母犊多。

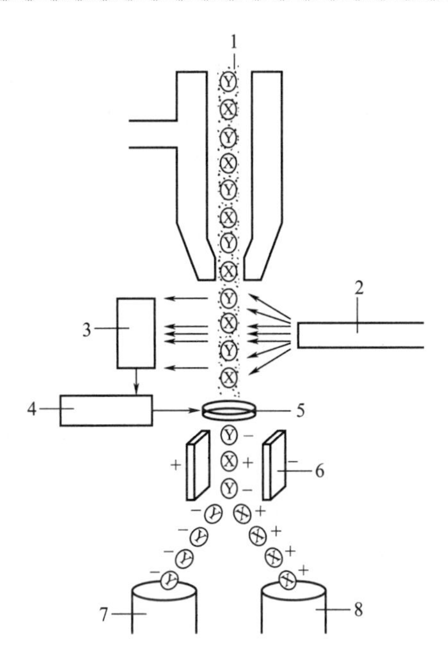

图 7-20 流式细胞仪分离 X、Y 精子示意图

1—精子悬浮液；2—激光束；3—探测器；4—计算机；5—液滴充电圈；
6—高压电场；7—Y 精子收集管；8—X 精子收集管

(3) 胚胎性别鉴定

① 细胞遗传学鉴定（核型分析） 取牛胚胎滋养层细胞，用秋水仙素处理，使细胞处于有丝分裂中期，再制备染色体标本，通过显微摄影分析染色体组成，确定胚胎性别。XX 染色体型的胚胎为雌性，XY 染色体型的胚胎则为雄性。

② PCR 法性别鉴定 PCR 法于 1990 年由 Herr 等人首先在牛、羊胚胎性别鉴定中获得成功。PCR 法的实质是 Y 染色体上特异性片段或 Y 染色体上的性别决定基因（SRY）的检测技术，即通过合成 SRY 基因的部分序列作为引物，用少部分胚胎中的 DNA 为模板，在一定条件下进行 PCR 扩增反应，能扩增出目标片段的胚胎即为雄性胚胎，否则为雌性胚胎。

2. 体外受精

胚胎移植虽能扩大优秀雌性动物的繁殖潜力，但如按照每年每头母牛冲胚 4 次，每次获得 5 枚可使用胚胎计，每头母牛每年可生产 20 枚胚胎，其中雌性胚胎为 10 枚，受胎率为 50%，那么，理论上每头母牛每年仅扩繁 5 头小母牛，还远远不能满足品种改良的需要。

卵母细胞体外受精，是一项将经过特殊处理的精子在体外使卵母细胞受精的技术，体外受精的胚胎移植后所生婴儿又叫“试管婴儿”。与人工授精相比，体外受精所需精子数少，精液利用率较高。与体内胚胎相比，体外受精卵母细胞来源更广泛。体外受精的完成需要成熟的精子和卵子，并需一个有利于精子和卵子存活与代谢的培养条件。

体外受精技术是胚胎工厂化生产、商业性移植的基础，迄今已有20余种哺乳动物体外受精获得成功。如小鼠（1970年）、牛（1982年）、绵羊（1985年）、山羊（1985年）、猪（1986年）等等。在我国，上述动物的体外受精，分别于1986年、1989年、1989年、1990年、1990年相继成功。

体外受精的操作过程主要包括：卵母细胞的采集、卵母细胞的选择、卵母细胞的成熟培养、精子获能、体外受精、胚胎培养等过程（图7-21）。

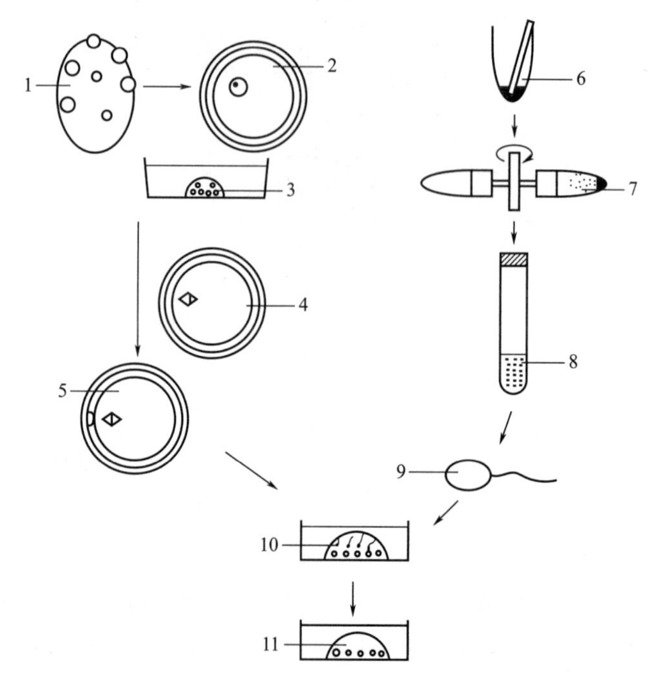

图7-21 体外受精过程

1—卵巢；2—GV期卵母细胞；3—卵母细胞成熟培养；4—MⅠ期卵母细胞；5—MⅡ期卵母细胞；6—精液解冻；7—精子离心洗涤；8—精子获能处理；9—获能精子；10—体外受精；11—胚胎培养

（1）卵母细胞的采集　有三种途径：超数排卵后从输卵管冲取成熟卵子；从活体卵巢中采集卵母细胞；从屠宰后雌性动物卵巢上采集卵母细胞。

（2）卵母细胞的选择　采集的卵母细胞绝大部分与卵丘细胞形成卵丘卵母细胞复合体（COC），无论用何种方法采集的COC，都要求卵母细胞形态规则，细胞质均匀，外围有多层卵丘细胞紧密包围。

（3）卵母细胞的成熟培养　由超数排卵采集的卵母细胞已在体内发育成熟，不需培养可直接与精子受精；而对未成熟卵母细胞则需要在体外成熟培养。

培养时，先在实体显微镜下进行挑选和洗涤，然后加入成熟培养液中培养。常用微滴培养法。微滴体积50～200μL，每5μL放一个卵母细胞。牛、绵羊、山羊卵子培养20～24h，猪40～44h。

卵母细胞培养液：TCM-199＋10% FCS（犊牛血清）＋10U/mL LH＋10U/mL FSH。于5% CO_2、38.5℃、饱和湿度下培养。

5% CO_2培养是因培养液大都以HCO_3^-为缓冲成分，培养中CO_2的逸出会使培养液pH值升高。

(4) 精子获能　从附睾中采集的精子只需放入一定介质中培养即可获能，如小鼠；但射出的精子则需用离心洗涤法等去掉精清、死精子、卵黄、防冻剂等不利于受精过程的成分后，再培养获能。

(5) 体外受精　体外受精的完成需要一个有利于精子和卵子存活的培养系统。目前应用较多的是微滴法和四孔培养板法。

① 微滴法：在塑料培养皿中，用受精液做成20～40μL的微滴，上覆石蜡，然后每滴放入体外成熟的卵母细胞10～20枚及获能精子(1.0～1.5)×10^6个/mL，在培养箱中孵育6～24h。

② 四孔培养板法：每孔加入500μL受精液和100～150枚体外成熟的卵母细胞，然后加入获能精子(1.0～1.5)×10^6个/mL，在培养箱中孵育6～24h。

(6) 胚胎培养　早期胚胎的体外培养，是体外受精技术的最后一个关键环节。一般采用非手术法移植的动物体外受精后的胚胎，要培养到桑椹胚或囊胚阶段才能移植；而采用手术法移植的动物要将受精卵培养到囊胚再移植。因体外受精的早期胚胎并不是都能发育到囊胚阶段。目前胚胎培养方法，主要有常规培养系统和与体细胞共培养两种。

3. 动物克隆

克隆源于希腊文，原意为树木的枝条、插枝，即无性繁殖的意思。动物克隆是指动物不经有性生殖的方式而直接获得与亲本具有相同遗传物质的后代的过程，包括孤雌生殖、卵裂球分离与培养、胚胎分割以及细胞核移植等。一定意义上，DNA复制(PCR技术)、胚胎干细胞培养、植物界的扦插繁育、组织培养也是克隆。目前的克隆技术主要指细胞核移植技术。

动物克隆技术对于动物育种、科学实验和发育生物学等基础理论问题的研究有重要意义，能使育种价值高的个体数量快速增加，加快育种进程；转基因动物克隆，可提高动物转基因效率；通过胚胎性别鉴定再克隆，可大量生产特定性别的动物后代；可用于珍稀、濒危动物的扩繁和保种；还可满足医学研究对实验动物的特殊需要，提高实验的准确性等等。

细胞核移植技术：将供体细胞核移入除去核的卵母细胞中，使后者不经过精子穿透等有性生殖过程即无性繁殖就可被激活、分裂并发育成新的个体，使得核供体的基因得到完全复制。

细胞核移植的基本操作程序包括：MⅡ期(第二次减数分裂中期)卵母细胞的去核、供体核的分离、核卵重组、重构胚的融合和重构胚的激活等(图7-22)。

(1) 供体核的分离

① 胚胎作为核供体：哺乳动物胚胎细胞核移植实验证实，从2细胞期到内细胞团的胚胎细胞都具有发育的全能性，均可以作为供体细胞，但胚胎细胞分化后其全能性下降，桑椹胚和囊胚发育率下降，一般以16～32细胞期的胚胎细胞作为核供体较合适。

② 体细胞作为核供体：最早是用青蛙肠黏膜上皮细胞的核获得后代。Wilmut等(1997年)将绵羊乳腺细胞在特定的实验条件下增殖培养6d，诱使细胞处于静止状态，以便进行染色质结构调整和核重组，从而获得了克隆绵羊“多莉”，开创了哺乳动物体细胞核移植(克隆)的新纪元。

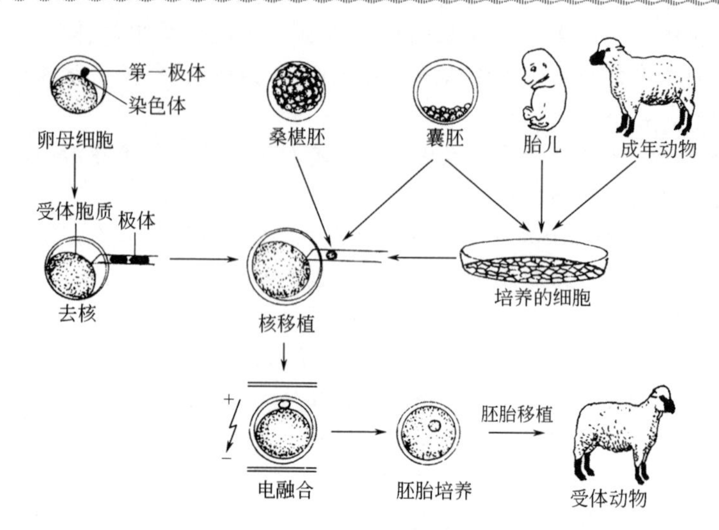

图 7-22　细胞核移植的基本操作程序

③ 胚胎干细胞（ES）作为核供体：ES 细胞是早期胚胎细胞或囊胚内细胞团细胞，经抑制分化后培养而筛选出来的一类全能性细胞，这种细胞具有正常的二倍体核型，其既可以在特定条件下进行无限增殖而不发生分化，又可以在特定条件下分化为包括生殖系统在内的各种细胞和组织，因此是动物克隆的理想供体细胞。

(2) 受体卵母细胞的去核　超数排卵回收的卵母细胞或体外培养成熟的卵母细胞、受精卵都可作为受体细胞。受体卵母细胞在核移植前需要去核，如果不去核或去核不完全，将会因重组胚染色体的非整倍性和多倍体而导致发育受阻和胚胎早期死亡。

卵母细胞去核的方法很多，其中盲吸法是将其置于含细胞松弛素 B 和秋水仙素的培养液中，一端用吸管固定，另一端用一尖头吸管（$\phi 30\mu m$）穿透透明带进入卵周隙，或用一细长玻璃针刺破并切开一部分透明带，再用呈直角的去核吸管经切口抵住细胞膜，操纵去核吸管，吸除第一极体及分裂中期的染色体和周围的部分细胞质。

目前采用较多的是荧光引导去核法。即先用 Hoechst33342（2～8μg/mL）对卵母细胞染色 10～15min，然后在荧光显微镜下确定核的位置，去核后再观察吸去的细胞质或去核的卵母细胞是否含有细胞核，以保证去核成功率。

(3) 核卵重组　去核卵母细胞经恢复就可作为核受体接受核供体移植。方法是在显微操作仪操作下，用去核吸管吸取一枚分离出的完整卵裂球，沿去核时留在透明带上的切口插进去，然后反吸一点细胞质，将细胞连同胞质一起注入去除核的受体卵母细胞卵周隙内，这样可使供体细胞与胞质紧密地粘在一起，便于随后的融合。

(4) 重构胚的融合　透明带下注核的卵母细胞必须对其进行融合处理，才能使供体核与受体卵母细胞形成卵核复合体。现多采用电融合法，将重构胚置于融合小室内，使核-质集结面与电极相平行，在一定的电场强度下，给予一定时间的矩形直流电脉冲促使其融合。

(5) 重构胚的激活　核移植胚的正常发育有赖于卵母细胞的充分激活。目前用于卵母细胞激活的方法有：

① 钙离子载体结合电激活、放线菌酮和细胞松弛素处理；

② 乙醇结合放线菌酮和细胞松弛素处理；

③ 离子霉素或钙离子载体结合6-二甲氨基嘌呤（6-DMAP）处理；

④ 电激活结合三磷酸肌醇与6-DMAP处理。

（6）核移植胚的培养与移植或重复克隆　融合后的胚胎在体外培养（见体外受精胚胎培养）或以琼脂包埋后，经过中间受体（如羊、兔的输卵管）培养至桑椹胚或囊胚，然后移入与胚龄同期的受体动物子宫角内，可望获得克隆后代。

获得的早期胚也可作为供体核重复克隆。

技能训练一　羊子宫角胚胎采集与移植

【目的和要求】

知道胚胎移植的原理，会制定胚胎移植程序，能够组织实施超数排卵程序和子宫角胚胎采集、移植等技术。

【主要仪器及材料】

动物：供体与受体母羊若干只，实验前需组织实施超数排卵程序。

药品器械：速眠新、75%酒精、2%碘酒、青霉素、冲胚液；注射器、外科手术器械及手术台、冲胚管、滤胚器或平底集胚皿、实体显微镜、移植枪等。

【技能训练内容】

1. 胚胎的采集

（1）采胚时间　供体母羊在发情结束后2～3d于输卵管采胚，在发情结束后5～6d于子宫角采胚。

（2）采胚方法

① 麻醉、保定。母羊做仰卧保定，速眠新0.3～0.5mL麻醉。

② 手术部位。在乳房前腹中线与乳静脉间做切口，将子宫角、输卵管及卵巢依次拉出，注意保护卵巢和输卵管勿受挤压。观察并记录卵巢上的黄体数和残留卵泡数。

③ 子宫角采胚。先用止血钳在子宫角基部扎一小孔，再取二通式羊用冲胚管由子宫角基部插入并达子宫角大弯处，气囊注入3～6mL空气固定冲胚管，用滤胚器或平底集胚皿收集回流的冲胚液。在子宫角端部先用针头刺入子宫角腔中引路，再用塑料钝针头扎入，连接吸有冲胚液50mL的注射器，观察液体流动情况，缓慢注入冲胚液。

2. 胚胎检验

将平底集胚皿或滤胚器中回收的冲胚液，在实体显微镜下放大10～20倍查找胚胎，再将找到的胚胎移至六孔培养皿中，在放大40倍下鉴定胚胎质量。操作过程要求迅速、准确、保温和无菌。

（1）未受精卵　呈圆球形，外周有一圈折光性强且发亮的透明带，中央为质地均匀、色暗的细胞质，透明带和卵黄之间的空隙很小甚至看不到。

（2）早期胚胎　卵子受精后，经过卵裂过程形成胚胎。处于桑椹期或早期囊胚期的胚胎，卵裂细胞排列紧密，形态呈圆球形，其显著特征是透明带平坦而均匀、边缘整齐、形态清晰，卵裂球大小相等、颜色一致。

3. 胚胎装管

按照胚胎装管方法，先吸取两段PBS保存液，再吸取胚胎及EG冷冻液，又吸取两段PBS保存液，在细管封口端还需保留一段空气（图7-23）。

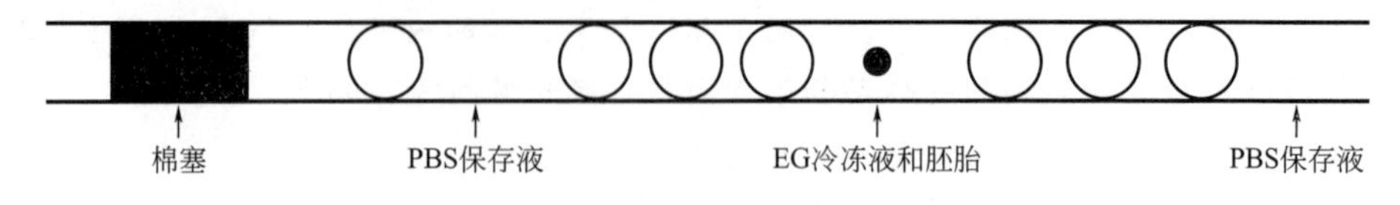

图7-23 胚胎装管示意图

4. 移植胚胎

（1）选择受体 选择与供体发情时间一致（不超过1d）的受体。

（2）麻醉、保定 参照供体处理方法。

（3）移植部位 胚胎最好移入排卵侧的子宫角小弯处。

【作业】

1. 简述羊超数排卵程序及子宫角胚胎采集的过程。
2. 影响胚胎回收数量的因素有哪些？
3. 为提高妊娠率，胚胎移植时要注意哪些问题？

技能训练二 家兔输卵管胚胎采集

【目的和要求】

知道胚胎移植的原理，会制定胚胎移植程序，能够组织实施超数排卵程序和输卵管胚胎采集技术。

【主要仪器及材料】

动物：母兔若干只，实验前需组织实施超数排卵程序。

药品器械：速眠新、75%酒精、2%碘酒、青霉素、冲胚液；注射器、外科手术器械及手术台、冲胚管、滤胚器或平底集胚皿、实体显微镜等（图7-24）。

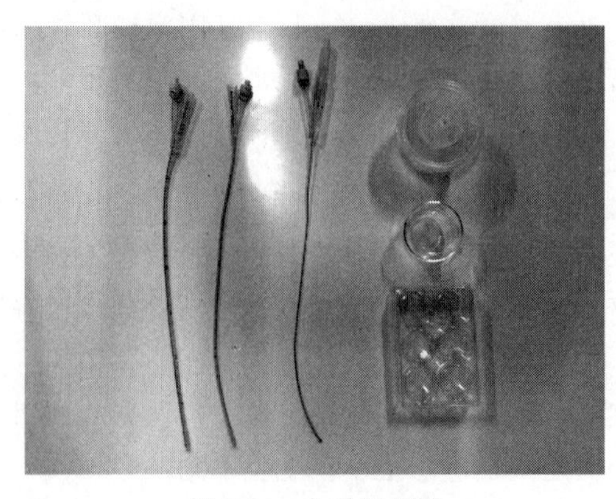

图7-24 兔采胚器械

【技能训练内容】

1. 胚胎的采集

(1) 采胚时间 兔输卵管采胚在交配后48h左右。

(2) 采胚方法 兔仰卧保定，速眠新0.2～0.4mL麻醉。在腹中线的第1～2对乳头间做3～5cm的切口，引出子宫角、输卵管，观察并记录卵巢黄体数量。

采胚时，先用止血钳在子宫角中部扎一小孔，取8#～10#冲胚管由子宫角前端插入并达子宫角端部，气囊注入1～2mL空气固定冲胚管，用平底集胚皿收集回流的冲胚液。

再引出输卵管，找到输卵管伞部，并观察输卵管走向。取6#冲胚管插入输卵管开口，并用手抓住。助手取吸有温冲胚液的注射器，边观察液体流动情况，边缓慢注入冲胚液。

2. 胚胎检验、装管等同羊胚胎采集

【作业】

1. 简述兔超数排卵程序及输卵管胚胎采集的过程。
2. 影响胚胎回收数量的因素有哪些？

单元检测

一、相关名词

精子获能、受精、早期胚胎、囊胚、桑椹胚、胚胎移植、供体、受体、采胚、转基因动物、克隆、体外受精、性别控制

二、思考与讨论题

1. 精子从进入雌性动物生殖道到达受精部位要经过哪三道屏障？有什么作用？
2. 受精过程包括哪五个步骤？
3. 什么叫获能？精子在什么部位完成获能？精子获能对受精有什么意义？
4. 胚胎移植的基本原理是什么？
5. 胚胎移植技术的基本程序有哪些？
6. 供体与受体在选择时有哪些相同点与不同点？
7. 胚胎生物工程技术主要有哪几种？
8. 受体移植的同一性原则指哪三个同一性？
9. 性别控制的途径与方法有哪些？
10. 简述手术法与非手术法采集胚胎的过程与应用范围。
11. 胚胎鉴定分级的依据是什么？
12. 卵泡排卵时，卵细胞处于减数分裂的什么时期？
13. 试述胚胎移植的意义、生理学基础。
14. 为什么受体雌性动物并没有配种受孕，而将供体的胚胎移植给受体后，可使胚胎在受体的子宫内发育？
15. 胚胎移植技术商品化还要解决哪些问题？
16. 从经济上、引种扩群上和育种上分析胚胎移植的应用价值。
17. 决定羊胚胎采集方法的因素是什么？

18. 影响胚胎受体移植成功率的因素有哪些?
19. 性别控制的途径有哪些?目前采用什么措施性别控制效果会比较好?
20. 给受体雌性动物胚胎移植时要注意哪些因素?
21. 如何确定供体胚胎采集的方法与时间?
22. 动物的受精过程如何?卵子是如何阻止多精子受精的?

项目八　妊娠诊断

学习目标

1. 知道动物胎膜与胎盘结构特点、生理功能；妊娠雌性动物的生理变化；B超妊娠诊断的原理与方法。

2. 会实施外部观察法、直肠检查法、B超检查法等妊娠诊断方法。

妊娠是哺乳动物所特有的一种生理现象，是自卵子受精开始一直到胎儿发育成熟后与其附属物共同排出前，母体所发生的复杂生理过程。

单元一　早期胚胎的附植

附植是早期胚胎脱离透明带后，在母体子宫内结束游离状态，逐渐与母体建立起组织上和生理上联系的渐进性过程。附植为胎儿以后的生长发育提供充足的营养。

一、早期胚胎的迁移

胚胎从受精部位移行到子宫，在脱出透明带，完成与母体建立紧密联系的附植过程之前，不同物种的早期胚胎都有在子宫内迁移的现象。但由于子宫结构的差异，多胎动物如猪胚胎可从排卵一侧子宫角向子宫体甚至对侧子宫角迁移，使胚胎在子宫内呈均匀分布；单胎动物胚胎迁移很少，如牛排一个卵子时，胚胎总在排卵侧子宫角附植；若一侧卵巢排双卵时，其中一个胚胎迁移到对侧子宫角的只有10%；绵羊胚胎迁移现象较多，一个卵巢排双卵时，有90%将发生子宫内迁移。

二、胚胎附植的部位与时间

多胎动物如猪的胚胎均匀附植在两个子宫角中，猪胚胎完成附植的时间为受精后20～30d；牛、羊胚胎多附植在同侧子宫角下1/3处，完成附植的时间牛为受精后45～75d，绵羊10～22d；马附植在对侧子宫角基部，完成附植的时间为90～105d；兔约7～7.5d。

附植前，胚胎在进行卵裂和形成囊胚的同时，子宫也在发生相应的变化为附植做好准备，如子宫肌的活动和紧张度减弱，有助于囊胚在子宫内存留；子宫上皮的血液供应增加；子宫液中的氨基酸和蛋白质的含量也有改变，有些蛋白质仅在此期出现于子宫液中，如在兔中检出的促囊胚蛋白、子宫球蛋白等，对胚胎有营养作用。

附植前的胚胎很容易流产。奶牛在一次配种或授精后卵子受精率为90%，但受胎率仅55%左右，约35%的受精卵在附植前死亡，其中28%的死亡发生在受精后25d，尤其是8～17d。因此，在此期间，要特别加强雌性动物的饲养管理和保胎工作。

单元二　胎膜和胎盘

一、胎膜

胎膜是胎儿本体以外包被着胎儿的几层膜，是胎儿与母体子宫内膜交换养分、气体、代谢产物的暂时性器官，按结构部位和功能分为羊膜、尿膜、绒毛膜和卵黄囊（图8-1、图8-2），在胎儿排出后即被摒弃。

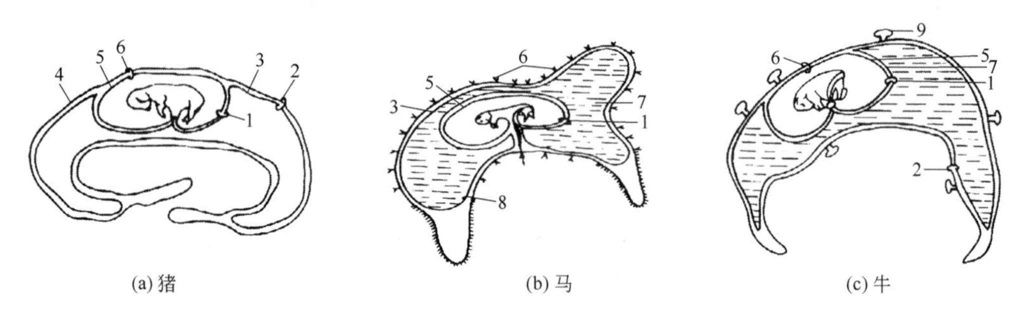

图8-1　猪、马、牛胎膜切面

1—尿膜羊膜；2—尿膜绒毛膜；3—尿膜外层；4—绒毛膜；5—羊膜；6—羊膜绒毛膜；7—尿膜内层；8—绒毛；9—子叶

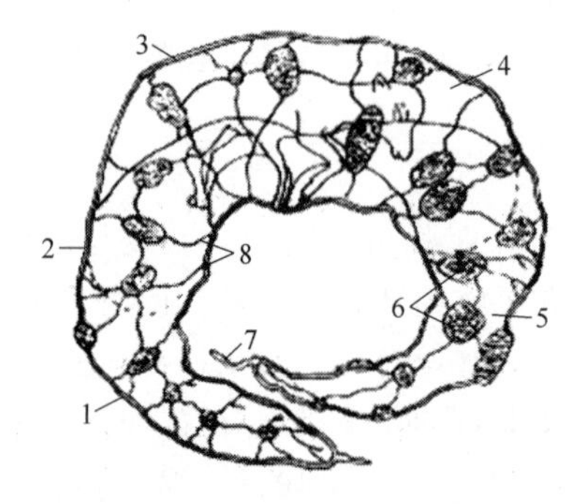

图8-2　牛妊娠105d的胎膜

1—绒毛膜尿膜；2—绒毛膜；3—羊膜绒毛膜；4—羊膜腔；5—尿囊腔；6—子叶；7—坏死端；8—尿囊血管

(1) 卵黄囊　在多数哺乳动物，卵黄囊是由胚胎发育早期的囊胚腔形成的，只在胚胎早期发育阶段起营养交换作用，一旦尿膜形成其功能即被替代。随着胚胎的发育，卵黄囊逐渐萎缩，最后埋藏在脐带内，成为无功能的残留组织。

而在啮齿类和鸟类，卵黄囊内含有大量卵黄，经过囊壁的血管消化、吸收，供给胚胎发育和生长。

(2) 羊膜囊　是包裹在胎儿外最里面的一层膜，由胚胎外胚层和无血管的中胚层形成(图8-3)。在胎儿和羊膜之间形成一充满液体的腔，称为羊膜腔。羊膜腔内充满羊水，有保护胚胎免受振荡和压力损伤的作用，同时还为胚胎提供了向各方面自由生长的条件。

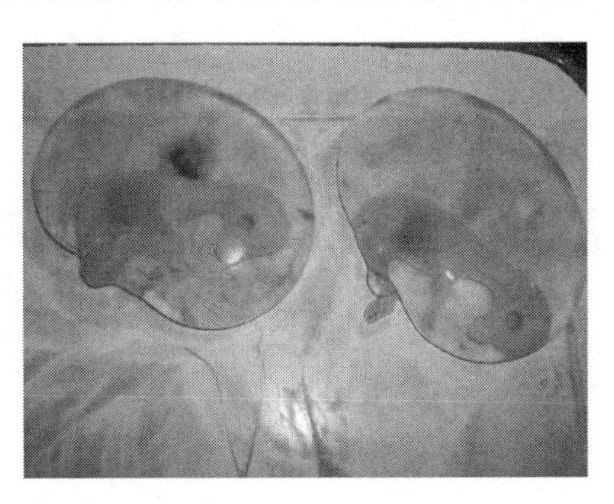

图 8-3　羊膜囊

(3) 尿膜　是由胚胎的后肠向外形成，相当于胚体外临时膀胱，并对胎儿的发育起缓冲保护作用。当卵黄囊失去功能后，尿膜上的血管分布于绒毛膜，发育为胎盘的内层组织。随着尿液的增加，尿囊也增大。

(4) 绒毛膜　是胚胎最外层膜，由滋养层和衬于其内面的胚外中胚层组成，直接与子宫内膜接触，其表面有绒毛，富含血管网。除马外，其他动物的绒毛膜均有部分与羊膜接触。

绒毛膜表面绒毛的分布及其形状在物种间有所不同。马的绒毛膜填充整个子宫腔，因而发育成两角一体；反刍动物的绒毛膜形成双角的盲囊，孕角子宫较为发达；猪的绒毛膜呈筒状，两端萎缩成为憩室。

(5) 脐带　是胎儿和胎盘联系的纽带，被覆羊膜、尿膜，内有两支脐动脉，一支脐静脉（反刍动物有两支），还有卵黄囊的残迹和脐尿管。其血管系统和肺循环相似，脐动脉含胎儿的静脉血；而脐静脉来自胎盘，富含氧和其他成分，具有动脉血特征（图 8-4）。脐带随胚胎的发育逐渐变长，使胚胎可在羊膜腔中自由移动。

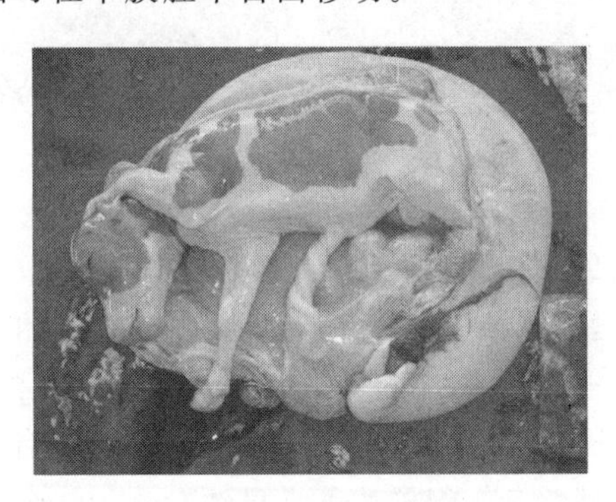

图 8-4　牛的胎儿与脐带

二、胎盘

胎盘是由胎儿尿膜绒毛膜、羊膜绒毛膜和子宫内膜发生联系所形成的构造。其中尿膜绒毛膜或羊膜绒毛膜部分称为胎儿胎盘，而子宫黏膜部分称为母体胎盘。哺乳动物的特点是胎儿通过胎盘从母体器官吸收营养。因此，对胎儿来说，胎盘是一个具有很多功能活动，并和母体有联系但又相对独立的暂时性器官。

根据绒毛膜表面绒毛的分布不同，将胎盘分为弥散型、子叶型、带状和盘状四种类型（图 8-5）。

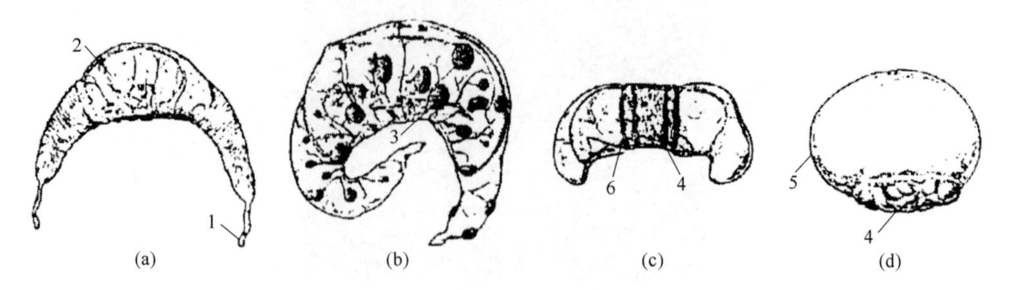

图 8-5 哺乳动物的胎盘类型

（a）弥散型；（b）子叶型；（c）带状；（d）盘状

1—坏死端；2—绒毛膜；3—子叶；4—胎盘；5—羊膜绒毛膜；6—噬血器

（1）弥散型胎盘 胎盘的绒毛分布在整个绒毛膜表面，如猪、马、骆驼、鼹鼠、鲸、海豚、袋鼠和鼬。猪和骆驼的绒毛有集中现象，即少数较长绒毛聚集在小而圆的绒毛晕凹陷内。绒毛的表面有一层上皮细胞，每一绒毛都有动脉、静脉的毛细血管分布。与绒毛相对应，子宫黏膜上皮向深部凹入形成腺窝，绒毛插入此腺窝内，因此称为上皮绒毛膜胎盘（图 8-6）。

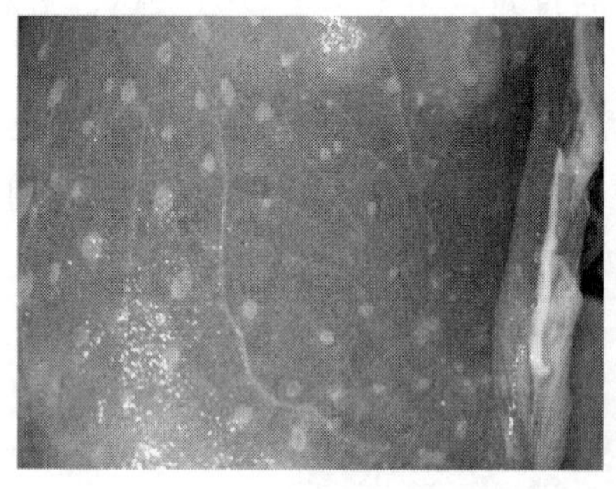
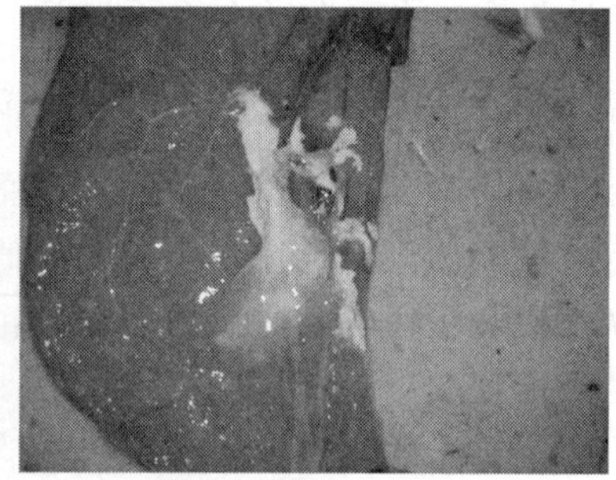

图 8-6 猪的弥散型胎盘

（2）子叶型胎盘 以反刍动物牛、绵羊、山羊和鹿为代表，绒毛集中在绒毛膜表面的某些部位，形成许多绒毛丛，呈盘状或杯状凸起，即胎儿子叶。胎儿子叶与母体子宫内膜的特殊突出物（子宫阜）融合在一起形成胎盘的功能单位。牛的子宫阜是凸出的，而绵羊和山羊则是凹陷的（图 8-7）。胎儿子叶上的绒毛嵌入母体子宫阜凹陷的腺窝中。子叶之间一般无绒毛，表面光滑，故称子叶型胎盘。绵羊的子宫阜约 90～100 个，平均分布在妊娠和未妊娠子宫角内，牛的子宫阜约 70～120 个，环绕胎儿发育。在妊娠时，子宫阜比原来增大几倍。在生长期，它们从扁平徽章样结构变为圆形而有茎的蘑菇状结构，大小不一。除蒂周围外，全部被尿膜绒毛膜所包埋。

（3）带状胎盘 以肉食类动物为代表，绒毛膜上的绒毛聚集在绒毛囊中央，形成环带状，故称带状胎盘（图 8-8）。绒毛膜在此区域与母体子宫内膜接触附着，而其余部分光滑。由于绒毛膜上的绒毛直接与母体胎盘的结缔组织相接触，此类胎盘又被称为上皮绒毛膜与结缔组织混合型胎盘。

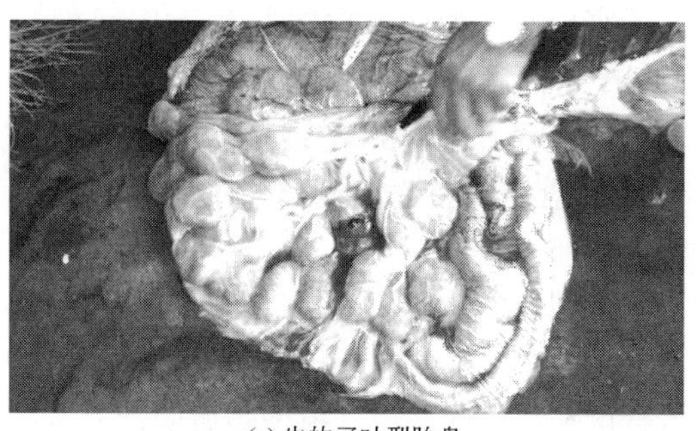

(a) 牛的子叶型胎盘

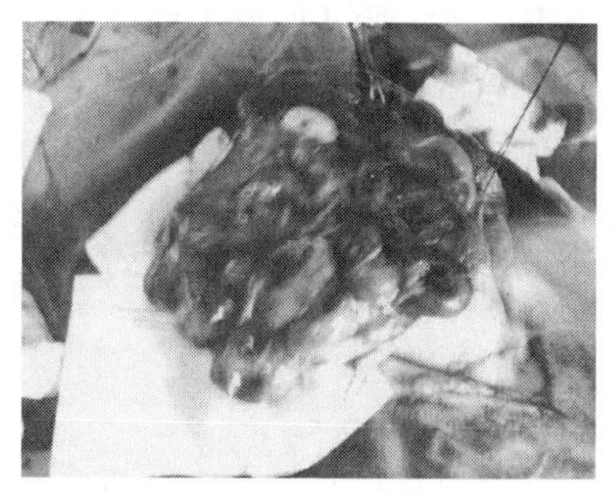

(b) 羊的子叶型胎盘

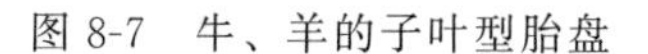

图 8-7　牛、羊的子叶型胎盘

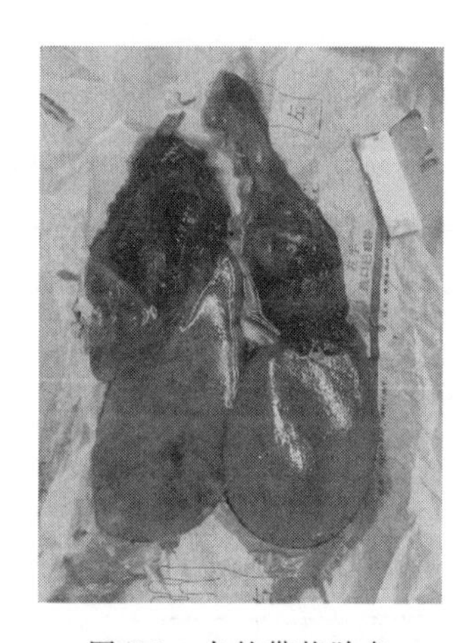

图 8-8　犬的带状胎盘

具有这种类型胎盘的动物，绒毛带的完整性不同，犬和猫是完全的；而狐狸、北极熊、海豹、鼬科中的雪貂和水貂是不完全的。

(4) 盘状胎盘　胎盘呈圆形或椭圆形，绒毛膜上的绒毛在发育过程中逐渐集中，局限于一圆形区域，绒毛直接侵入子宫黏膜下方血窦中，因此又称血绒毛型胎盘。啮齿类（兔和小鼠、大鼠、豚鼠、蝙蝠）和灵长类（包括人、猴）的胎盘属于此类（图 8-9）。

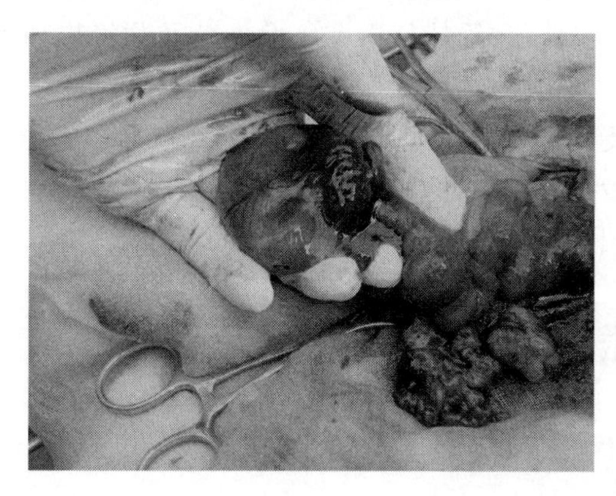

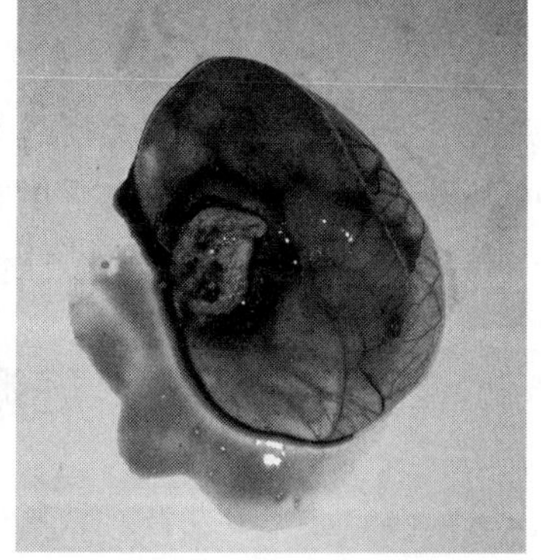

图 8-9　兔的盘状胎盘

由上可见，不同动物胎盘的母体和胎儿部分组织之间接触的紧密程度是不同的。弥散型、子叶型胎盘，胎儿胎盘上的绒毛膜伸入子宫内膜，如同手指插入手套中，联系不紧密。分娩时，绒毛膜从子宫内膜中拔出，并不引起子宫内膜的破坏或出血，这种胎盘又叫非蜕膜胎盘。带状、盘状胎盘绒毛膜和母体的接触比较紧密，绒毛在子宫内膜中如生根状，绒毛插入子宫内膜，或悬浮于血窦中。分娩时，胎儿胎盘从子宫内膜剥离，子宫内膜被侵入部分（蜕膜）也剥脱下来，随之出血，这种胎盘又叫蜕膜胎盘。

三、胎盘的功能

（1）运输功能 胎盘的运输功能，并不是单纯的弥散作用。根据物质的性质及胎儿的需要，采取不同的胎盘运输方式。

① 单纯弥散。对于二氧化碳、氧气、水、电解质等物质的运输方式是自高浓度区移向低浓度区，直到两侧平衡。

② 加速弥散 对于葡萄糖、氨基酸及大部分水溶性维生素等的运输，是以分子量计算，超过单纯弥散所能达到的速度。估计细胞膜上可能有特异性载体，与一定物质结合，改变膜蛋白的结构，以极快的速度将结合物从膜的一侧带到另一侧。

③ 主动运输。对于氨基酸，无机磷酸盐，血清铁，血清钙及维生素 B_1、维生素 B_2、维生素 C 等营养物质在胎儿方面的浓度比母体高，但仍能由母体运向胎儿方面。估计是在胎盘细胞内酶的作用下，才能使这些物质穿越胎膜。

④ 胞饮作用。极少量的大分子物质，如免疫活性物质及在免疫过程中极为重要的球蛋白，可能借这一作用而通过胎盘。

（2）代谢功能 胎盘组织内有极为丰富的酶系统，所有已知的酶类在胎盘中均有发现。已知人类胎盘含有 800～1000 种酶，包括氧化还原酶、转移酶、水解酶、异构酶、溶解酶及综合酶六大类，且活性极高。因此，胎盘组织具有广泛的合成和代谢功能，能以乙酸和丙酮酸合成脂肪酸或胆固醇；也能以简单的基础物质合成核酸和蛋白质；并具有葡萄糖、戊糖磷酸盐、三羧酸循环及电子转移系统。所有这些功能对胎盘的物质交换及激素合成功能无疑都极为重要。

（3）内分泌功能 胎盘与黄体一样，是一种暂时性的内分泌器官，既能合成蛋白质激素（如 PMSG、HCG、PRL），又能合成类固醇激素。这些激素合成后释放到胎儿和母体循环中，其中一些进入羊水被母体或胎儿重吸收，在维持妊娠和胚胎发育及分娩启动中起调节作用。

（4）免疫耐受功能 胎盘的免疫耐受功能可能与下列因素有关：①胎儿组织能产生大量组氨酸，可以防止血管因局部缺血所伴发的移植排除；②合体细胞为单倍体，而且只含有母体染色体；③胎盘滋养层组织的抗原性很弱，不足以引起母体的排斥反应。

单元三 妊娠雌性动物的生理变化

胎儿在子宫内的进一步发育，靠母子之间建立的联系——胎盘进行营养物质和代谢产物的交换。

雌性动物在妊娠期间，由于胎儿和胎盘的存在，内分泌系统出现明显的变化，使雌性动物在妊娠期间的生殖器官和整个机体都出现特殊的变化。

一、妊娠雌性动物的全身性变化

妊娠后，雌性动物周期性发情停止，新陈代谢增强，食欲增加，消化能力提高，营养状况、膘情改善，毛色光润，体重增加。妊娠中、后期由于胎儿迅速生长发育需要大量营养，尽管雌性动物食欲增加、同化作用加强，但雌性动物的营养摄入仍有可能满足不了胎儿发育的需要，部分雌性动物膘情有所下降。特别是青年雌性动物本身在妊娠期仍需进行正常的生长，如营养不足，则不仅影响胎儿的发育，还影响自身的生长。但如营养过度，则容易造成胎儿过大、难产。

青年母牛从妊娠 2 个月开始乳房逐渐发育、饱满；经产母牛在妊娠 3 个月后产奶量开始逐渐下降。

在妊娠后半期，由于胎儿骨骼发育的需要，母体内钙磷含量往往降低，如饲料中矿物质缺乏，则可见后肢跛行，牙齿也易受到缺钙的影响而磨损加快。

在妊娠后期，由于子宫体积增大挤压内脏，以及心脏负担加重，雌性动物会出现四肢、腹下等部位水肿，呼吸加快，由原来的胸腹式呼吸改为胸式呼吸；腹部下垂（猪）、向左（马）或向右（牛、羊）凸出，孕畜行动变得比较稳重、谨慎，嗜睡、易疲倦。

二、妊娠雌性动物卵巢的变化

动物配种后，如果没有妊娠，经过一定时期，卵巢上的黄体退化、发情；如果妊娠则卵巢上黄体会持续存在并发育成妊娠黄体，从而中断发情周期。在妊娠早期，这种中断是不完全的，由于卵巢的卵泡活动，妊娠早期仍有 3%～5%的牛、30%的羊可能出现孕后发情；猪也有孕后发情的，但这些卵泡多闭锁退化；母马在妊娠早期也有卵泡发育并形成副黄体。

妊娠黄体的形成依赖于早期胚胎向母体系统发出它存在的信号，即母体的妊娠识别过程。对以在子宫分泌的 $PGF_{2\alpha}$为主要溶黄信号的动物，阻止黄体溶解的途径是抑制 $PGF_{2\alpha}$分泌以及降低 $PGF_{2\alpha}$的溶黄效应。如绵羊未孕期间注射低剂量的 $PGF_{2\alpha}$会引起黄体溶解，而给孕羊注射同样剂量 $PGF_{2\alpha}$则不能溶解黄体。猪则由于早期胚胎分泌的雌二醇使 $PGF_{2\alpha}$分泌方式发生改变，$PGF_{2\alpha}$分泌到子宫腔而不是进入血流。灵长类动物绒毛膜促性腺激素的分泌似乎是在早期胚胎期间维持黄体的中心因素，该激素刺激黄体分泌孕激素，抑制黄体内 $PGF_{2\alpha}$产生，维持黄体功能。

牛、羊、猪卵巢上妊娠黄体持续存在于整个妊娠期，体积比周期黄体要大，并分泌较多的孕酮。猪的妊娠黄体数目往往比胎儿多。妊娠早期黄体分泌的孕酮对维持妊娠和胚胎发育至关重要，如牛在这个阶段黄体分泌的孕酮量少，达不到维持妊娠的需要量或在妊娠最末一个月以前摘除黄体，就会在 3～8d 内流产。

绵羊妊娠前期的卵巢变化与牛相似，但仅在妊娠的前 1/3 期内需要黄体存在，到妊娠第 115d 时黄体体积缩小，妊娠中后期靠胎盘分泌孕激素维持妊娠。

马和驴妊娠后的卵巢变化非常特殊，在妊娠第 40～150d 内，由于 PMSG 的作用，仍有卵泡继续发育、闭锁、黄体化后形成多个副黄体。早期形成的妊娠黄体并不是长期存在的，排卵后形成的主黄体在妊娠第 60d 前便缩小，到妊娠第 5 个月时，黄体萎缩消退，胎盘开始产生孕酮代替黄体的作用。因此，马在妊娠第 100d 后摘除黄体不会发生流产。到妊娠第 6 个月后，黄体变得柔软而退化，有卵泡生长的现象，此时，如果饲养管理不当，就有发生流产的危险。

三、妊娠雌性动物生殖道的变化

1. 子宫角

无论是单胎或多胎动物，妊娠后子宫均随着胎儿的迅速发育而发生显著的变化。随着妊娠的进展，子宫的变化有增生、生长和扩展三个时期，其具体时间不同动物有所差异。

附植前，在孕酮的作用下子宫内膜增生，血管增加，子宫腺增长、卷曲，白细胞浸润；附植后，子宫肌层肥大，结缔组织基质广泛增生，纤维及胶原含量增加；子宫扩展期间，自身生长减缓，胎儿迅速生长，子宫肌层变薄，纤维拉长。

子宫的生长和扩展，先是从孕角和子宫体开始的，牛、羊怀单胎时，两侧子宫角不对称发育，孕角比空角发育大得多（图 8-10）。妊娠前期，子宫的增长主要是子宫肌纤维的肥大和增长；妊娠后期则是胎儿使子宫壁扩展、变薄，子宫充满腹腔右半部。猪妊娠时子宫肌纤维主要是长度增加，肌肉层仅稍变厚，妊娠母猪子宫角最长可达 1.5～3m，曲折位于腹腔底部，并向前抵达横膈膜。

图 8-10　妊娠 60～80d 的羊子宫角

2. 子宫颈

妊娠时，子宫颈收缩很紧，质地较硬，黏膜增厚，并分泌黏稠的黏液，使子宫颈管完全封闭起来，阻止阴道污染物进入。牛的子宫颈黏液栓会定期更换，排出时常附着于阴门下角，称为“挂牌”（图 8-11）；马的子宫颈黏液栓较少不能更换，如有更换就预示着流产。

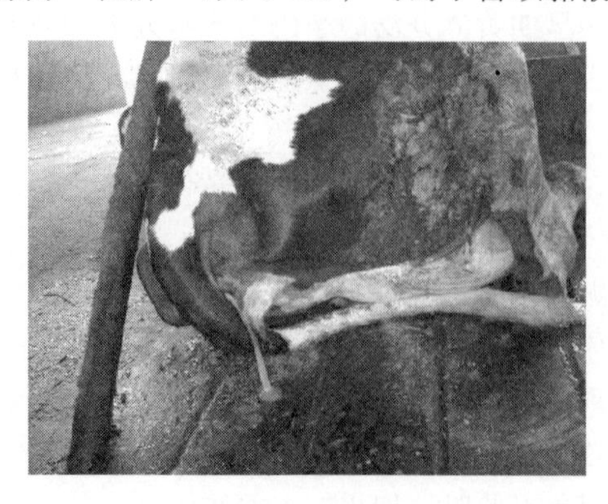

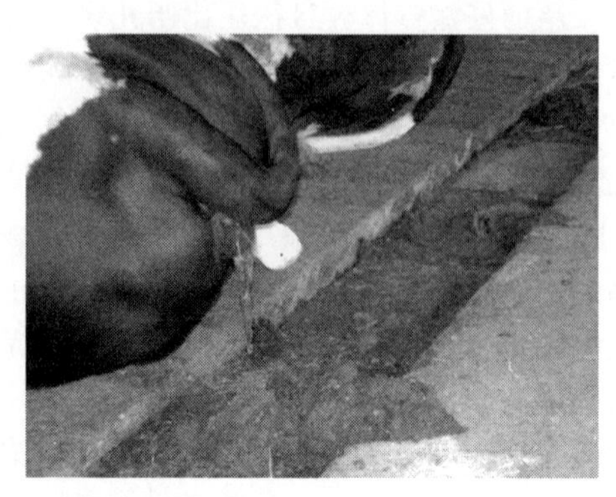

图 8-11　妊娠母牛子宫颈黏液栓的更换与挂牌

3. 阴唇

在妊娠初期，阴唇收缩，阴门紧闭；阴道黏膜的颜色变苍白，黏膜上覆盖有从子宫颈分泌出来的浓稠黏液。因此，阴道黏膜并不滑润而比较干涩，插入开膣器时阻力较大；至后半期（青年牛 5 个月、经产牛 7 个月后）阴唇逐渐出现水肿状态。母猪在妊娠后期，阴道、阴唇也变得水肿而柔软。

四、子宫动脉的变化

随着胎儿的发育所需营养增多，子宫血液供应增加，子宫血管分支增多、逐渐变粗。同时由于动脉血管内膜的皱褶增高、增厚，而且其与肌肉层的联系疏松，使血液流过时所造成的脉搏变为不明显的颤动，即妊娠脉搏。牛妊娠四个月后在妊娠侧子宫中动脉基部即可触及，五个月后两侧子宫中动脉都可触及妊娠脉搏。

单元四　妊娠诊断的方法

在动物繁殖工作中，妊娠诊断尤其是早期妊娠诊断，是减少空怀、缩短产仔间隔、提高繁殖率的重要环节。

通过妊娠诊断，对确诊妊娠的雌性动物应加强饲养管理，保证雌性动物健康，避免流产；对未妊娠的雌性动物，要找出原因，如发情是否正常、生殖道是否健康、输精时间是否适时、精液品质如何等，以便采取相应措施及时治疗，促其发情、妊娠；对久治不愈的要及早淘汰。

妊娠诊断不仅要求准确，而且要求能在早期确诊。雌性动物常用的妊娠诊断方法主要有外部诊断法、直肠检查法、超声波探测法、阴道检查法、激素测定法等。

一、外部检查法

外部检查法，可通过问诊、视诊、触诊、听诊等手段进行。

(1) 问诊　妊娠诊断时要先了解雌性动物过去发情、输精、妊娠、产奶情况；了解输精时间是否适时及输精后表现，如有无不明显发情等，初步判断是否妊娠。

(2) 视诊　主要观察雌性动物营养状况、精神、食欲、阴户、乳房、腹部轮廓、胎动等变化。

雌性动物妊娠后，一般表现为周期性发情停止，食欲增加，营养状况改善，被毛润泽光亮，性情温顺，行为谨慎安稳，产奶量下降；到一定时期（猪妊娠 2 个月，牛、马 5 个月，羊 3～4 个月）后腹围增大，向下或左、右腹突出；后备雌性动物乳房发育；阴户在妊娠初期皱缩，后期肿胀等。

(3) 触诊　猪、羊、兔、猫、犬等中小型动物还可外部触诊。

猪在妊娠 2.5 个月后较易摸到胎儿。触诊时，可先抓挠让母猪卧下，然后再用一只手或两只手在其最后两对乳头处前后滑动，触摸是否有胎儿样肉球滑过而判断。

羊在妊娠 3 个月以后，检查人员面向羊的后部，用两腿夹持颈部保定，再用两手从左右两侧伸入腹下，兜住羊的腹部前后滑动，触摸到有胎儿样肉球即为妊娠。

兔在妊娠 8～10d 即可触摸到胎儿。方法是一手保定母兔，另一手做“八”字形伸入腹下，手心向上，手指合拢，在母兔的小腹部摸索胎儿。如腹部柔软说明未孕，如摸到有像花生米大小能滑动的肉球，就是妊娠的表现；妊娠 15d 时，肉球大如拇指，20d 时大似核桃。

猫最适触诊时间为妊娠 20～30d，这一阶段各胎儿间分隔最明显。

犬在妊娠 28～33d 时，胎儿长到乒乓球样大小，适宜用触诊法做妊娠诊断，但应与假孕子宫、结肠内粪球区别。

(4) 听诊 在妊娠中后期，用听诊器在雌性动物腹部检查胎儿的心音可诊断是否妊娠。

外部观察法的缺点是不能在早期准确地进行妊娠诊断，因而对牛、马等大动物来说并不重要。但对猪、羊、兔等中小动物，在妊娠中期后，可隔着腹壁直接触及胎儿，较为实用。

二、直肠检查法

直肠检查法是牛、马等大动物妊娠诊断最简便、可靠的方法（图 8-12），一般在妊娠 40～60d 后进行。此法也可用于体型大的猪，母猪在妊娠 14～15d 时子宫角膨大，19～20d 时子宫中动脉出现，26～55d 时子宫中动脉明显，但由于猪难以保定而未能推广。

图 8-12 牛的直肠检查法

通过直肠检查可以判断雌性动物的大致妊娠时间，是否假妊娠、假发情，胎儿的死活及一些生殖器官疾病等。缺点是操作人员要有较丰富的经验。

直肠检查判定母牛妊娠的依据是妊娠后生殖器官的变化。这些变化随妊娠时间的不同而有所侧重。在妊娠 3～4 个月前，以卵巢、子宫角的形态质地变化为主；在妊娠 4～5 个月以后，以子宫动脉的妊娠脉搏和子叶变化为主。母牛妊娠后各个时期的直肠检查妊娠诊断大致如下：

(1) 配种后 19～22d 子宫的变化不明显，如在上次发情排卵处有发育成熟的黄体，可初步诊断为妊娠。如子宫收缩反应明显，卵巢上没有明显的黄体，且有大于 1cm 的卵泡或卵巢质地松软局部有凹陷，是正在发情或刚排过卵，说明未孕。

(2) 妊娠 30d 母牛孕侧子宫角大弯处局部增粗，比较饱满、有弹性，并有轻微液体波动感。用手轻轻按摩子宫时，可清楚感觉到角间沟，非孕角收缩力较强，而孕角收缩力弱。触摸孕角一侧卵巢有妊娠黄体存在（图 8-13）。

(3) 妊娠 60d 子宫孕角比非孕角增粗约两倍且较长，角间沟稍平坦，液体波动感明显（图 8-14）。

(4) 妊娠 90d 角间沟已不明显，子宫孕角粗如婴儿头或拳头，液体波动感非常明显，非孕角也增粗约一倍，子宫开始沉入腹腔，子宫颈移至耻骨前缘（图 8-15）。孕角子宫中动脉基部可能感到微弱的妊娠脉搏。

(5) 妊娠 120d 子宫已全部沉入腹腔，子宫颈已越过耻骨前缘，一般只能摸到子宫的

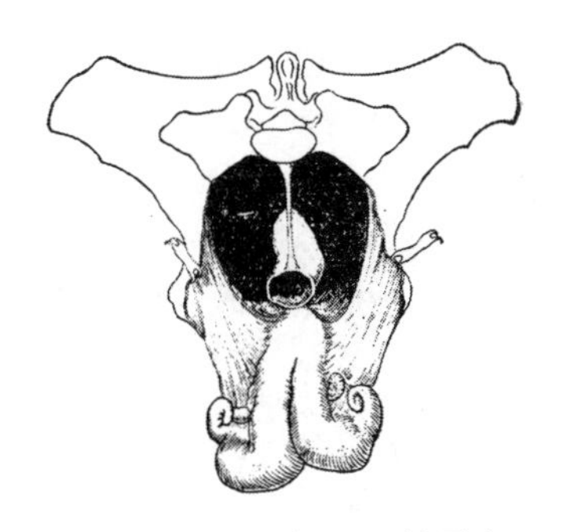

图 8-13 牛妊娠 30d 的子宫

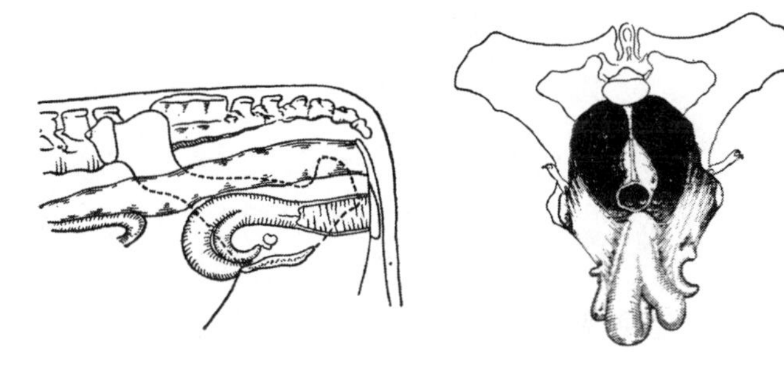

图 8-14 牛妊娠 2 个月的子宫侧面及正面

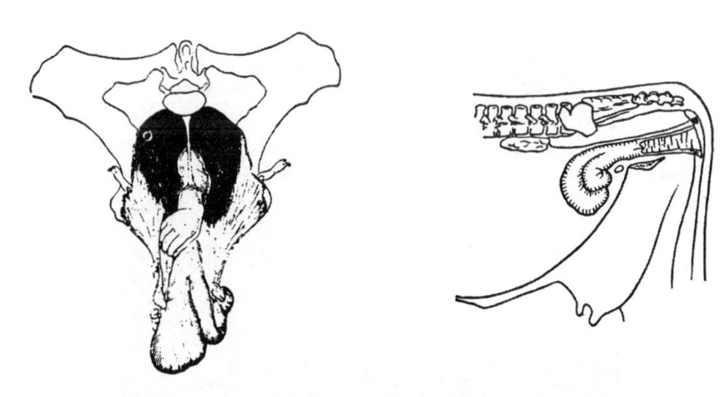

图 8-15 牛妊娠 3～3.5 个月的子宫正面与侧面

背部及该处的子叶，形如蚕豆。在孕侧子宫中动脉基部可感觉到妊娠颤动，一般不易摸到卵巢。

(6) 妊娠 150d 子宫继续增大并沉入腹腔深部，触摸子宫轮廓已很困难，只能在骨盆入口处摸到朝上的子宫颈口。孕角子宫中动脉增粗，妊娠脉搏十分明显。在非孕角子宫中动脉基部也有轻微妊娠颤动。

子宫中动脉的检查方法（图 8-16）：子宫中动脉是一条从髂内动脉分出沿子宫阔韧带分布于子宫的一对血管，在空怀期及妊娠初期，由于子宫需血量少，该血管很细不易感觉到；到妊娠四个月后，由于胎儿的进一步发育，子宫需血量不断增多，供应子宫营养的主要动脉—子宫中动脉逐渐增粗，并可以触及。

检查时将手掌贴着骨盆腔上方向前滑动，越过岬部以后，抓住子宫阔韧带即可感觉到游离的子宫中动脉，通过改变压迫血管的压力，可感知其动脉脉搏有特殊的颤动（搏动间隙不清楚，叫妊娠颤动）。

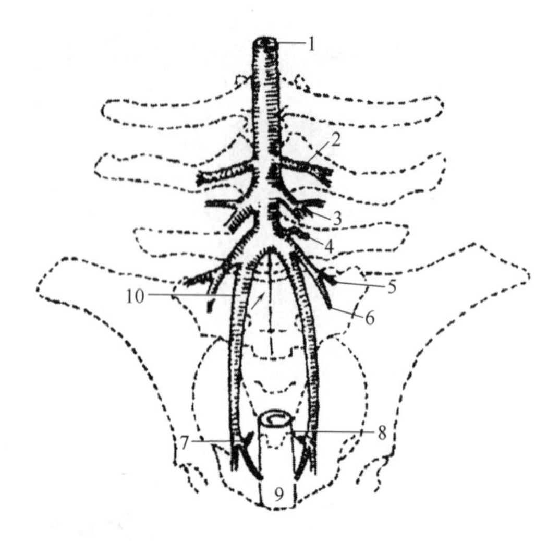

图 8-16 牛的子宫中动脉位置（自下面看，箭头所指处为岬部）

1—腹主动脉；2—卵巢动脉；3—髂外动脉；4—肠系膜后动脉；5—脐动脉；
6—子宫动脉；7—尿生殖动脉；8—尿生殖动脉子宫支；9—阴道；10—髂内动脉

(7) 妊娠 180d 胎儿已经很大，整个子宫沉到腹腔深部，但能摸到似鸽蛋大的子叶，不易摸到胎儿，仅在胃肠充满而使子宫后移升起时可摸到胎儿。非孕侧子宫中动脉妊娠颤动也很明显（图 8-17）。

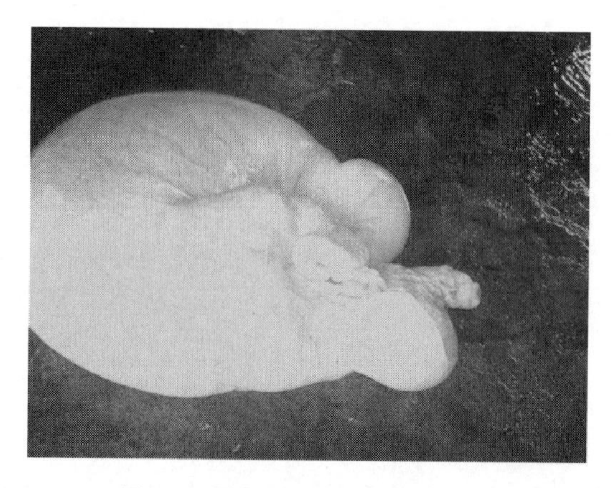

图 8-17 牛妊娠 6～7 个月的子宫

(8) 妊娠 210d 胎儿更大了，故此后比较容易摸到胎儿，两侧子宫中动脉粗如铅笔，妊娠颤动很明显。妊娠 240d 以后，由于胎儿体积增大使子宫的位置从原来的腹腔深部上升到骨盆入口附近，这时胎儿触手可摸。

(9) 直肠检查时应注意的问题

① 检查妊娠 3 个月以内的胎儿，在检查子宫角变化的同时，应检查孕侧的卵巢及黄体，这样容易与死胎、子宫蓄脓积液、膀胱充满、盲肠臌气相区别。

妊娠的子宫壁较柔软、饱满有波动感，孕角与非孕角粗细不一（怀双胎除外）。

子宫蓄脓积液则子宫壁增厚，触之有面团样感，弹性差，同时阴道有脓性分泌物等流出。如一时无法确定，则间隔一段时间再检查，子宫角仍无变化。

膀胱充满时，与妊娠 60～90d 的子宫相似，但表面有网状不平的感觉，结合检查子宫角角间沟及两侧卵巢可以区别。

盲肠臌气是母牛在强烈努责时出现在骨盆入口处的暂时性臌气，形态像妊娠的子宫角，但没有角间沟及子宫颈，轻轻按摩或稍停片刻就会消失。

有时还应与刚流产不久的子宫相区别。

② 检查妊娠 120d 以上的胎儿时，以检查子宫中动脉的妊娠脉搏为主，有时可检查子宫子叶及胎儿胎动。通过子宫中动脉检查，可较简单而准确地判定胎儿死活，而胎儿及胎动可能有时不能触及。

有的妊娠母牛，因饲养环境的突然改变或饲养管理问题，造成妊娠中断，形成死胎。检查时，首先是子宫变化与妊娠月龄不相符，其次是子宫壁收缩与胎儿贴得很近，子宫表面凹凸不平，触摸没波动感和弹性，也没有妊娠脉搏。

三、超声波探测法

B 型超声波是利用换能器（探头）经压电效应发射出高频超声波透入机体组织产生回声，回声又能被换能器接收变成高频电信号后传送给主机，经放大处理后于荧光屏上显现出被探查部位切面声像图的一种高科技影像诊断技术（图 8-18），是在无任何损伤和刺激的情况下对活体进行切面观察的一种高科技手段。

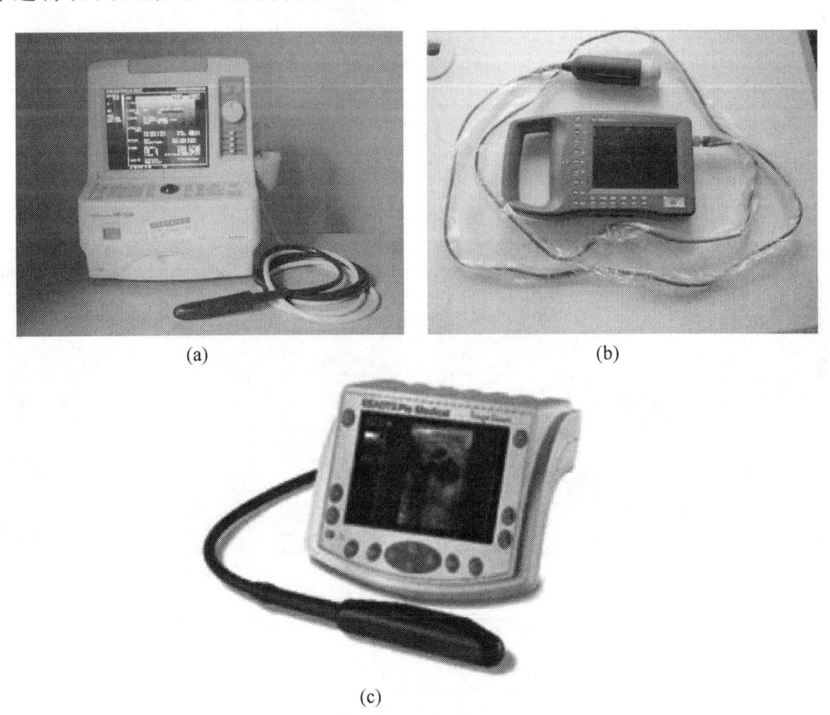

(a) (b) (c)

图 8-18 B 型超声波诊断仪

(a) HS-1500 型 B 型超声波及线阵探头；(b) B 超及凸阵探头；
(c) NL219M 便携式兽用 B 超及线阵探头

超声波在动物体内传播时，由于脏器或组织的声阻抗不同，界面形态也不同，以及脏器间密度较低的间隙，造成各脏器不同的反射规律，形成各脏器各具特点的声像图。

在妊娠诊断中，声像图中黑色代表弱性回声，如胎水，超声穿透力较强；灰色代表中性回声，如肌肉，超声穿透力较弱；白色代表强性回声，如骨骼，超声穿透力较差(图 8-19)。

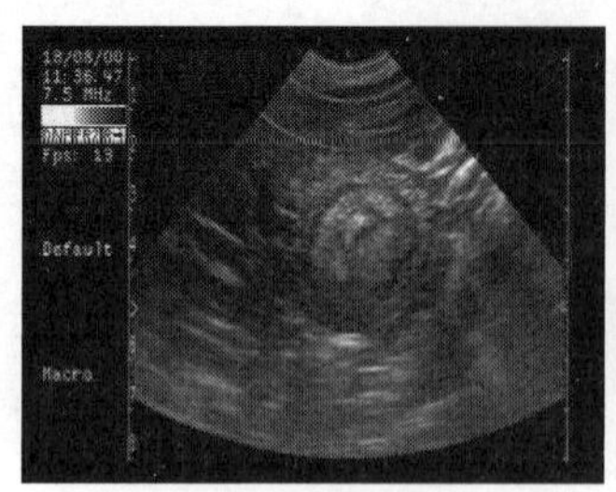

(a) 空怀的子宫

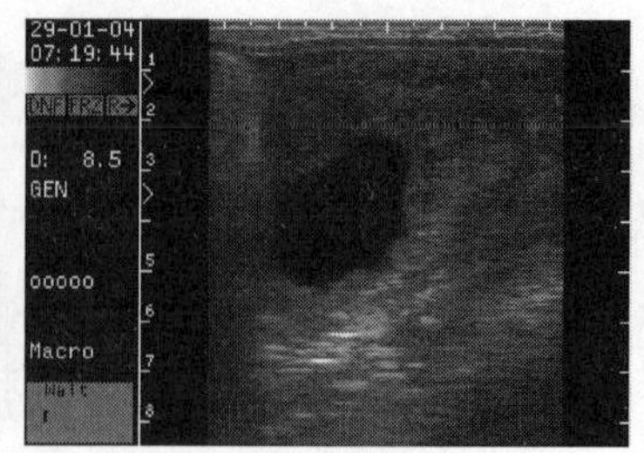

(b) 扩张的子宫

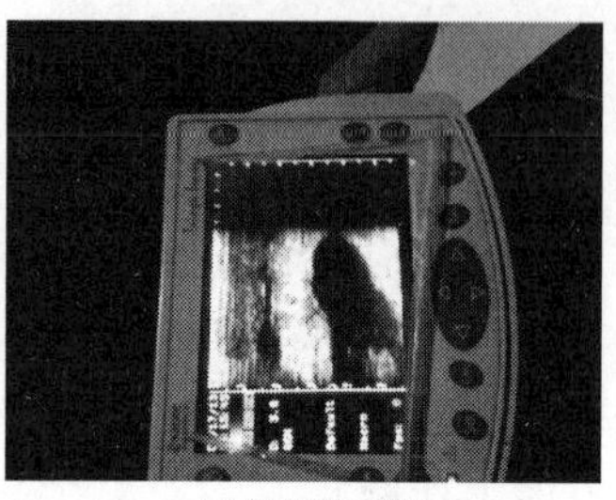

(c) 妊娠的子宫

图 8-19　B 超妊娠诊断图像

一般通过直肠妊娠诊断时用线阵探头，腹壁检查时用凸阵探头。

1. 牛的 B 超妊娠诊断

多用 3.5MHz 或 5.0MHz 的线阵直肠探头。妊娠 32d 时，准确率可达 100%。妊娠60～70d 时，可用 B 超进行性别鉴定（图 8-20）。

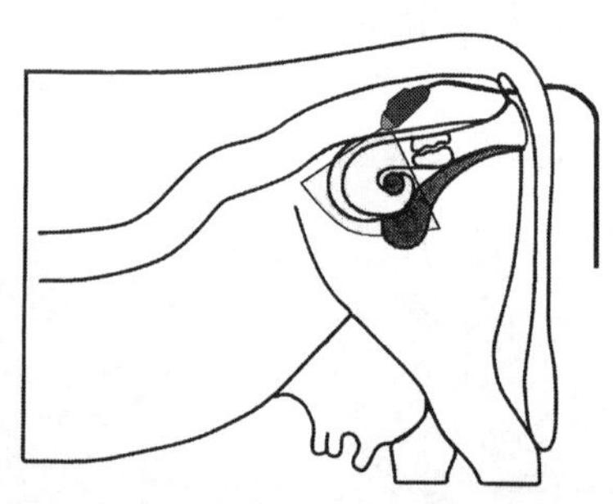

(a) B超探头放置的位置

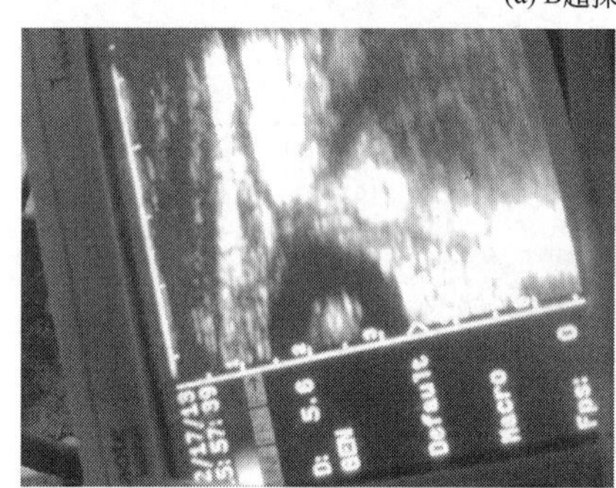

(b) 线阵探头显示的妊娠图像

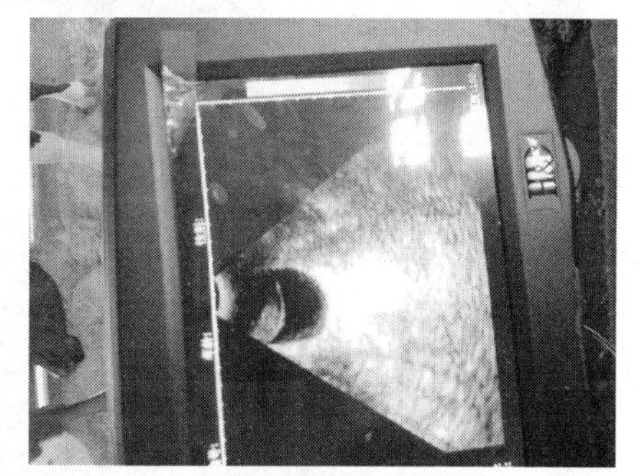

(c) 凸阵探头显示的妊娠图像

图 8-20　牛妊娠 30d 左右的 B 超图像

在探头进入直肠前，应先将直肠内的蓄粪清理干净，否则蓄粪会影响探头与直肠壁的耦合而导致探测回声模糊不清；其次，在清理蓄粪的同时应该感觉到子宫角的大致变化和在盆腔内的位置，以便探头能顺利找到子宫角进行扫查。

检查时，手握探头进入直肠后，尽量向前伸，将探头置于子宫角大弯处，然后缓慢沿子宫向后滑移，回撤扫查子宫角。

B 超早期妊娠诊断的主要依据，是在子宫内检测到早期的胚囊——子宫内似球状暗区，胚斑——胎体反射（胚囊暗区内的弱反射光点）和胎心搏动（胎体反射内的光点闪烁）。由于扫查方向的不同，其切面图像多为不规则的圆形。

2. 猪的B超妊娠诊断

早孕监测最早在配种后18d即可进行，22d时妊娠诊断的准确率可达100%。被检母猪可在限饲栏内自由站立或侧卧，探查时只需把探头涂上耦合剂，在其大腿内侧、倒数第1～2乳头之间的无毛区探查。B超探头呈45°斜向对侧上方，紧贴皮肤进行前后、上下定位扇形扫查，动作要慢。探查早期应调整在耻骨前缘、骨盆入口处。典型图像是看到黑色的胚囊暗区中白色的胎儿骨骼影像即可确认早孕阳性（图8-21）。对不确定是否妊娠的母猪，间隔10d后进行第2次检查。

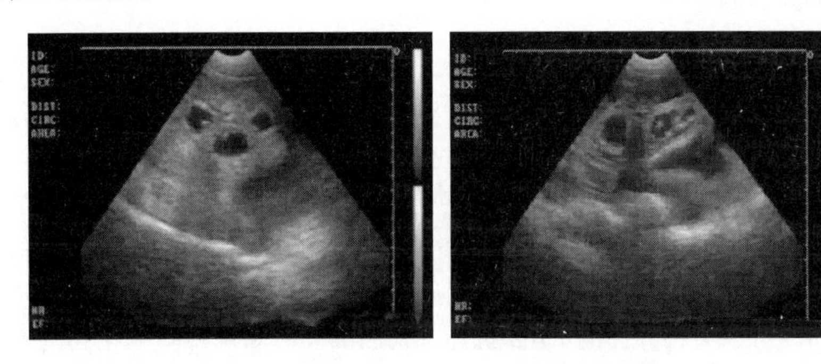

图8-21　猪妊娠24d、45d左右的B超图像

3. 其他动物的B超妊娠诊断

母羊配种后30～50d用B超线阵探头进行直肠探查，是诊断母羊早期妊娠的较好时期。配种后50～100d，在羊的乳房两侧与膝皱襞之间的少毛区，用B超凸阵探头进行腹壁探查是羊妊娠诊断的较好时期。

犬妊娠23～25d后可用B超凸阵探头在后肋部、乳房边缘或腹下部脐孔后3～5cm进行妊娠诊断，先把探头放在腹中线位置，然后沿腹中线两侧向头和尾移动，通过滑行和改变探头方向，探测子宫不同切面。

猫妊娠19d后可用B超凸阵探头在脐后腹中线及两侧进行妊娠诊断。

四、阴道检查法

阴道检查法与发情鉴定相同，但消毒应更严格、动作应更谨慎，避免操作粗鲁造成孕畜流产。

阴道检查法在配种后经过一个发情周期才能进行，主要根据妊娠期间，子宫颈口及阴道黏膜的变化判定是否妊娠。妊娠时，在卵巢黄体分泌的孕激素作用下，阴道黏膜苍白、干涩，表面有少许黏稠的黏液；子宫颈口苍白、紧闭，并由黏稠的黏液栓盖住看不清楚。妊娠后期由于子宫的下沉使子宫颈口偏向一侧或下沉。

阴道检查法的缺点是不能准确判定是否妊娠及妊娠的时间。当被检查的雌性动物有持久黄体或有干尸化胎儿存在时，极易和妊娠现象混淆；而当子宫颈及阴道处于病理状态时，孕畜又往往表现不出妊娠征象而被判为未孕。

五、激素测定法

动物妊娠后，黄体持续分泌孕酮，体液中孕酮水平升高；如果未孕，黄体经过一定时期退化，体液中孕酮水平降低，出现下一次发情。因此，测定输精后下个发情周期到来前后体液中的孕酮水平，即可判定妊娠与否。

由于乳汁中孕酮含量与血液中含量呈强正相关，且采集奶样较方便，激素测定法在奶牛中应用最广。其方法是在母牛配种后19d、23d分别采集挤奶后的奶样一次，然后用RIA或EIA测定样品中的孕酮水平。据浙江大学吴兰生（动物生殖激素学，1987年）报道，在母牛配种后19d、23d，牛乳中孕酮含量大于7ng/mL时表明妊娠，小于5.5ng/mL时表明未妊娠，介于二者之间为可疑。

六、测定血中早孕因子

在奶牛场，由于直肠检查妊娠诊断时间太迟并且容易误诊；B超妊娠诊断不一定每个牛场都能掌握；目前不少奶牛场在奶牛配种后28d通过尾静脉采血，利用美国爱德士公司生产的28天牛可视孕检试剂盒，测定血中早孕因子，进行妊娠诊断，比较方便。

28d牛可视孕检试剂盒是根据酶联免疫反应原理设计的，用于检测奶牛怀孕早期存在于牛血清或EDTA血浆中的妊娠相关糖蛋白（PAG），这类蛋白可以作为牛怀孕的标志。

微孔板已包被PAG抗体，将待检样品在包被板上进行稀释并孵育后，捕获到的妊娠相关糖蛋白（PAG）可以与特异性的PAG抗体（检测溶液）和辣根过氧化物酶标记物（酶标抗体）结合。未被结合的酶标抗体则被洗掉，随后在孔内加入TMB（3,3′,5,5′-四甲基联苯胺）底物溶液，反应孔显现蓝色表示该样品为怀孕牛，反应孔显现无色表示该样品为空怀牛，从而快速得到孕检结果。

七、其他检查法

另外，还有观察眼球血管法、牛子宫颈黏液煮沸法、阴道活组织检查法、激素对抗法（牛配种18～20d时注射雌二醇5～8mg，3～5d内发情则未妊娠；猪配种18～22d时注射雌二醇2mg，3～5d内发情则未妊娠）等妊娠诊断法，但是这些方法的准确率都有待提高，在生产上应用不多。

技能训练一　牛的直肠检查法妊娠诊断

【目的和要求】

知道母牛直肠检查妊娠诊断的方法，能正确判断母牛妊娠2～3个月时生殖器官的变化；知道母牛妊娠5个月后子宫中动脉的检查方法。

【主要仪器及材料】

不同妊娠阶段母牛数头；四柱栏保定架、长臂手套、肥皂水等。

【技能训练内容】

1. 实验前准备

将母牛牵入四柱栏保定架保定。

了解母牛的妊娠阶段，并根据不同的妊娠阶段，介绍直肠妊娠诊断的主要项目。

一般妊娠3个月前，以触摸子宫、卵巢变化为主；妊娠5个月后，以触摸子宫中动脉颤动为主。

教师应事先进行直肠检查，初步确定是否妊娠。然后指导学生直肠检查。

2. 妊娠2～3个月母牛的检查

戴上长臂手套，肥皂水润滑后，手指并拢呈锥形缓慢伸入肛门，先掏出蓄粪；对妊娠2～3个月母牛，再继续向前伸入直肠达子宫角上方；展开手掌，轻轻下压直肠，并左右抚摸感觉子宫角状况；当触摸到一侧子宫角不同程度增粗、饱满、有波动时说明该牛妊娠2～3个月。当能清楚触摸到两侧子宫角对称、无波动时，说明没有妊娠。

3. 妊娠5个月以上母牛的检查

对妊娠5个月以上母牛，则直肠内手伸入达腰荐部下方，将手掌虎口向左、向右各将骨盆腔内系膜抓入手中，然后感知其中的动脉搏动情况，将非动脉的系膜滑出，保留增粗、管状的动脉，感觉到子宫中动脉妊娠脉搏颤动时，说明母牛妊娠。

【作业】

1. 简述母牛直肠检查法妊娠诊断的操作要领及其结果判定方法。
2. 妊娠三个月的母牛用直肠检查法诊断时，要注意哪些问题？

技能训练二　雌性动物B超妊娠诊断

【目的和要求】

知道雌性动物B超妊娠诊断的原理与方法，知道不同动物B超妊娠诊断的合适时间，能从B超显示图像判定雌性动物是否妊娠及大致妊娠阶段。

【主要仪器及材料】

妊娠母牛、母犬数头；四柱栏保定架、兽用B超及耦合剂、长臂手套、肥皂水等。

【技能训练内容】

1. 母牛B超妊娠诊断

将实验牛牵入四柱栏保定架保定。

了解母牛输精、妊娠情况后，介绍B超妊娠诊断的原理与方法。最好在母牛妊娠35～60d期间进行B超妊娠诊断。

老师戴上长臂手套，用肥皂水润滑后，手指并拢呈锥形缓慢伸入肛门，先掏出蓄粪，再手握线阵直肠探头伸入直肠达子宫角大弯上方；

将探头贴住肠壁，在子宫角大弯处左右扫查，边观察B超显示屏图像边缓慢向子宫体方向后移，当观察到弱反射的黑色图像（胎水）中有中强反射的白色团块（胎囊），最好周边还有白色的晕圈，则判定母牛妊娠。

2. 母犬B超妊娠诊断

母犬妊娠23～25d后可用B超凸阵探头进行妊娠诊断。

母犬适当保定后，先用耦合剂涂抹在后肋部、乳房边缘或腹下部脐孔后3～5cm处，再将凸阵探头紧贴腹壁放在腹中线位置，然后沿腹中线两侧向头和尾移动，通过滑行和改变探头方向，探查子宫羊水与胎儿回声。当观察到弱反射的黑色图像（胎水）中有中强反射的白色团块（胎囊），则判定母犬妊娠。

【作业】

1. 简述母犬B超妊娠诊断的原理及操作要领。

2. 母牛B超妊娠诊断时，探头应在什么部位探查？

单元检测

一、相关名词

附植、胎盘、胎膜、妊娠、妊娠脉搏

二、思考与讨论题

1. 各动物胚胎的附植部位与时间是怎样的？
2. 什么叫附植？简述胚泡附植的过程。
3. 各种动物的胎盘结构有什么特点？
4. 胎盘有哪些生理功能？
5. 妊娠雌性动物有哪些生理变化？
6. 简述牛直肠检查法进行妊娠诊断的要点。
7. 简述妊娠三个月母牛的生理变化。
8. 雌性动物妊娠诊断方法有哪些？
9. 简述B超妊娠诊断的原理。
10. 在各种妊娠诊断方法中，你认为哪几种方法有较高的推广价值？

项目九　分娩与助产

学习目标

1. 知道雌性动物分娩的过程、分娩的预兆、决定分娩的因素、分娩的机理、分娩的控制等内容；各种动物分娩的特点及助产方法；雌性动物发情、流产、分娩之间的异同。

2. 会实施正常分娩的助产与难产的助产；会护理产后母畜与新生仔畜；会实施猪、牛的分娩控制技术。

分娩是指妊娠末期，胎儿发育成熟，母体将胎儿及其附属物从子宫内排出体外的生理现象，包括分娩的过程、分娩的预兆、决定分娩的因素、分娩发动的机理、分娩调控、分娩助产及雌性动物与新生仔畜护理等内容。

单元一　分娩的过程

分娩的过程是指从子宫阵缩开始，到胎儿及其附属物排出为止时的过程。一般分为开口期、胎儿产出期、胎衣排出期三个阶段。

一、开口期

开口期是指从子宫有规则地出现阵缩开始到子宫颈口完全开张，与阴道之间的界限消失为止。特点是仅有阵缩而无努责。经产雌性动物等待分娩时，表现较安静；初产雌性动物则有食欲减退、起卧不安、举尾徘徊、频频排尿等一系列反应。

① 开口初期：子宫阵缩较弱，约每 15min 左右出现一次，持续 15～30s，随后收缩频率、强度和持续时间不断加强，迫使胎儿的姿势由屈曲变为伸直，胎水和胎儿前置部分向子宫颈方向移动，胎儿的前置部分逐渐进入子宫颈管和阴道（图 9-1）。

② 开口末期：牛、羊有时有胎膜囊露出阴门外（图 9-2），猪则有大量黏液从阴门流出。

二、胎儿产出期

胎儿产出期是指从子宫颈口完全开张至胎儿全部排出时为止。其特点是雌性动物阵缩、努责共同作用，其中努责是排出胎儿的主要力量。

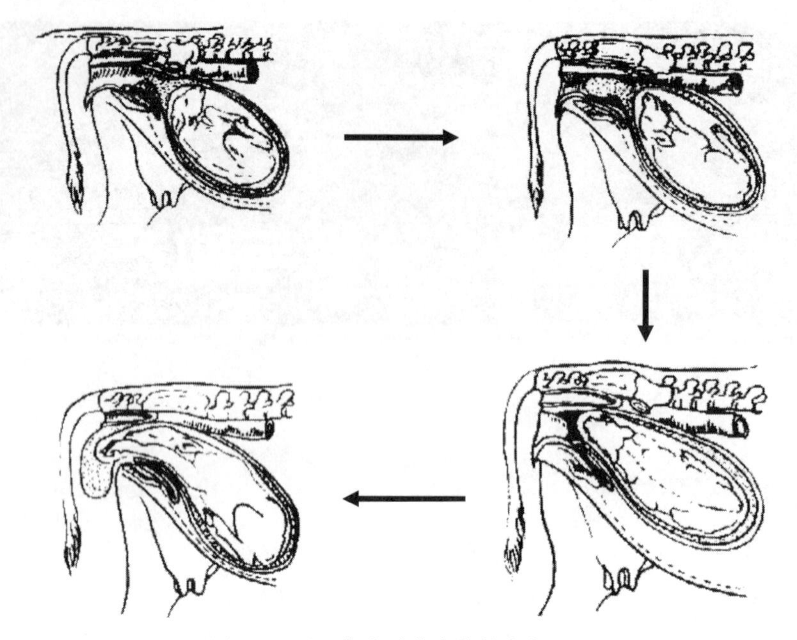

图 9-1　开口期牛胎儿姿势的变化过程

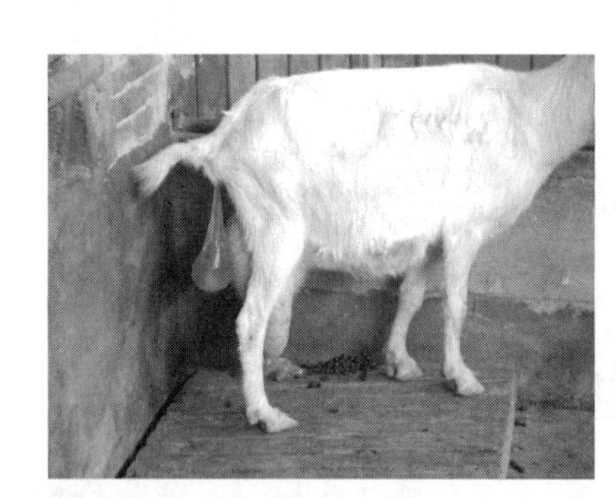

图 9-2　分娩时羊的尿膜囊、牛的羊膜囊外露

在这一时期，雌性动物表现为极度不安、起卧频繁、前蹄刨地、后肢踢腹、回顾腹部、弓背努责，继而产畜卧下。当胎儿前置部分通过骨盆和出口时，产畜四肢伸直，努责的强度和频率达到极点（图 9-3），呼吸脉搏加快，猪 100～160 次/min、牛 80～130 次/min、马 80 次/min。

在产出期，胎儿最宽部分的排出需要较长时间，特别是头部。正生时，当胎头排出阴门外之后，雌性动物稍微休息，阵缩和努责稍缓和，继而将胎儿其他部分迅速排出，仅胎衣仍留在子宫内。此时不再努责，休息片刻后，雌性动物就能站起来照顾新生幼仔。

牛、羊属子叶型胎盘，胎儿产出时胎盘血液循环正常，一般不会发生窒息。但马、驴属弥散型胎盘，胎儿与母体的联系在开口期开始不久就被破坏，切断了血液氧的供应，所以在产出期应尽快排出胎儿，以免胎儿发生窒息。

三、胎衣排出期

胎衣是胎膜的总称，包括部分断离的脐带。胎衣排出期是指从胎儿被排出后至胎衣完全排出时为止（图 9-4）。

(a) 胎儿进入产道

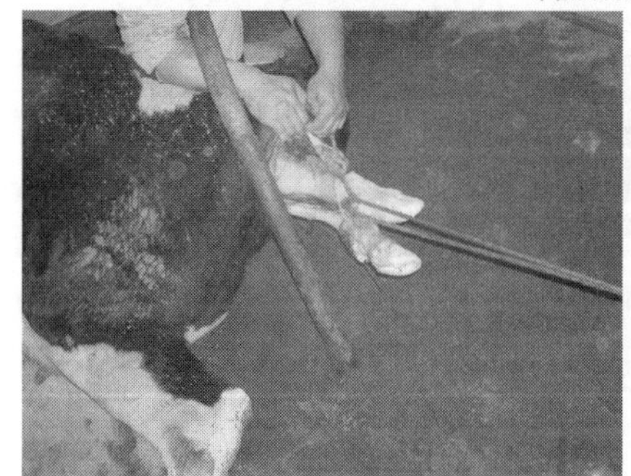
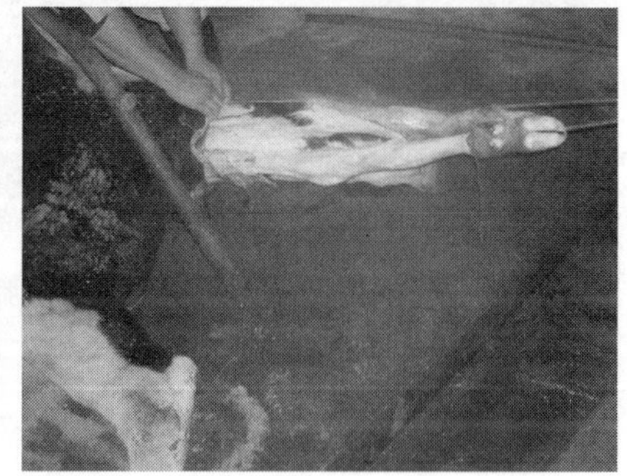

(b) 胎儿产出

图 9-3 胎儿产出期母牛努责

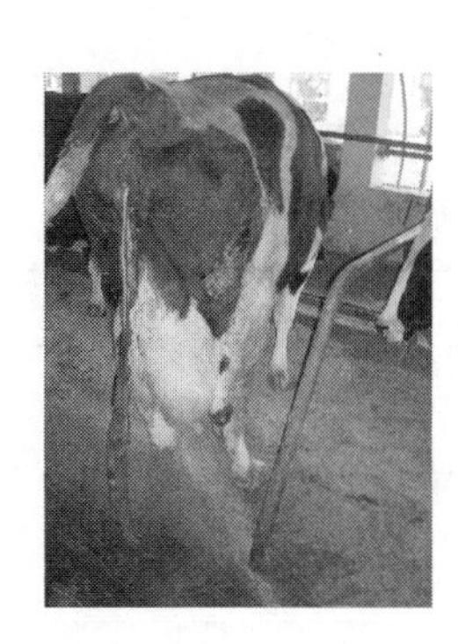

图 9-4 牛正在排出的胎衣

胎儿排出后，产畜随即安静下来。几分钟后，子宫再次开始轻微的阵缩和努责迫使胎衣排出。这个阶段阵缩的特点是，持续时间较长，每次 100～130s；间隔时间也长，每次 1～2min。

胎衣的排出是借助于子宫的强烈收缩，从绒毛膜和子叶中排出大部分血液，使母体子宫黏膜腺窝压力降低；胎儿排出后，母体胎盘的血液循环减弱，子宫黏膜腺窝的紧张性降低；以及胎儿胎盘的血液循环停止后，绒毛膜上的绒毛体积缩小、间隙增大，使绒毛很容易从腺窝中脱落。因为母体胎盘血管未受到破坏，所以各种动物在胎衣排出时，一般不会引起出血（图 9-5）。

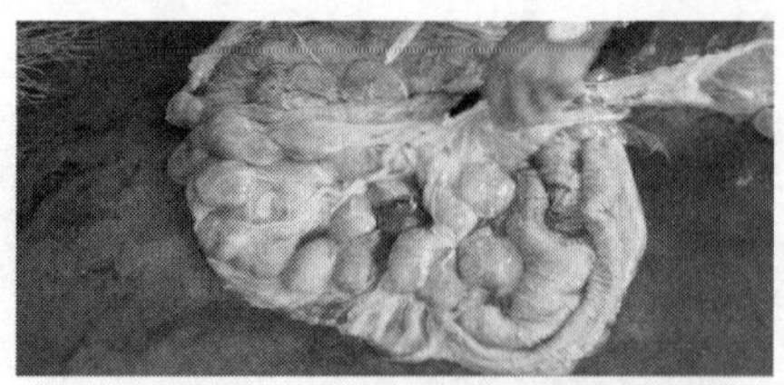

(a) 牛胎儿胎盘与母体胎盘未分离的子叶

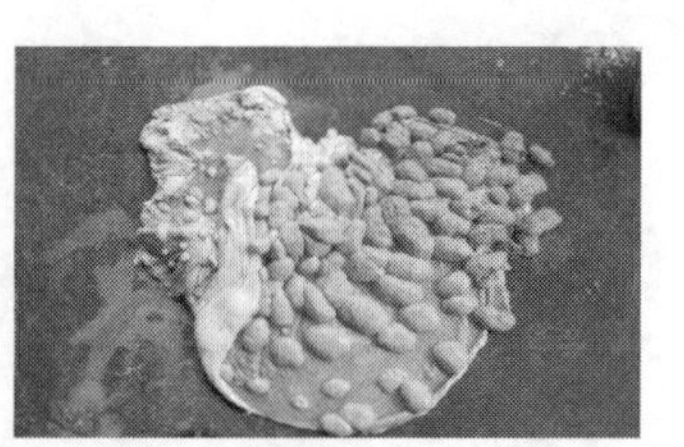

(b) 牛胎儿胎盘与母体胎盘已分离的子叶

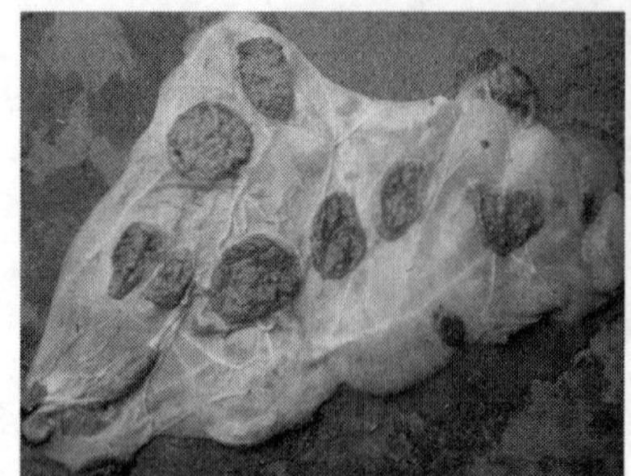

(c) 牛分离的胎衣

图 9-5　牛的胎盘与胎衣

四、各种动物分娩的特点

（1）牛　开始努责时，多数卧下，先是尿膜绒毛膜形成囊状，突出于阴门外并破裂，流出稀薄的尿水。间隔（65±54）min 左右，羊膜绒毛膜形成囊状突出于阴门外，内有羊水和胎儿头部与前肢，在努责过程中被撕裂并排出淡白或微黄色浓稠的羊水后，间隔（31±25）min，最后排出胎儿。胎儿排出时一般无完整的羊膜包裹，胎儿不会窒息。

牛的胎儿产出期约 0.5～4h，胎衣排出期约 2～8h，最多 12h（表 9-1）。

表 9-1　各种动物分娩各阶段所需时间

动物种类	开口期/h	胎儿产出期/h	双胎间隔/min	胎衣排出期/h
牛	6(1～12)	0.5～4	20～120	2～8
水牛	1(0.5～2)	4～5		3～5
猪	3～4	2～6	5～20	10～60min
羊	4～5(3～7)	1.5～3	5～15	2～4
马	12(1～24)	20～30min	10～20	0.3～1
犬	3～6	3～6	10～30	5～15min
兔	20～30min	30min		20～30min
鹿	0.5～2	0.5～2		50～60min

（2）羊　分娩特征与牛基本相似。羊在一昼夜之间的各个时间都可能产羔，但以上午 9:00—12:00 和下午 3:00—6:00 产羔较多。

羊的胎儿产出期约 1.5～3h，胎衣排出期约 2～4h，双胎间隔 5～15min。

（3）猪　分娩时均侧卧，子宫除纵向收缩外，还有分节收缩，且收缩是从子宫颈最近的胎儿处开始，其余部分则不收缩；继而两子宫角不规则地轮流收缩，逐步到达子宫角，依次将胎儿全部排出。猪的胎儿在分娩过程中不露出阴门外，胎水极少，当努责 1～4 次即产出一仔。

猪的胎儿产出期约 2～6h，产仔间隔 5～20min，产后 10～60min 排出两堆胎衣，每堆胎衣彼此套叠，不易分开。

(4) 马和驴 分娩过程与牛类似，但马、驴为弥散型胎盘，绒毛膜表面布满放射状的绒毛。在努责过程中，先是尿膜绒毛膜脱离子宫黏膜，并带着尿水露出阴门外破裂排出第一胎水——黄褐色稀薄的尿水。然后尿膜羊膜露于阴门外，在排出胎头和前肢的过程中被撕裂，排出第二胎水——淡白或微黄色浓稠的羊水。如果胎儿排出时尿膜羊膜未破裂，应立即将其撕破，以免胎儿窒息。

马、驴的胎儿产出期约 20～30min，如怀双胎，则两胎的产出间隔时间为 10～20min。

(5) 兔 临产前精神不安、四肢刨地、顿足、弓背努责，边产仔边将脐带咬断，吃掉胎衣，舔干仔兔身上的血迹和黏液。产程短，约 30min。

(6) 犬 分娩时母犬常取侧卧姿势，回顾腹部，出现努责、呻吟、呼吸加快，然后伸长后肢，这时自阴门流出稀薄的液体，随后产出第一个包有胎膜的胎儿。如果第一个胎儿能顺利产出，则其他胎儿一般不会发生难产。

分娩时间因产仔数及母犬体质不同而异，一般为 3～6h，产仔间隔时间为 10～30min。一个胎儿在排出后 15min 左右，就排出相应的胎膜。母犬产后吃掉胎衣是正常现象，这具有催乳作用。但吃得太多，会引起胃肠的消化障碍。

(7) 猫 分娩前母猫精神紧张，全身发抖，喘气，呼吸加快，食欲不振，偶见呕吐，喜欢往昏暗、温暖处钻，少数猫可能会围着主人求助，有的猫会出现刨地、撕报纸等现象。

随后母猫出现里急后重、努责现象，一般 1h 左右可产出第一个胎儿，超过 2h 就要怀疑难产。产仔间隔数分钟到数小时，甚至 1d 以上，主要取决于配种时发情期的长短及交配次数的多少。

一般母猫会本能地撕舔开羊膜，咬断脐带，舔净幼仔，吞食胎膜。母猫在新的不熟悉环境或分娩时外界环境不安静时，产后可能不照料产下的仔猫。

单元二　分娩的预兆

确定雌性动物的分娩时间，一是根据输精、配种时间，推测预产期；二是在预产期前后，注意观察分娩前雌性动物生殖器官、骨盆、行为等的变化。

随着胎儿的发育成熟和分娩的临近，雌性动物的乳房、阴户、骨盆韧带、行为都要发生一系列的生理变化，以适应排出胎儿和哺育幼仔的需要，这些变化通常叫作雌性动物的分娩预兆。在生产中应仔细观察，综合判断分娩时间。

一、各种动物的妊娠期

妊娠期是指从配种受胎到分娩所经历的时间。

不同动物的妊娠期差异明显，同一品种动物的妊娠期也受年龄、胎儿数、胎儿性别和环境等因素的影响。一般早熟品种妊娠期较短；初产动物、单胎动物怀双胎、怀雌性胎儿、多胎动物怀胎数多等妊娠期相对缩短；家猪的妊娠期比野猪短；小型犬的妊娠期比大型犬短；马怀骡时妊娠期延长。

部分动物妊娠期及预产期的简易推算方法见表 9-2。

表 9-2 部分动物妊娠期及预产期的简易推算方法

动物种类	妊娠时间		动物种类	妊娠时间	
	平均时间/d	变动范围/d		平均时间/d	变动范围/d
乳牛	282	250～305	水牛	307	295～315
猪	114	102～140	驴	360	340～380
绵羊	150	146～157	兔	30	27～33
山羊	152	146～161	犬	62	59～65
马	337	317～369	猫	58	55～60

注：预产期简易推算方法是乳牛，月减三，日加六；猪，月加四，日减六；绵羊，月加五，日减二；山羊，月加五，日减二；马，月减一，日加十。

二、乳房的变化

（1）水肿 分娩前乳房迅速发育，膨胀增大，有的还出现乳房浮肿。牛的乳房变化最明显，分娩前乳房迅速胀大、水肿发亮（图 9-6）。

（2）挤出初乳 牛约产前 10d 乳头表面有蜡状光泽；产前 2～3d 乳房充满初乳，若乳汁由乳白色稀薄变得黄色而浓稠似初乳时，则预示分娩临近；当出现漏乳现象后数小时至 1d 左右即分娩。

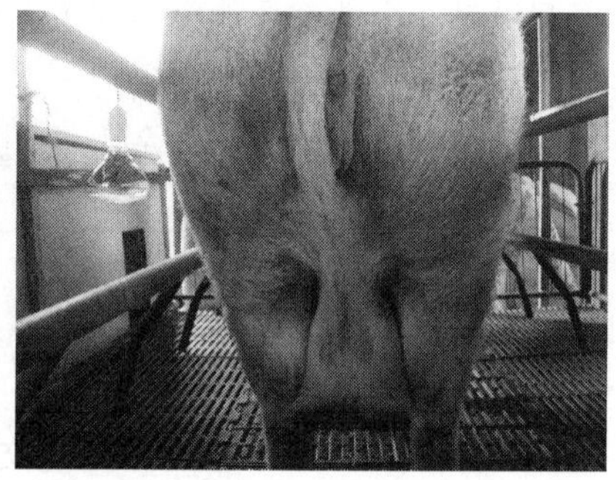

图 9-6 牛产前乳房水肿

猪在临产前半个月左右，乳房基部与腹壁之间出现明显界限；在产前 3d 左右，中部两对乳头可挤出少量清亮的液体；在分娩前 0.5～1d，可在前、后部乳头挤出初乳，有的有漏乳现象。

马在分娩前 2 个月左右乳房发育迅速，并在乳房基部出现浮肿；在分娩前数小时，乳头变粗，并出现漏乳现象。

三、阴户的变化

分娩前数天到一周左右，阴唇逐渐变松软、肿胀、发亮，阴唇皮肤皱褶展平，从阴道流出的黏液由浓稠变稀薄，尤其以牛、羊最为明显（图 9-7）。猪阴唇肿大开始于产前 3～5d。只有母马和奶山羊的阴唇变化较晚，在分娩前数小时到十多个小时才出现显著变化。

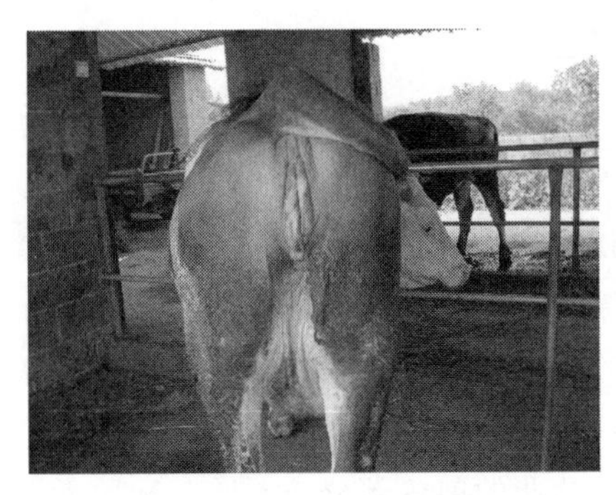
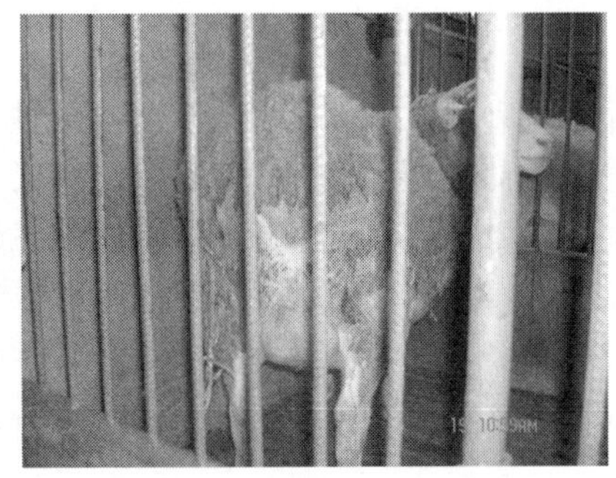

图 9-7 产前阴户水肿

四、骨盆韧带的变化

临产前数天骨盆韧带松软，牛骨盆韧带在分娩前 1～2 周开始软化，分娩前 1d 荐坐韧带后缘很软（图 9-8），站立时尾根两侧下陷，称“尾根塌陷”，另外荐髂韧带同样也很软。

(a) 产前荐坐韧带松弛

(b) 平时的荐坐韧带紧张

图 9-8 牛的荐坐韧带

奶山羊的荐坐韧带软化也较明显，当荐骨两旁的组织各出现一纵沟，荐坐韧带后缘完全松软时，一般在 1d 内便开始分娩。

五、行为的变化

(1) 腹痛 在分娩前都有较明显的精神状态变化，出现食欲不振，精神抑郁、来回不安或离群寻找安静地点等。如牛产前不安鸣叫；马、驴产前坐卧不宁，时常举尾、顾后或踢腹；羊产前数小时精神不安，前蹄刨地。

(2) 母爱行为 猪在分娩前 6～12h 有衔草做窝行为；兔在产前数小时开始扯咬胸部被毛和衔草做窝；羊在产前数小时喜欢接近其他羔羊等。

单元三 决定分娩的因素

分娩时，排出胎儿的动力是依靠子宫肌和腹肌的强烈收缩，但分娩的顺利与否，除与产畜的产力有关外，还与产畜的产道和胎儿的大小与姿势有关。

一、产力

产力指胎儿从子宫中排出的力量，它是由子宫肌、腹肌和膈肌有节律的收缩共同形成的。阵缩是子宫肌有节律的收缩，是分娩过程中的主要动力。努责是由腹肌、膈肌的收缩而引起，是分娩的辅助动力，在雌性动物横卧分娩时更为明显。

分娩时，阵缩由弱到强，由无规律到有规律，子宫肌呈间歇性收缩，使胎盘血液循环和氧气供应不会因子宫肌持续收缩而发生障碍以致胎儿窒息。单胎动物的子宫收缩从孕角尖端开始，且两子宫角的收缩一般是不同步进行的；多胎动物的子宫收缩是从近子宫颈部分段开始，子宫角的其他部分处于相对安静状态。随着胎儿的前置部分连同胎儿和胎囊对子宫颈和阴道的刺激，促使垂体后叶释放催产素（OXT），增强膈肌和腹肌的收缩力。分娩时雌性动物的阵缩和努责共同作用，从而使胎儿顺利排出。

在分娩过程中，血液中乙酰胆碱和 OXT 是促使子宫肌收缩的主要因素。雌激素由于能抑制胆碱酯酶和 OXT 酶的产生，因此能提高子宫肌对 OXT 的敏感性。

二、产道

产道是指胎儿脱离母体时所经过的通道，包括软产道和硬产道。

（1）软产道 即生殖道，由子宫颈、阴道、前庭及阴门这些软组织构成，分娩时变得柔软、松弛，以适应胎儿的产出。

（2）硬产道 即骨盆，由荐骨、前 3 个尾椎、髂骨及荐坐韧带、耻骨构成。骨盆可分为以下四个部分：

① 入口。入口是骨盆的腹腔面，斜向前下方，由上方的荐骨基部、两侧的髂骨及下方的耻骨前缘所围成。骨盆入口的形状、大小和倾斜度，与分娩时胎儿通过的难易有很大关系，入口较大而倾斜，形状宽而圆阔，则胎儿容易通过。

② 出口。出口由上方的前 3 个尾椎，两侧的荐坐韧带后缘和坐骨弓围成。

③ 骨盆腔。骨盆腔是骨盆入口和出口之间的腔体，其大小取决于骨盆腔的垂直径和横径。

④ 骨盆轴。骨盆轴是通过骨盆中心的一条假想线，它代表胎儿通过骨盆腔时所走的路线，骨盆轴越短越直，胎儿通过越容易。

（3）各种动物骨盆结构特点 见图 9-9、表 9-3。

表 9-3 各种动物骨盆结构特点

骨盆结构与分娩	牛	马	猪	羊
入口	竖长椭圆形	圆形	近乎圆形	椭圆形
出口	较小	大	很大	大
倾斜度	较小	大	很大	很大
骨盆轴	曲线形	浅弧形	较直	弧形
分娩难易度	较难	易	很易	易

① 牛。骨盆入口呈竖长椭圆形，倾斜度小，骨盆底下凹，荐骨突出于骨盆腔内，骨盆侧壁的坐骨上棘很高且斜向骨盆腔。因此，横径小、荐坐韧带窄、坐骨粗隆很大。而且骨盆

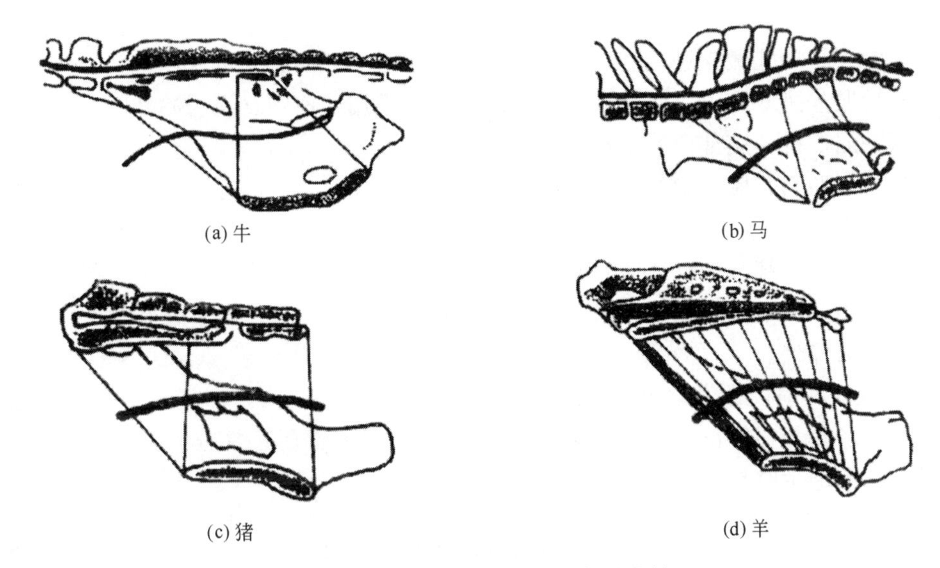

图 9-9 各种动物的骨盆结构与骨盆轴

底后部由于向上倾斜，使骨盆轴呈曲线形。同时牛又是单胎动物，胎儿通过较难。

② 马。入口圆而斜、底平坦、轴短而直；坐骨上棘小、荐坐韧带宽阔、骨盆横径大；出口坐骨粗隆较低，胎儿通过容易。

③ 猪。坐骨粗隆发达，且后部较宽；入口大、髂骨斜、骨盆轴向后下方倾斜，近于直线，胎儿很易通过。

④ 羊。与牛相似，但入口倾斜度比牛大，荐骨不向骨盆腔突出，坐骨粗隆较小、骨盆底平坦，骨盆轴与马相似，呈直线或缓和曲线，胎儿易通过。

三、胎儿

胎儿因素包括胎儿的大小以及胎儿与母体产道之间、胎儿本身各部位之间的相互关系。

(1) 胎向 指胎儿纵轴与母体纵轴的关系，有以下三种情况。

① 纵向。胎儿的纵轴与母体纵轴互相平行。正生时，胎儿方向与母体方向相反，头和前肢先进入产道；倒生时，胎儿方向与母体方向一致，胎儿的后肢先进入产道。

② 横向。胎儿的纵轴与母体纵轴呈水平垂直，胎儿横卧于子宫内。背横向是胎儿背部向着产道出口，腹横向是胎儿腹部向着产道出口。

③ 竖向。胎儿的纵轴与母体纵轴上下垂直。

纵向是正常的胎向，竖向和横向是异常的，但受子宫及产道的限制，严格的竖向和横向是没有的。

(2) 胎位 指胎儿背部与母体背部的关系，有以下三种情况。

① 上位。胎儿俯卧在子宫内，背部朝上，靠近母体的背部和荐部。

② 下位。胎儿仰卧在子宫内，背部朝下，靠近母体的腹部及耻骨。

③ 侧位。胎儿侧卧在子宫内，背部位于一侧，靠近母体左或右侧腹壁及髂骨。

上位是正常的胎位，下位和侧位是异常的，侧位如倾斜度不大仍可视为正常。

(3) 胎势 指胎儿在产道内身体各部位之间的关系。

胎儿进入产道时的正常胎势是身体各部位伸展。如发生肢体、头颈等任何部位屈曲，都会造成难产。

（4）前置 指胎儿最先进入产道的部分。如正生时头和前肢先进入产道，叫头与前肢前置；倒生时后肢先进入产道，叫后肢前置。难产时，常用“前置”说明胎儿的反常情况，如前肢的腕部是屈曲的，腕部向着产道，叫腕部前置。

（5）分娩时胎势、胎位的改变 分娩前，胎儿在母体子宫内的方向绝大多数是纵向，而且大多数是头（前躯）前置，少数是后躯前置，分娩时胎向不发生改变，但胎势和胎位必须改变，使胎儿纵轴呈细长，以适应骨盆腔的情况。这种改变主要靠分娩时子宫的阵缩压迫胎盘血管，造成胎儿处于缺氧状态，引起反射性挣扎，使胎儿由侧位或下位转为上位，头颈和四肢由屈曲变为伸展。

一般动物分娩时，胎儿多是纵向、上位、正生，牛约占95%、羊约70%、马和驴约98%～99%。多胎动物猪正生略多于倒生（54∶46），二者都属正常分娩。在大动物中倒生虽也属正常，但倒生时易发生窒息，需及时助产。

知识拓展 **分娩发动的机理和调控技术**

一、分娩发动的机理

分娩的发动不是由某一特殊因素所致，而是由胎儿、内分泌、机械、神经、免疫学等多种因素相互联系、协调而引起的。其中，胎儿的下丘脑-垂体-肾上腺轴对分娩发动起着决定性作用。

1. 胎儿因素

胎儿的下丘脑-垂体-肾上腺轴（特别是在牛和羊），对于启动分娩起着决定性作用。如果胎儿垂体没有发育或切除胎儿的垂体或肾上腺，妊娠就可能无限期延长；而将合成的肾上腺皮质激素或地塞米松滴注到羊胚体后则能诱发分娩。

若给妊娠末期母羊的正常胎羔滴注合成的肾上腺皮质激素或地塞米松诱发早产时，早产往往发生在孕激素含量下降和雌激素上升之前。

胎儿肾上腺皮质激素浓度与启动分娩具有密切的关系。绵羊产羔前15～20d，血浆中肾上腺皮质激素的浓度逐渐增加，在分娩开始之前达到峰值，由未孕时的1ng/mL增至100～200ng/mL。肾上腺增大，对促肾上腺皮质激素（ACTH）的反应增强。

因此，胎儿发育成熟，其下丘脑-垂体-肾上腺轴也随之发育成熟，下丘脑分泌的促肾上腺皮质激素释放激素（CRH），促进垂体分泌大量ACTH，ACTH促进肾上腺皮质分泌肾上腺皮质激素，后者通过胎盘促使绒毛膜合成大量的雌激素，这是分娩发动的决定性因素。

雌激素又刺激子宫内膜分泌大量的$PGF_{2\alpha}$。$PGF_{2\alpha}$能溶解妊娠黄体，抑制胎盘产生孕激素，使子宫的稳定性降低；$PGF_{2\alpha}$还能促进催产素的生成。雌激素增强了子宫肌对OXT刺激的敏感性。最终高浓度的雌激素、$PGF_{2\alpha}$、OXT和低浓度的孕激素，以及卵巢分泌松弛素增加，使子宫颈软化，导致子宫肌节律性收缩加强，发动分娩（图9-10）。

2. 内分泌因素

与分娩发动有关的雌性动物生殖激素，主要包括雌激素、前列腺素、孕激素、催产素等。

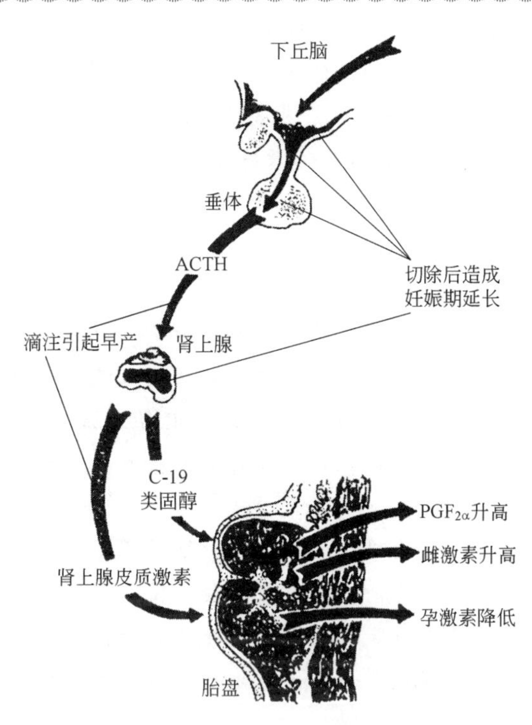

图 9-10　绵羊胎儿发动分娩示意图

(1) 雌激素　在妊娠期间，胎儿发育逐渐成熟，肾上腺皮质分泌的肾上腺皮质激素增加，后者促进了胎盘雌激素的分泌。胎盘所产生的雌激素能刺激子宫肌生长及肌动球蛋白的合成，为提高子宫肌的收缩能力创造了条件。到妊娠末期，胎盘产生的雌激素逐渐增加，使子宫、阴道、外阴和骨盆韧带变得松弛，直至分娩前（牛）或分娩时（羊）达到最高峰。在分娩时，雌激素能增强子宫肌的自发性收缩，促进分娩的完成。这可能是由于雌激素克服了孕激素的抑制作用，或者促使子宫平滑肌增强对催产素的敏感性，或者刺激 $PGF_{2\alpha}$的合成与释放。

(2) $PGF_{2\alpha}$　来源于母体胎盘的 $PGF_{2\alpha}$是溶解黄体、刺激子宫肌收缩的重要物质。在绵羊和山羊分娩前 24h，在胎儿肾上腺皮质激素的刺激下，以及雌激素水平的升高，使子宫肌及母体胎盘分泌 $PGF_{2\alpha}$急剧增多，刺激子宫肌收缩；溶解黄体，终止妊娠；刺激垂体后叶释放 OXT。孕激素能抑制分娩时子宫肌收缩，但不能阻止子宫肌及母体胎盘分泌 $PGF_{2\alpha}$。

(3) 孕激素　孕激素与雌激素在分娩前后的变化对分娩启动有重要影响。妊娠期间的黄体（牛、山羊和猪）及胎盘（绵羊、马）所产生的孕激素，对维持妊娠起主导作用。孕激素能够抑制子宫肌收缩，使妊娠期间子宫保持相对安静，这种抑制作用一旦解除，就会成为分娩启动的一种重要诱因。

在动物中，由于胎儿糖皮质激素上升刺激母体子宫合成 $PGF_{2\alpha}$，削弱了孕激素对子宫肌兴奋的抑制作用，使母体在临产前血浆中孕激素含量降到最低水平，从而有利于分娩。

(4) OXT　OXT能使子宫发生强烈收缩。分娩开始阶段，血液中OXT的含量变化很小，随着胎儿对子宫颈和产道的刺激（在多胎动物，每产出一仔时），反射性地引起OXT释放，在胎儿（全部）产出时达到最高峰，随后又降低。未分娩时，OXT对母羊并不发生作用，而到临产时敏感性则很强。这说明母羊所处生理阶段不同，OXT对其子宫的作用不同。只有在分娩时，孕激素分泌下降、雌激素分泌增加，才能刺激垂体后叶释放OXT，启动分娩。

3. 机械性因素

在妊娠后期，胎儿迅速生长，子宫肌高度扩张，一方面增强了子宫肌对催产素、雌激素的敏感性；另一方面，子宫肌扩张之后，胎盘血液循环受阻，使胎儿所需的氧气和营养得不到满足，产生窒息性刺激，由此引起胎儿强烈的反射性活动而导致分娩。如单胎动物怀双胎时妊娠期缩短，胎儿发育不良时妊娠期延长。

4. 神经性因素

神经系统对分娩虽不是完全必需的，但对分娩过程具有协调作用，当胎儿前置部分进入产道，刺激子宫颈、阴道时，通过神经传导使垂体后叶释放OXT。

此外，分娩大多发生在夜间，此时外界的光线及干扰少，中枢神经易于接受来自子宫、软产道的冲动信号，说明外界因素可以通过神经系统对分娩发生作用。

5. 免疫学因素

有人认为，分娩是由免疫学原因引起的，即分娩是免疫排斥的具体表现，因为胎儿的遗传物质一半来自父方。在正常妊娠期间，胎儿免疫器官发育不完善，所产生的抗原物质免疫原性较弱，同时胎儿和母体会产生一些与妊娠有关的特异性物质（如干扰素、甲胎蛋白等），从而使母体与胎儿免疫反应达到平衡状态，即产生免疫耐受。当胎儿发育成熟时，胎盘老化、变性，胎儿和母体之间的联系和免疫平衡遭到破坏，使胎儿就像异物一样被排出体外。

二、分娩调控技术

1. 分娩调控的意义

分娩调控又称诱发分娩，是在妊娠末期，注射某种激素制剂，诱发孕畜在一个比较确定的时间内提前分娩、正常产仔。

根据配种日期和临产表现，很难准确预测孕畜分娩开始的时间。采用分娩调控技术，可使多数孕畜在预定的日期或白天分娩，这样既可减少护理分娩雌性动物的劳力和时间，又可及时做好护理准备，减少或避免新生仔畜和孕畜的伤亡。

在实施同期发情和输精的情况下，分娩调控促成的同期分娩，为新生仔畜的寄养提供了更多的机会。

胎儿在妊娠后期生长速度很快，对肉用猪和牛采取分娩调控，可减少因胎儿过大引起的难产。

在兽医防疫要求生产无特定病原畜群或羔皮用羊为取得花纹更美观的羔羊裘皮时，也可实施分娩调控。

分娩调控技术虽然有许多优点，但如果使用不当，会造成产死胎、新生仔畜死亡、成活率低、初生体重降低、胎衣不下发病率增加、雌性动物泌乳力下降、生殖功能恢复延迟等副作用。因此，分娩调控技术只能使猪比预产期提前 3d，牛、羊、马比预产期提前一周之内。超过这一期限，会造成前述不良后果。

控制分娩的时间，一般是在孕畜被投药后的 20～50h 内，而很难控制在更严格的时间范围内。

2. 分娩调控的机理

分娩调控是根据妊娠和分娩发动的机理，通过使用激素来终止妊娠和启动分娩，从而达到分娩调控的目的（图 9-11）。常用的激素有 ACTH、糖皮质激素和前列腺素。

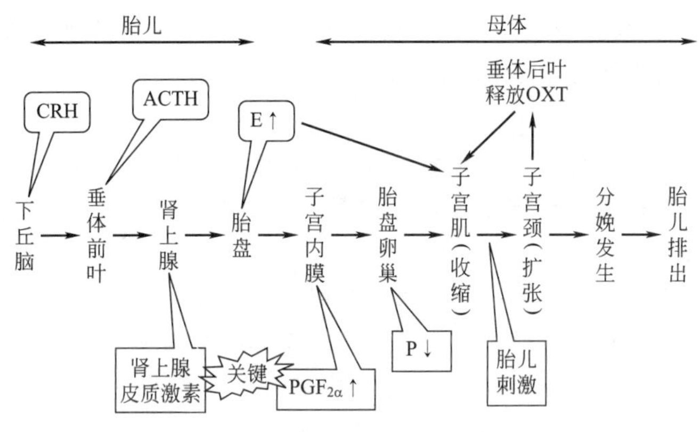

图 9-11　分娩调控的机理

使用 ACTH 时，应注意动物所处的妊娠阶段和胎儿质量，使用过早或胎儿已经死亡，都不能引起胎儿肾上腺皮质的应答。临床上，一般不单独或大剂量使用雌激素，否则会使子宫和产道过度浮肿而发生难产；一般也不建议对牛、羊使用 OXT，特别是在子宫颈没开张时，应用 OXT 会导致子宫破裂。

3. 分娩调控的方法

分娩调控的方法很多，各种动物在用药种类和剂量等方面有所不同。

（1）猪

一般仅提前 3d。根据母猪内分泌机理，诱发分娩有四类激素可用：促肾上腺皮质激素作用于胎儿；对胎儿和母体施用皮质激素类似物；向母体施用 PG 或类似物；在临产前 12h 内向母体注射 OXT。

① 妊娠 112d 时，用氯前列烯醇一次肌注 0.2～0.4mg，多数母猪在 30h 内分娩，比对照组提前 50h，且 80%以上的母猪可控制在白天分娩，仔猪分娩死亡率降低 2%，对母、仔均无副作用。注射前列腺素诱发分娩，可合理缩短妊娠期和产程，有效控制在白天分娩，从而降低死胎率，提高产活仔数，并可促进子宫净化，使断乳后母猪发情提早。

② 在注射氯前列烯醇的次日，注射 OXT 20～50U，可使母猪在数小时内集中分娩。单独注射 OXT 的分娩调控，会出现母猪产程延长或在产出 1～2 头仔猪后分娩停止等不良后果。

③ 在预计分娩前数日，先注射 3d 孕激素，每天 100mg，第 4d 注射氯前列烯醇 0.2mg，多数在 25h 后分娩，即在次日工作时间内分娩。

④ 在妊娠第110d，注射60～100 U ACTH，可使产仔间隔缩短25%，降低产死仔猪率。

⑤ 在妊娠第109～111d，连续3d每天注射75mg地塞米松；或在妊娠第112d，注射200mg地塞米松。

（2）牛　对放牧牛意义较大，新西兰每年要对100万头以上放牧奶牛实施分娩调控技术。多用糖皮质激素、前列腺素，有时配合用雌激素。

① 妊娠265～270d时，一次肌注地塞米松20mg，2～4d内分娩，但太早易造成胎衣不下、犊牛死亡。

② 妊娠275d后，注射0.4～0.6mg氯前列烯醇，2～3d内即可分娩，但难产较多。如在注射氯前列烯醇后24h，配合注射苯甲酸雌二醇20～40mg，可使分娩提前，并减少难产的发生。

奶牛主动的分娩调控较少，多是在预产期临近，可能出现分娩预兆数天后没有发生分娩；或在出现皱胃移位需手术治疗前等。实施分娩调控后，要预测大概分娩时间，不能急于助产。

（3）绵羊、山羊　对绵羊的分娩机理了解较多，主要由胎儿下丘脑-垂体-肾上腺轴决定。因胎儿血液中皮质醇含量升高，从而降低孕羊血液中孕激素的含量，引发分娩。故而多在妊娠144d时注射12～16mg地塞米松，在40～60h内产羔；另外，产前3d肌注雌二醇15mg，或妊娠141～144d时肌注氯前列烯醇0.1～0.2mg，可在3～5d内产羔。

山羊与绵羊类似。

单元四　分娩助产技术

助产目的是为了分娩过程能正常进行顺利完成，确保母仔平安，减少不应有的损失。因此，雌性动物分娩之时要仔细观察，精心护理，做好相应的各项准备工作和助产措施。

一、助产前的准备

（1）产房　要宽敞、清洁、干燥、阳光充足、通风良好、铺垫草，小动物备好分娩箱。

（2）产畜　马、牛于产前7～10d进入产房，以适应环境。有条件的猪场，应设离地产床。助产前，应消毒产畜外阴部，把尾巴拉向一侧。

（3）器械、药品　要准备必要的消毒药品、催产素、强心药等；注射器、脱脂棉、常规外产科器械、临床检查器械等（图9-12）、绳子、照明设备、足量热水等。

（4）人员　分娩前，应有熟悉动物分娩规律、助产程序和方法的人员值班；产前做好自身防护和消毒工作；助产时严格遵守助产的操作规程。

二、正常分娩的助产

通常情况下，正常分娩不需人为干预。助产人员的主要任务是监视分娩情况和护理仔畜。

工作人员穿好工作服、工作鞋，先对产畜进行健康检查。

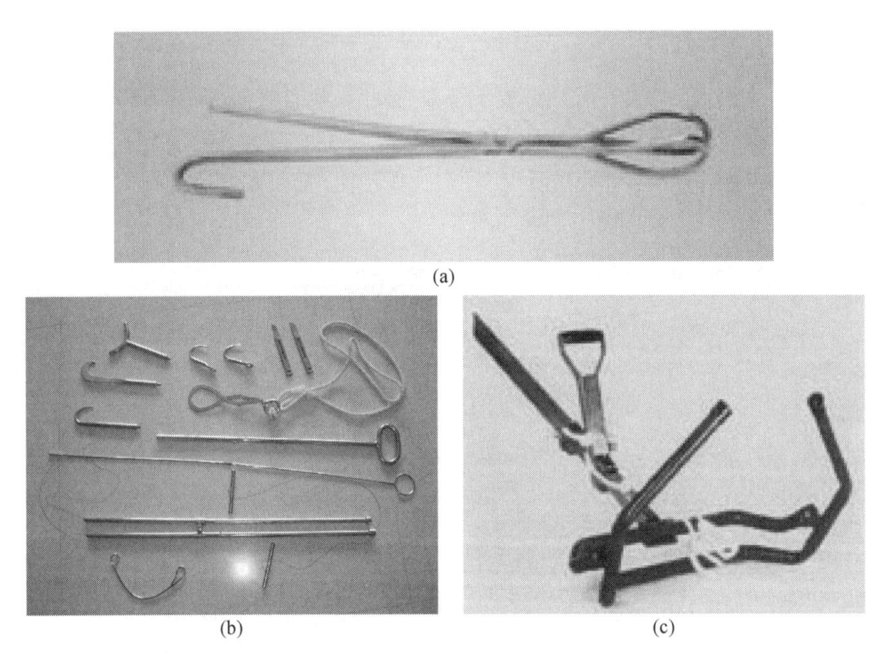

(a)

(b)

(c)

图 9-12 助产器械

(a) 猪的助产钳；(b) 牛的助产器械；(c) 牛的绞式助产器

对于大动物，胎儿前置部分进入产道时，用消毒药品清洗雌性动物外阴部，并检查胎儿与母体的关系是否正常，及时调整异常的胎儿胎位、胎势、胎向等（图 9-13）；同时，还应检查产畜骨盆是否正常，阴道、阴门及子宫颈的开张情况，判断分娩的难易度。如果正常，一般可等待自然分娩。

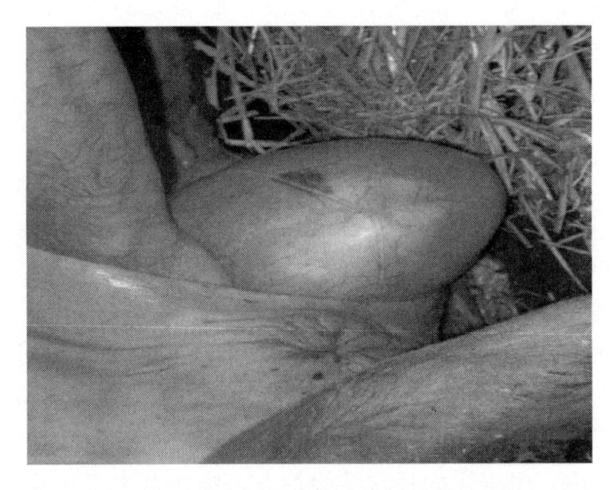

图 9-13 牛胎儿进入产道时检查胎儿胎势

胎儿头部或唇部露出阴门时，如果羊膜囊尚未破裂，则应在产畜充分努责、产道充分开张后适时撕破羊膜，擦净胎儿口、鼻内的黏液，防止窒息。但也不要过早撕破羊膜，使胎儿的羊水过早流失。

注意观察产畜的努责与产出过程是否正常。若羊膜囊破裂已久，产畜的阵缩和努责又微弱，而胎儿尚未产出时；或多胎动物产仔间隔过长，助产人员应及时助产。

分娩停止后，要检查胎儿是否全部产出，观察胎衣排出情况，及时处理排出的胎衣，以免被产畜吞食，影响消化和泌乳。

仔畜产出后，及时擦干口、鼻内的羊水及黏液，并观察呼吸是否正常。同时认真做好脐带的结扎、消毒工作，让雌性动物舔干或擦干身体，及时放入保温的产仔箱中。

及早扶助仔畜站立，帮助吃足初乳（仔猪应固定乳头）；初生仔猪还应修整犬齿、断尾、补铁等，在某些猪场还要实施超前免疫（图 9-14）。

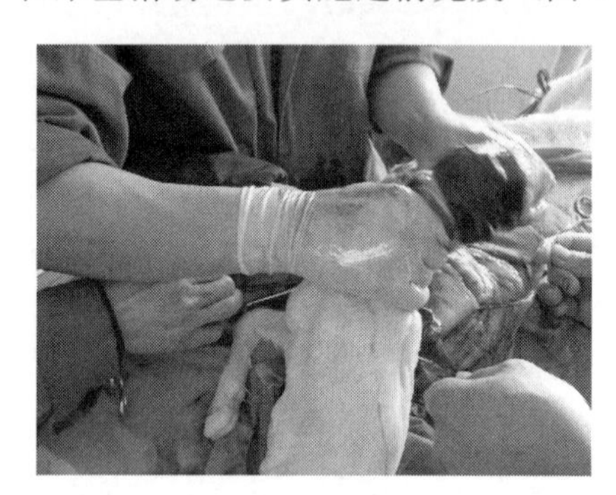

图 9-14　对手术助产初生羔羊除去口鼻黏液与人工帮助哺乳

三、难产及其助产

1. 难产分类

根据引起难产的原因不同，可分为三类。

（1）产力性难产　阵缩及努责微弱、阵缩及破水过早、子宫疝气等，表现为产仔间隔或产程过长。阵缩及努责微弱多见于猪。有因产畜营养不良、体弱、全身性疾病等引起，在分娩开始即出现的；也有因产畜长时间分娩过度疲劳而导致的。阵缩及破水过早偶见于马、驴，引发原因尚不清楚。

（2）产道性难产　包括子宫捻转，子宫颈、阴道及骨盆狭窄，产道肿瘤，产道干涩等，尤其以子宫捻转多。

（3）胎儿性难产　主要由胎儿的胎势、胎位、胎向异常所引起，也有因胎儿和骨盆的大小不相适应而发生（图 9-15）。

对多胎动物产仔间隔过长的，要正确分析是胎儿性难产或产力性难产。

在上述难产中，马、牛、羊的胎儿因头颈和四肢细长，难产多半是由胎势异常造成的，如头颈屈曲和肢蹄屈曲等。在牛的难产中，胎儿性难产约占 70%以上，尤其是肉牛；多胎动物猪、犬等则因产程长，产力性难产发生较多，如犬的难产中产力性难产占 72%，产道性（狭窄、扭转）难产占 4%，胎儿性难产占 24%。而对初产雌性动物则因胎儿过大引起的难产较多。在各种动物中，由于牛的骨盆结构特点，难产发生要比其他动物更多。

2. 难产时的助产原则

① 助产前要检查产畜体温、心跳、呼吸等状况，做到心中有数，避免术中意外，并初步判定是否为产力性难产。

② 要正确判定难产的原因和助产的方法。检查胎儿时，不仅要了解正生或倒生情况，而且要了解胎势、胎位与胎向，以及胎儿进入产道的程度，并正确判断胎儿的死活，以便确定合适的助产方法。

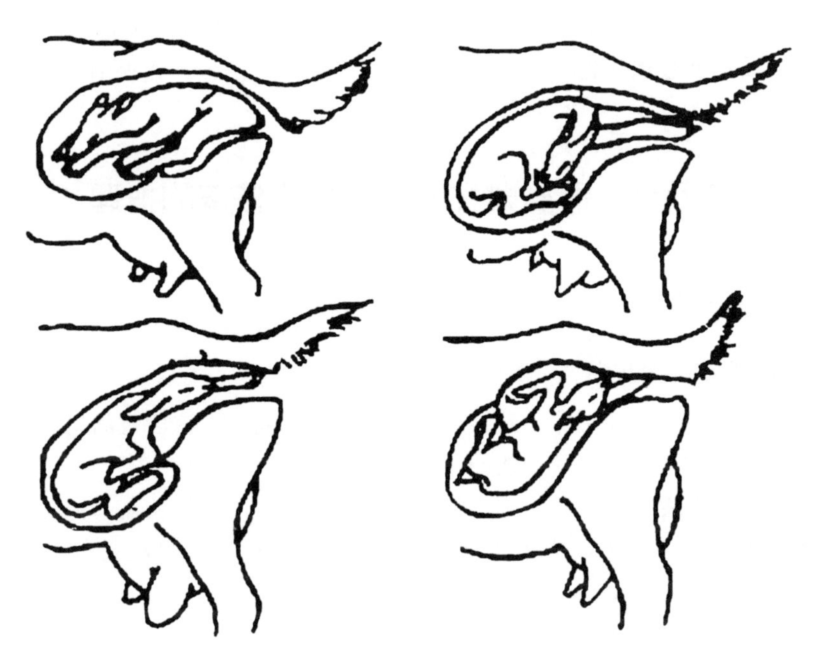

图 9-15 羊常见的胎儿性难产

③ 在检查胎儿的同时，要检查产道有无损伤、水肿、狭窄、畸形、肿瘤、胎水流失等情况，以及子宫颈的开张程度，观察流出的黏液颜色和气味是否正常。

④ 矫正胎儿异常姿势，应尽量将胎儿推回到子宫内进行，并正确使用助产器械，避免损伤产道。

⑤ 助产时，除要尽力确保母仔安全外，还要做好助产过程中的消毒工作，避免产道受损伤和感染，以保持产畜的再繁殖能力。

⑥ 要顺势助产，必要时可采取手术助产的方法。

3. 难产的预防

难产在生产中一旦发生，若处理不当，极易引起幼畜死亡，甚至危及产畜生命，或使产道和子宫受到损伤、感染等，影响产畜的再繁殖能力。因此，难产的积极预防对提高动物的繁殖率具有重要意义。

（1）避免过早配种 如果雌性动物尚未发育成熟即配种怀孕，分娩时容易发生骨盆狭窄，造成难产。

（2）科学饲养妊娠雌性动物 胎儿初生重大小关系到出生后的生长发育，但提高初生重要以正常分娩为前提，特别是在肉猪和肉牛生产中，雌性动物妊娠后期应适当控制饲料，以免胎儿过大造成难产。

（3）适当运动 妊娠雌性动物适当的运动可提高产畜全身和子宫的紧张性，使分娩时胎儿活力和子宫收缩力增强，有利于胎儿转变为正常分娩的胎位、胎势，减少难产、胎衣不下的发生，有利于产后子宫恢复。

（4）及时进产房 临近预产期的雌性动物，应在产前一周或半个月进入产房，以适应环境，避免环境应激效应。在分娩过程中，要保持环境的安静，并应有专人护理和接产。

（5）做好临产检查 切实做好临产检查，牛的前置部分露出阴户后，马在尿囊膜破裂、尿水排出后，应及时检查胎儿的前置部分。如胎儿正生正常则可任其自然分娩；如有异常

（如肢蹄、头颈屈曲等）应及早矫正。早期矫正，胎儿的躯体尚未进入产道，子宫体积也较大，产道润滑，将胎儿推回子宫矫正比较容易，可避免难产发生。如果倒生要及时助产，防止胎儿窒息。

单元五　产后雌性动物及新生仔畜的护理

一、产后雌性动物的护理

1. 产后期雌性动物生理特点

产后期是指从胎衣排出到母体生殖器官复原的持续时间。在这段时间里，最重要的是子宫内膜的再生、子宫的复原和卵巢功能的恢复。

（1）子宫内膜的再生　分娩后，子宫排出一些变性脱落的母体胎盘、部分血液、残留的胎水、白细胞和子宫分泌物等，这些混合物称为恶露。恶露最先呈红褐色，以后变为淡黄色，最后为无色透明。恶露排出持续的时间：牛 10～12d、绵羊 5～6d、山羊约两周、猪与马 2～3d。如果恶露排出时间延长，说明子宫内可能有病理变化。

牛子宫阜表面上皮，在产后 12～14d 通过周围组织的增生开始再生，一般在产后 30d 左右才全部完成；猪子宫上皮的再生在产后第一周开始，第三周完成；马产后第一次发情时，子宫内膜高度瓦解并含有大量白细胞，一般在产后 13～25d 子宫内膜完成再生。

（2）子宫的复原　产后子宫恢复到未孕时的大小，称为子宫复原。子宫复原的时间牛需 30～45d、羊 17～20d、猪 25～28d，马在产后 12～14d 子宫基本恢复原状，但完全复原约在产后 1 个月左右。

（3）卵巢功能的恢复　牛卵巢黄体在分娩后才被吸收，因此产后第一次发情较晚。若产后哺乳或增加挤奶次数，卵巢功能恢复更晚。一般牛产后 35～50d 出现第一次发情，并且卵泡发育、排卵多在前次未孕角一侧的卵巢上；猪分娩后黄体很快退化，产后 3～5d 便可出现发情，但此时正值哺乳期，卵泡发育受到抑制而不能排卵，一般母猪在断奶后才出现第一次发情、排卵；马、驴卵巢上的黄体在妊娠后期已退化，分娩后 8～12d 就能出现发情、排卵。

母犬的恶露是暗红色的，在产后 12d 内变为血样分泌物，数量亦增多，2～3 周后则成黏液状，约经历 4 周子宫复原完毕，停止排出恶露。产后 5～6 个月才会出现第一次发情。

猫产后卵巢功能恢复很快，产后第 4 周出现第一次发情。哺乳可抑制发情，故猫有泌乳乏情期。产后第 5～6 周为配种最适时间。

2. 产后雌性动物的护理

分娩后雌性动物生殖器官发生了很大变化。分娩过程中雌性动物产道还可能受到损伤，以致降低机体的抵抗力；分娩后子宫内沉积大量恶露，病原微生物易于侵入和繁衍。因此，要加强产后雌性动物的护理。

（1）防脱水　雌性动物分娩后由于大量胎水流失，会出现明显的生理性脱水现象。因此，产后应及时供给足够的温麸皮盐水、益母草煎剂、产后康等，以增强雌性动物体质，有利于恢复健康。最好在产畜分娩时收集羊水，在分娩结束时喂给产畜，不仅能补充体液，还能促进胎衣排出，效果更好。

（2）防胎衣不下和产后感染 分娩后要细心观察胎衣及恶露排出情况，注意防止阴道、子宫脱出（图 9-16）和产后感染。产后注射 OXT 和抗生素等，每天消毒阴户，可预防胎衣不下和产后感染。

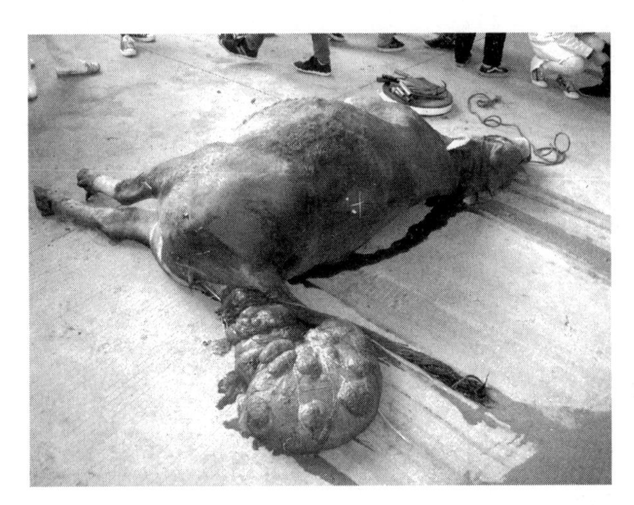

图 9-16 牛产后子宫脱出

（3）防产后瘫痪 产后大量血钙从初乳流失，大部分奶牛在分娩前后均会出现不同程度的血钙下降，暂时性的生理性低血钙是必然的，关键是能否及时得到补偿（图 9-17）。为此，临近分娩几天应低钙饲养，激活甲状旁腺功能；产后及时补钙，奶牛产后最初几天，要控制挤奶量，防止产后瘫痪的发生。

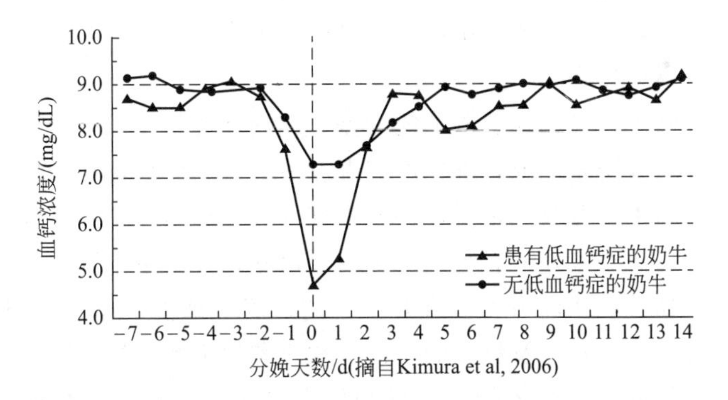

图 9-17 奶牛分娩前后血钙含量变化情况

产后补钙以往采取静脉注射方式进行，但近年研究表明，静脉注射补钙效果不如口服补钙效果持久和平衡（图 9-18）。

（4）镇痛 产后雌性动物的疼痛多由生殖系统损伤引起，会影响采食、产奶、子宫康复和降低抗病力。建议产后雌性动物用氟尼辛葡甲铵等非甾体类解热抗炎镇痛药物减轻产畜疼痛反应。

（5）促进乳房水肿消退 产后最初几天，给予品质好、易消化的饲料，以满足雌性动物机体的营养需要。在乳房水肿严重时，要限制青绿多汁饲料的喂量。

（6）促进产后发情 对产后未及时发情的雌性动物，要分析原因，采取相应的治疗措施，促进产后发情。

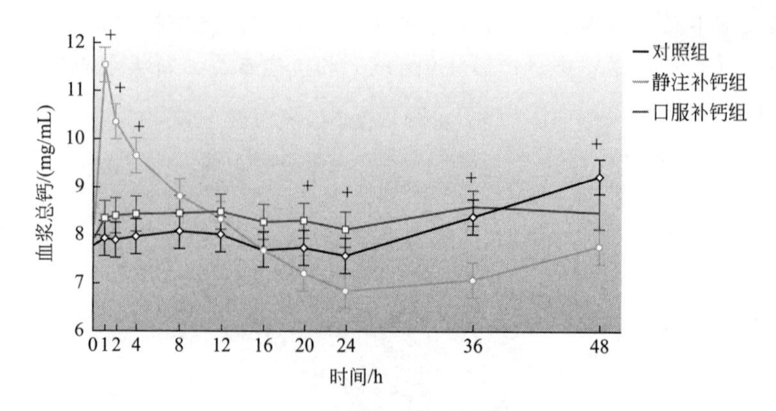

图 9-18　口服补钙与静注补钙的效果比较

二、新生仔畜的护理

新生仔畜是指从断脐至脐带干缩脱落这个阶段的幼畜。

1. 新生仔畜的护理

(1) 防止窒息　新生仔畜在口、鼻露出阴户或产出时，要及时抹去口、鼻的黏液，防止胎儿在从血液循环供氧转变为肺呼吸供氧过程中，吸入黏液导致胎儿窒息。

(2) 及时断脐　新生仔畜出生后，要及时做好断脐和脐带消毒工作，防止脐带感染。通常仔畜在出生一周左右脐带即干缩脱落，仔猪出生后 24h 左右脐带即干缩。如果发现脐带湿润，没有及时干缩，很可能是脐带发生感染，要及时做好抗感染措施。同时还要注意观察脐带有无滴血或滴尿现象，如有可能是由脐带血管闭锁不全所引起。另外，要注意避免仔畜间相互舔吮，以防脐带感染发炎。

(3) 防寒保温　新生仔畜的体温调节能力差，体内能源物质贮备少，对极端温度反应敏感。尤其在冬季，要做好防寒保温，确保产房温度适宜。新生仔畜在做好断脐工作后，要及时让产畜舔干或擦干新生仔畜身上黏液，并放入红外线保温箱（伞）等设施中保温，避免受寒感冒。有条件的产房冬季最好安装暖气片等取暖设施，提高室内温度。

(4) 早吃、吃足初乳　初乳中不仅含有丰富的营养（维生素 A 有利于防止下痢；乳蛋白无须经过消化，可直接吸收）及较多的镁盐（软化和促进胎粪排出），而且含有大量抗体，可增强仔畜抵抗力。初乳中的营养物质含量和仔畜对初乳中大分子物质（如蛋白质、抗体等）的吸收能力，将随着产后时间的延长而迅速下降。因此，仔畜在出生后 2h 内就应吃到初乳。对初生仔猪还应固定乳头，以提高仔猪成活率和均匀度。

(5) 预防疾病　新生仔畜出生后，由于生活条件的突然改变，以及遗传、免疫、营养、环境等因素的影响，容易发生新生仔畜假死、脐带闭合不全或脐带炎、胎粪阻塞、白肌病、溶血病、仔猪低血糖等疾病，对此应积极采取预防措施，做好种畜的选择、妊娠期间的饲养管理和环境整洁等工作。

(6) 仔犬、猫的护理　初生仔犬、猫，两眼紧闭，10d 左右才睁开双眼；到 21d 就极其活泼好动，并可开始补饲；5～6 周可断奶。初生仔犬、猫，能依触觉、嗅觉、体温来确定雌猫乳头位置哺乳。一般第一天不许触摸仔犬，第二天才可仔细检查仔犬性别、体质及决定是否寄养。

2. 假死胎儿的急救

胎儿因吸入羊水或拉出的方法不当会引起窒息。此时，胎儿呼吸发生障碍或停止，心跳微弱，若脐带充满血液（脐血饱满），向腹腔挤压后有回流现象，则为假死。如不及时急救，往往会引起死亡。若呼吸、心跳停止时间已较长，脐带无血或脐血不饱满，无回流现象，则叫真死。新生仔畜假死的急救可采用以下措施：

（1）倒提后肢急救法 对初生仔猪、羔羊等假死，可倒提后肢抖动；初生犊牛假死则可将其后肢挂在高处，并轻轻拍打胸腹部，使呼吸道黏液排出，直至呼吸出现。

（2）温水浸浴急救法 擦净仔畜口、鼻及呼吸道中的黏液和羊水后，将胎体放入40～60℃的温水中，右侧卧，头外露，左手托颈，使胎儿背向自己，右手有节奏地沿胸廓由上而下按摩，直至呼吸正常为止。此法可用于各种动物。

（3）按摩胸部急救法 右侧卧，右手以60～80次/min的速度有节奏地按压胸部，直至心跳出现为止。适用于大动物。

在采取上述急救措施的同时，可配合使用刺激呼吸中枢的药物，如皮下或肌内注射1%山梗菜碱0.5～1mL或25%尼可刹米1.5mL，也可酌情使用其他强心剂。

技能训练　雌性动物分娩助产

【目的和要求】

了解雌性动物正常分娩助产和难产助产，知道各种动物的助产特点。

【主要仪器及材料】

雌性动物分娩的录像或分娩雌性动物；投影仪、电脑，部分模型、产科器械等。到牧场应准备催产素、抗生素、消毒药品及其他治疗用药等。

【技能训练内容】

根据分娩雌性动物的种类和数量，将学生分组，由教师带领边讲解，边观察，边操作。

1. 分娩预兆观察

主要观察产畜乳房、阴户、骨盆韧带、行为等方面的变化。

2. 产前的准备工作

产畜尾巴系于一旁，清洗、消毒产畜外阴部及肛门周围，助产者的手臂消毒。

3. 分娩过程的观察与助产

当雌性动物开始分娩时，要密切注意其努责的频率、强度、时间，雌性动物的姿态及胎儿前置部分。

在母牛胎囊露出阴门或排出胎水后，可将手臂伸入产道，检查胎向、胎位、胎势是否正常，如不正常则及时采取适当的措施矫正。

当胎儿的嘴露出阴门后，要注意胎儿头部与前肢的关系；注意胎儿“三宽”（即额部、肩胛部、髋部）通过阴门时如何保护阴门；注意助产时产科绳的用法。

猪分娩时注意胎儿产出的间隔时间。

4. 新生仔畜护理

胎儿产出后，要及时擦去仔畜口、鼻黏液，并注意有无呼吸，对假死胎儿及时进行救治。

注意仔畜的保暖，擦干身上羊水。

及早让仔畜吃上初乳。

5. 产后雌性动物护理

擦净外阴部、臀部、后肢上黏附的黏液和羊水。更换垫草。

及时喂饮温益母草煎剂并给予柔软易消化的饲料。注意胎衣排出的时间及是否完整，对胎衣不下的，要及时采取相应措施治疗。

【作业】

1. 助产前要准备哪些器具和药品？
2. 助产前要对产畜做哪些检查？
3. 记录你所观察到的分娩预兆和分娩过程。

单元检测

一、相关名词

分娩、分娩过程、胎位、胎向、胎势、前置、胎衣不下

二、思考与讨论题

1. 雌性动物分娩启动的机理有哪些？
2. 决定雌性动物分娩的因素有哪些？
3. 临产雌性动物有哪些外部症状？
4. 正常分娩的胎儿其胎位、胎势、胎向如何？
5. 助产前要做哪些准备工作？
6. 各种动物的胎衣排出期大约为产后多少时间？
7. 预防雌性动物难产可采取哪些措施？
8. 简述新生仔畜护理要注意的问题。
9. 雌性动物分娩的预兆包括哪些方面？
10. 给分娩雌性动物助产时，要遵循哪些原则？
11. 母猪和母牛发生难产的原因各有什么特点？
12. 在你所见到的养殖场分娩助产过程中存在什么问题？
13. 猪发生难产用催产素助产时，要注意什么？
14. 与动物分娩有关的生殖激素主要有哪些？
15. 如何实现母猪白天分娩和集中分娩？
16. 分娩助产时应注意哪些方面？
17. 有个外三元商品猪场，经常发生初产母猪因胎儿过大，分娩时难产而造成仔猪死亡，试问可从哪些方面来解决？
18. 为什么现在大多数奶牛分娩都要人工助产？如何减少奶牛难产的发生？
19. 造成奶牛难产的主要原因是什么？在助产时如何避免？
20. 什么动物最容易发生胎衣不下，应如何预防和治疗？
21. 何谓新生仔畜假死？出现新生仔畜假死时，应如何处理？

22. 分娩、流产、发情的机理与结果有何区别？
23. 哪些因素可能会影响雌性动物的正常分娩？
24. 猪、牛、羊的妊娠期是多少时间？
25. 简述猪、牛、羊预产期的简易推算方法。
26. 为什么母牛难产多发？

项目十 繁殖管理

学习目标

1. 知道动物繁殖率的概念，繁殖率的评价指标与评价方法；影响动物繁殖率的因素；动物繁殖障碍的主要表现形式。

2. 会正确评价各种动物的繁殖率，并通过对繁殖率影响因素分析，提出提高繁殖率的措施。

人们从事生产的目的，就是为了获取最大的经济效益，而畜牧业经济效益的高低最终取决于动物的数量和质量。为达此目的，作为增加个体、扩大群体的动物繁殖，无疑是畜牧生产中一项极其重要的技术工作，繁殖管理自然是动物繁殖中不可或缺的组成部分。繁殖管理，即为便于动物繁殖工作的顺利开展而将有关动物繁殖的知识和技术进行整合，使其条理化、规范化和系统化。繁殖管理，主要包括动物繁殖力评价、影响因素分析与繁殖障碍防治等。

单元一 动物繁殖力及其评价指标

一、动物繁殖力的概念

动物繁殖力是指动物在正常生殖功能条件下，生育繁衍后代的能力。这种能力除受生态环境、营养、繁殖方法及技术水平等条件的影响外，动物本身的生理状况也起着重要作用。对雄性动物来说，繁殖力反映的是性成熟早晚、性欲强弱、交配能力、精液质量和数量、使用年限等；对雌性动物则体现在性成熟、发情排卵、配种受胎、胚胎发育、泌乳或哺乳等生殖活动的功能。

科学的饲养管理、正确的发情鉴定、适时输精，发情控制、胚胎移植等繁殖新技术的应用是保证和提高动物繁殖力的重要技术措施。

二、繁殖力的评价指标

1. 哺乳动物繁殖力的评价指标

哺乳动物繁殖力常用繁殖率来表示。雌性哺乳动物从初配适龄开始一直到丧失繁殖能力之前，称为适繁雌性动物。畜群的繁殖率是指本年度断奶的仔畜数占上年度末存栏适繁雌性动物数的百分比。

$$繁殖率=\frac{本年度断奶仔畜数}{上年度末存栏适繁雌性动物数}\times100\%$$

繁殖率是一个综合指标，根据雌性动物繁殖过程的各个环节，雌性动物繁殖率与受配率、受胎率、分娩率、产仔率、仔畜成活率等因素有关。因此，繁殖率又可用下列公式表示：

$$繁殖率=受配率\times受胎率\times分娩率\times产仔率\times仔畜成活率$$

（1）发情率　指本年度发情雌性动物数占上年度末适繁雌性动物数的百分率。主要反映适繁雌性动物自然发情的功能及诱导发情的效果。

$$发情率=\frac{本年度发情雌性动物数}{上年度末适繁雌性动物数}\times100\%$$

发情率与后备雌性动物和产后雌性动物是否及时发情有关，也与发情观察、乏情雌性动物的处理有关。如果畜群的乏情率高，那么发情率就低。

（2）受配率　指本年度参加配种的雌性动物数占畜群内适繁雌性动物数的百分率。主要反映畜群的发情鉴定和配种管理水平。

$$受配率=\frac{本年度参配雌性动物数}{畜群内适繁雌性动物数}\times100\%$$

如果畜群中的雌性动物繁殖障碍多，或发情雌性动物配种不及时，则受配率低。与发情观察、鉴定技术等有关。

（3）受胎率　指本年度配种后妊娠雌性动物数占参加配种雌性动物数的百分率。主要反映雌性动物的繁殖功能和配种质量，为淘汰雌性动物及评价某项繁殖技术提供依据。与发情鉴定技术、精液品质、输精技术等有关。

$$受胎率=\frac{本年度配种后妊娠雌性动物数}{参配雌性动物数}\times100\%$$

在统计中，为更好地反映人工授精技术水平，又有总受胎率、情期受胎率、第一情期受胎率、不返情率等。生产中以第一情期受胎率反映人工授精水平最简单明了，但在制定繁殖技术指标时则以总受胎率更方便管理。

① 总受胎率。即上述的本年度配种后妊娠雌性动物数占参加配种雌性动物数的百分率。

② 情期受胎率。指在一定期限内受胎雌性动物数占本期内参加配种雌性动物总输精情期数的百分率。

$$情期受胎率=\frac{受胎雌性动物数}{本期内参配雌性动物总输精情期数}\times100\%$$

③ 第一情期受胎率。指育成或产后雌性动物第一次配种后，妊娠雌性动物数占配种雌性动物数的百分率。

$$第一情期受胎率=\frac{第一情期配种妊娠雌性动物数}{第一情期配种雌性动物数}\times100\%$$

④ 不返情率。指配种后一定时期（如 30d、60d、90d）未发现发情的雌性动物数占参加配种雌性动物数的百分率。一般不返情率大于实际受胎率。

（4）分娩率　指本年度分娩雌性动物数占妊娠雌性动物数的百分率，不包括流产雌性动物数。反映妊娠雌性动物的质量，与饲养管理、流产性传染病、霉变饲料、用药等因素有关。

$$\text{分娩率}=\frac{\text{本年度分娩雌性动物数}}{\text{妊娠雌性动物数}}\times 100\%$$

（5）产仔率 指本年度分娩雌性动物的产仔数占分娩雌性动物数的百分率。与精液质量、是否适时输精、季节、饲养管理、遗传等因素有关。

$$\text{产仔率}=\frac{\text{本年度分娩雌性动物的产仔数}}{\text{分娩雌性动物数}}\times 100\%$$

单胎动物如牛、马、驴等，因一头雌性动物多数只产一头仔畜，产仔率接近100%，一般只用分娩率而不用产仔率概念。多胎动物如猪、羊、犬、兔、猫等一胎可产出多头仔畜，产仔率均超过100%。这样，多胎动物的分娩雌性动物数不能反映所产的仔畜数，所以对于多胎动物应同时使用分娩率和产仔率；由于这些动物一年多胎、一胎多仔，还可以用窝产仔数和产仔窝数表示。

窝产仔数：指多胎动物平均每胎产仔的总数（包括死胎和死产），是反映多胎动物多产性的重要指标。

产仔窝数：指多胎动物在一年内产仔的平均窝数或胎数，是反映产后雌性动物繁殖管理水平的重要指标。产仔窝数越多，年繁殖率越高。

（6）仔畜成活率 指本年度断奶成活的仔畜数占产出仔畜数的百分率，反映仔畜的培育成绩。

$$\text{仔畜成活率}=\frac{\text{本年度断奶成活仔畜数}}{\text{产出仔畜数}}\times 100\%$$

2. 家禽繁殖力的评定指标

衡量家禽繁殖力的指标有产蛋量、受精率、孵化率、育雏率等。

（1）产蛋量 指家禽在一年或一个产蛋周期内的平均产蛋数。

$$\text{产蛋量(枚)}=\frac{\text{全年产蛋数}}{\text{总饲养日}/365}\times 100\%$$

（2）受精率 指种蛋孵化后，经第一次照蛋确定的受精蛋数与入孵蛋数的百分率。

$$\text{受精率}=\frac{\text{受精蛋数}}{\text{入孵蛋数}}\times 100\%$$

（3）孵化率 可分为入孵蛋孵化率和受精蛋孵化率两种。指出雏数占入孵蛋数或受精蛋数的百分率。

$$\text{入孵蛋孵化率}=\frac{\text{出雏数}}{\text{入孵蛋数}}\times 100\%$$

$$\text{受精蛋孵化率}=\frac{\text{出雏数}}{\text{受精蛋数}}\times 100\%$$

（4）育雏率 指育雏期末成活雏禽数占入舍雏禽数的百分率。

$$\text{育雏率}=\frac{\text{育雏期末成活雏禽数}}{\text{入舍雏禽数}}\times 100\%$$

三、动物的正常繁殖力

1. 牛的正常繁殖力

根据国外资料，奶牛繁殖管理的目标为：育成牛14～16月龄初配，23～25月龄产犊，产后65～75d第一次配种，母牛受配率95%，情期受胎率60%以上，总受胎率95%，产犊间隔365d，繁殖率80%～85%。

受各种因素的影响，我国牛的繁殖率较低。在奶牛，一般成年母牛的情期受胎率为40%～60%，总受胎率75%～95%，分娩率93%～97%，年繁殖率70%～90%，产犊间隔13～14个月。其他牛的繁殖率更低，如黄牛受配率仅60%、受胎率70%、年繁殖率在35%～45%左右；水牛因发情表现不明显，易错过配种时机，年繁殖率也与黄牛接近；牦牛对温度、海拔高度的变化非常明显，海拔低于4000～6000m便丧失繁殖能力。母牦牛的受配率为40%～50%，受胎率为60%～80%，年繁殖率仅为30%左右。繁殖年限为10～12岁。

牛的繁殖率还受畜群数量、结构变动的影响，特别是在单胎动物牛，育成牛的繁殖率可达90%或更高，而经产牛的繁殖率只有70%～80%。生产中如果二者分别计算，则育成牛的繁殖率基数要以当年3月25日前可参配牛计。

2. 猪的正常繁殖力

猪的繁殖率很高，我国地方猪种一般窝产仔数为10～12头，太湖猪平均达14～17头，年平均产仔窝数为1.8～2.2窝；引进猪种窝产仔数稍低。母猪正常情期受胎率为70%～80%，总受胎率85%～95%。繁殖年限为8～10岁。

3. 羊的正常繁殖力

母羊的繁殖率因品种、饲养管理和生态条件等不同而有差异。绵羊大多一年一胎或2年3胎，一般产单羔。其中湖羊、小尾寒羊有时可在一年内产两胎，产双羔或三羔的比例也较高，个别能产6羔。山羊一般一年产一胎，有时一年内能产两胎，每胎可产羔1～3只，个别可产羔4～5只。羊的情期受胎率为70%左右，总受胎率平均在90%以上，繁殖年限为8～10年。

4. 兔的正常繁殖力

家兔繁殖率很高，特点是性成熟早、妊娠期短、窝产仔数多，产仔窝数多。家兔一般一年可繁殖3～5胎，每胎产仔6～9只，最高可达14～15只。家兔一年四季都可发情，受胎率与季节有关，春季受胎率较高，可达85%以上；夏季较低，只有30%～40%。繁殖年限为3～4年。

5. 家禽的正常繁殖力

家禽的繁殖力一般以产蛋量与孵化率表示。通常蛋鸡的产蛋量较高，年产蛋量一般为250～300枚，最高可达335枚，肉用鸡的产蛋量为150～180枚；蛋鸭的产蛋量为200～250枚，肉用鸭的产蛋量为100～150枚；鹅的产蛋量为30～90枚。蛋的受精率在正常情况下为90%以上，受精蛋孵化率为80%以上，育雏率在80%～90%左右。

单元二　影响雌性动物繁殖率的因素

影响雌性动物繁殖率的因素主要有以下几方面。

一、先天性因素

除种间杂种不育外，牛的异性孪生母犊有90%以上不育。此外由于双亲的遗传缺陷或近亲交配，或者是在胚胎发育过程中，受有毒物质、辐射等有害理化因素的影响，造成动物生殖器官发育异常，导致终生不育。如卵巢发育不全、雌雄间性等。

预防先天性繁殖障碍，主要是要做好选种选育，避免近亲交配，重视牧场环境。一旦发现先天性繁殖障碍动物，应及时淘汰。

二、营养性因素

由于饲料或营养不当，使雌性动物生殖功能衰退或受到破坏而引起的繁殖障碍，在雌性动物后天性不育中占有很大比例。如饲料不足、营养不良；饲料组成单一，缺乏维生素或微量元素；饲料品质不良，有霉变、有毒成分残留等。

营养不当对育成期、产后期、老年雌性动物更敏感，常造成初情期或产后发情延迟、繁殖功能提前终止，或发情表现不明显、卵泡发育不良等而导致不育。

饲养过度（不当），如种猪当商品猪养，营养过剩或不良，体重增长与生殖器官发育不协调，也会造成繁殖障碍。

因此，饲料原料要多样化，合理搭配日粮，确保饲料质量，适当补充维生素和微量元素，满足动物营养需要。对已经出现营养不育的，在调整日粮营养的同时，根据不同表现，应用生殖激素或管理措施等促其发情、配种。

三、繁殖技术性因素

繁殖技术包括精液品质、发情鉴定、输精、妊娠诊断等。

（1）精液品质 采精频率过高或雄性动物交配过度，精液处理、保存不当，精液品质检查不规范，不合理稀释等都会影响精液品质。

（2）发情鉴定 主要包括雌性动物发情观察的次数、时机、方法等。每天至少两次巡视雌性动物是否发情，母牛发情鉴定最好在运动场或采食后卧地休息1h以后；国外品种母猪、群饲的母羊用试情法发情鉴定比外部检查法好。饲养员或人工授精员的责任心与配合程度也影响发情鉴定效果。采用发情鉴定新技术，如牛的计步器法、尾根涂蜡法发情鉴定，可提高发情母牛检出率。

（3）输精 人工授精操作不规范，输精或子宫灌注治疗消毒不严格，输精时间不适时，输精部位不当等均影响繁殖率。

（4）妊娠诊断 假发情和妊娠诊断失误也是造成繁殖率下降的重要原因。

对此，先要提高繁殖技术水平，制定并严格执行发情鉴定、人工授精、妊娠诊断操作规程，普及动物繁殖技术知识，推广应用先进的繁殖技术和方法。

四、管理利用性因素

过度使役（如长途运输、耕种等）、泌乳量高、哺育仔畜过多、断奶过迟、催乳素水平过高等等，常引起雌性动物生殖功能减退或停止。以猪、马、驴和牛多见，而且多伴有饲料不足和营养不良。

对此，役用雌性动物要合理使役，哺乳雌性动物要带仔适量并适时断奶，乳用雌性动物须加强产后管理。

五、卵巢与生殖道疾病

卵巢疾病主要包括卵巢功能减退的卵巢静止、发育不全、萎缩，排卵迟缓，黄体发育不良；卵巢功能增强的持久黄体、黄体囊肿、卵泡囊肿等。生殖道疾病主要包括子宫内膜炎、子宫颈炎、阴道炎等。

据兰州畜牧与兽药研究所对9754头适龄奶牛调查，因生殖系统疾病引起不孕的牛2464头，占25.26%。其中子宫内膜炎1684头，占不孕牛的68.34%；卵巢疾病676头，占27.44%；生殖器官其他疾病104头，占4.22%。

引起子宫内膜炎的病因中，胎衣不下占34.06%，流产、难产、死胎占11.05%。

调查21596头成年奶牛卵巢功能障碍性不孕症的发病率，结果因卵巢疾病引起的1830头，占8.47%。其中持久黄体555头，占30.33%；卵巢静止443头，占24.21%；卵巢囊肿379头，占21.69%；卵巢萎缩184头，占10.05%；排卵迟缓64头，占3.5%；卵巢及输卵管炎70头，占3.82%；卵巢肿瘤22头、输卵管硬结39头、输卵管粘连37头、其他37头，合计占7.38%。

对于卵巢与生殖道疾病要及时诊断并采取正确的治疗方法。

六、传染性因素

生殖器官感染病原微生物是引起动物繁殖率下降的重要因素之一。被感染的动物有些表现出明显的临床症状，有些则隐性感染而临床表现不明显，但在自然交配时通过雄性动物介导在雌性动物间传染，或在阴道检查、人工授精过程中，由于操作不规范而传染给其他雌性动物，有些人畜共患病还可传染给人。某些疾病则通过胎盘传播给胎儿，引起胎儿死亡或传播给后代。

此外，多种传染性疾病可引起雌性动物流产，通过流产的胎儿、胎水、胎膜及阴道分泌物排出体外，造成传播。

七、环境气候性因素

动物的生殖功能与日照、气候、温度、饲料成分以及其他外界因素都有密切关系，季节性发情动物尤为明显。在动物遭受严重自然灾害、远距离引种、气候变化较大时，有时会出现暂时的气候水土性不育。

在炎热的夏季（母猪30℃以上、湿度75%以上；奶牛32℃以上；鸡30℃以上）或严寒的冬季（如鸡在5℃以下），动物常出现发情不明显或不排卵现象，一旦环境改变，生殖功能即恢复正常。

单元三　提高繁殖率的措施

同一种属或同一品种的动物，其繁殖潜力基本相同，但因诸如环境、营养、管理、疾病等后天因素的不同而繁殖率差异较大。只有正确掌握动物的繁殖规律，采取先进的技术措施，才能最大限度地发挥动物的繁殖潜力，提高繁殖率。提高动物繁殖率主要可采取以下措施。

一、加强选种选育工作

选好种畜是提高动物繁殖率的前提。应选择繁殖率高的雄性动物和雌性动物进行繁殖，对雌性动物的选择应注意在正常的饲养管理条件下其性成熟的早晚、发情排卵情况、胎间距、受胎能力、哺乳性能等，以及对羊的双羔率、猪的产仔数、奶牛的不孕症等进行综合考察。患卵巢囊肿和卵巢发育不全的牛具有一定的遗传性，不宜留种；绵羊应选留双羔率高，特别是第一胎产双羔的母羊。雄性动物应选择睾丸发育正常，性欲旺盛，射精量多、质量好，受精力高，后代无遗传缺陷的。选种选配中还应注意避免近亲繁殖。

在加强选育工作的同时，要及时淘汰老、弱、病、残等雌性动物，提高适繁雌性动物比例，保证合理的畜群结构。

二、加强饲养管理

雌性动物的发情排卵是通过内分泌途径，在生殖激素的协调作用下进行的。蛋白质、微量元素（P、Mn、Cu、Se）和维生素（维生素 E、维生素 A 等）等的不足或不平衡都将影响雌性动物正常的发情排卵，如初情期延迟、发情不正常或不明显、受胎率下降、多胎动物产仔数减少等。

加强饲养管理，合理搭配日粮，使雌性动物有适当的膘情，特别是在发情配种季节，这是雌性动物正常发情排卵的物质基础。牛、羊等草食动物要重视饲料精、粗、青的搭配；避免饲料中药物残留、霉变、有毒成分（如酒糟中的酒精含量、菜籽粕和棉籽粕中的有毒成分）的危害。

对公、母分养的季节性发情动物，采用人工授精的畜群，在配种季节应使雌性动物与雄性动物适当接触，促使雌性动物提早发情、排卵，使发情更明显。如在配种前 2～3 周，将试情公羊按一定比例引入母羊群，可使母羊在配种阶段的发情提前，并趋于同期化，这对增加母羊的排卵数、提高产羔率也有一定的作用，称为“公羊效应”。

对产前、产后雌性动物，应保证充足的营养，减少产后失重，加强护理，则有利于产后发情和受胎。

三、规范人工授精操作

1. 保证精液品质

在雌性动物正常发情排卵的前提下，不论采用哪种配种方式，品质优良的精液是保证受精和早期胚胎发育的首要条件。选择雄性动物时，除注意其遗传性能、体形外貌和一般生理状态外，还要认真了解其繁殖历史，更重要的是要对其睾丸的生精功能和精液品质进行严格的检查。雄性动物饲养要营养平衡、适当运动、合理利用，这是保证精液品质的关键。

精液品质检查，不仅要检查精液的活力、密度，还要检查其畸形率、顶体完整率、耐冻性、受精力等，特别是用于人工授精的雄性动物，如一头优秀公牛一年可生产几万剂量的精液，其质量优劣对雌性动物繁殖率的影响极为巨大，更应经常或定期做精液品质的检查和分析，每次人工授精前都应检查精液品质。

牛、羊在自然交配的情况下，每年配种季节到来之前，对参配雄性动物要先进行繁殖力的检查和测定，淘汰繁殖力低、性欲差和精液品质不良的雄性动物。同时注意雄雌性动物的合理比例，避免交配过度，以提高受胎率。

2. 正确发情鉴定和使用精液，适时输精

正常情况下，刚排出的卵子和刚完成获能的精子相遇完成受精形成的受精卵生活力最强。衰老的精子或卵子即使受精也容易发生胚胎早期死亡，这就要求能准确掌握雌性动物的发情排卵规律。

猪、羊发情鉴定主要是用外部观察法结合试情法；母牛常通过外部观察法结合直肠检查触摸卵泡发育和排卵情况，以判断输精的最佳时间。发情鉴定重要的是判断发情的真假、发情是否正常，以及适时输精的时间。切记发情不等于输精，只有卵泡发育正常，才有较高的受胎率。

要按规范，正确保存精液，对常温、低温保存的精液，要保证温度在合适的范围；对冷冻保存的精液，要定期检查液氮蒸发情况，及时添加液氮；解冻时，夹取冻精的镊子要先预冷，夹取动作要快，尽量减少冻精离开液氮的时间。

3. 规范输精操作

只有严格按照输精操作规程，才能避免生殖道人为感染。输精前应做好阴户的清洁消毒工作，尽量使用一次性输精管；输精部位要适当，对输精量多的猪，要确保一定的输精时间，避免精液倒流；输精后做好相关记录。

四、治疗繁殖障碍性疾病

繁殖障碍是指种畜的生殖功能异常或受到破坏而导致暂时失去繁衍后代的能力。造成繁殖障碍的原因有先天性和后天性两类。先天性和衰老性繁殖障碍应及早淘汰。后天性原因包括营养性、疾病性、管理利用性、繁殖技术性、环境气候性和传染性因素。

营养性、管理利用性繁殖障碍，通过改善饲养管理和合理利用加以克服。由疾病引起的，应加强免疫制度，做好隔离检疫和淘汰工作。卵巢功能性繁殖障碍如卵巢静止、萎缩，持久黄体，卵巢囊肿，排卵延迟等，可在改善饲养管理措施的同时，用 FSH、PMSG、PG、LH 等生殖激素治疗。对于子宫内膜炎等子宫疾病性繁殖障碍，在规范输精操作的同时，通常采用子宫灌注抗生素或防腐消毒药品，配合前列腺素，促使炎性分泌物排出、治疗。

1. 卵巢功能障碍

卵巢功能障碍是由营养、气候、疾病等各种因素所引起的卵巢卵泡发育，排卵，黄体形成、退化功能失调等繁殖障碍的总称（图 10-1）。

(1) 卵巢功能减退 卵巢功能减退是指卵巢功能受到扰乱，处于静止状态，不出现周期性活动，包括育成雌性动物卵巢发育不全，经产雌性动物卵巢静止以及老龄雌性动物卵巢萎缩、硬化等病症。

① 病因。多由营养不良或维生素与微量元素缺乏、严重的全身性疾病、过劳或哺乳过度等利用不当、奶牛产奶量高等引起。其中的卵巢萎缩、硬化可由卵巢炎或老龄雌性动物所引发。

② 症状及诊断。雌性动物主要表现为长期不发情，或虽有发情但外表征象不明显，直肠检查卵巢较松软且较小，无明显的卵泡或黄体发育。

③ 治疗。

a. 加强饲养管理。改善饲料质量，补充适量的维生素和微量元素，增加运动和日照时间，减少使役，及时断奶等。

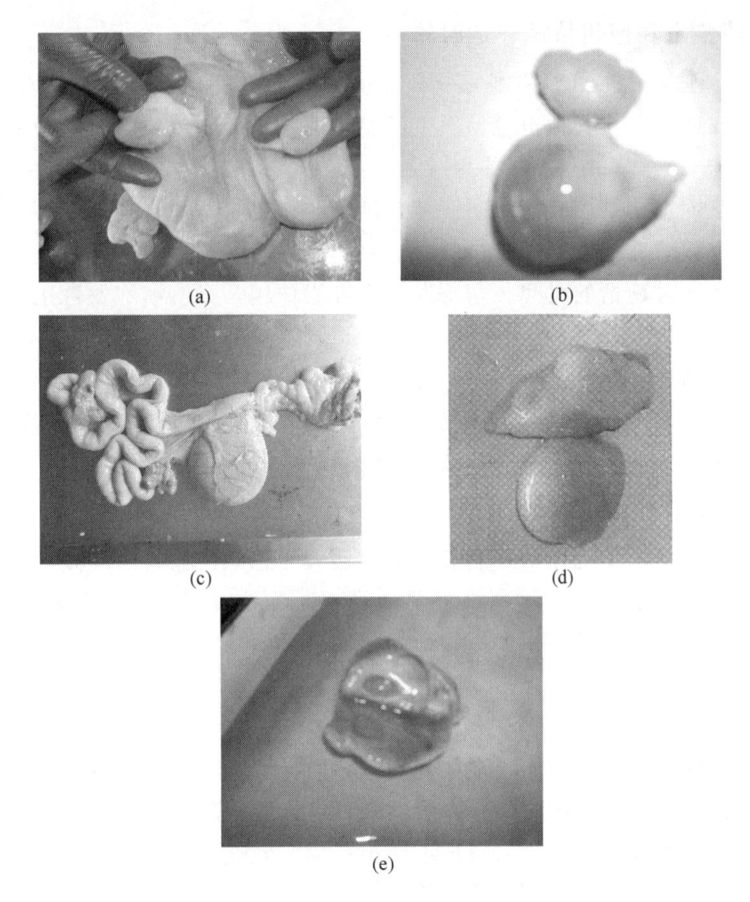

图 10-1　功能障碍的卵巢

（a）牛的静止卵巢；（b）牛的囊肿卵巢；（c）猪的囊肿卵巢；
（d）牛的发育不全卵巢；（e）牛黄体囊肿的卵巢

b. 提早断奶。对泌乳性乏情母猪，可采取提早断奶的方法促其发情。断奶后一周内多数母猪发情，为提高发情率，也可在断奶时，注射适量的促性腺激素。

c. 异性刺激。公、母分群的雌性动物，可利用雄性动物的异性刺激，促进其发情。

d. 激素疗法。可用促性腺激素促进卵泡发育，注射 PMSG，马、牛 1000～1500U、猪 1000U、羊 200～400U；或注射 FSH，马、牛、猪 100～200U。也可注射 HCG、LRH。对母牛、母羊，还可在阴道放置孕激素阴道栓，先抑制发情，撤除后则多数会发情。

（2）持久黄体与黄体囊肿　持久黄体指子宫内无孕体，而卵巢上有一个或数个存在时间超过 30d 的功能黄体。黄体囊肿多由卵泡囊肿促排卵治疗后，囊肿卵泡没有排卵而卵泡壁增厚形成。

① 病因。大多是由子宫疾病，如产后子宫复原不全、子宫内膜炎、子宫积液、死胎等导致子宫内膜分泌 $PGF_{2\alpha}$的功能出现障碍，使卵巢黄体不能正常退化而发生。

此外，饲料单纯、缺乏维生素和矿物质、运动不足，也可能使黄体 OXT 分泌不足而干扰 $PGF_{2\alpha}$产生，使卵巢黄体不能溶解。

黄体囊肿多是由卵泡囊肿经促排卵治疗后卵泡壁上皮细胞黄体化引起。

② 症状及诊断。持久黄体主要特征是发情周期停止，雌性动物不发情，直肠检查可发

现有一侧（有时两侧）卵巢增大，有圆而凸起的黄体，间隔10～14d后检查，在卵巢同一部位触到同样的黄体。

黄体囊肿表现为不发情，直肠检查卵巢上有一个或数个卵泡壁增厚的黄体化卵泡（图10-2）。猪的黄体囊肿常为许多大的黄体化卵泡。

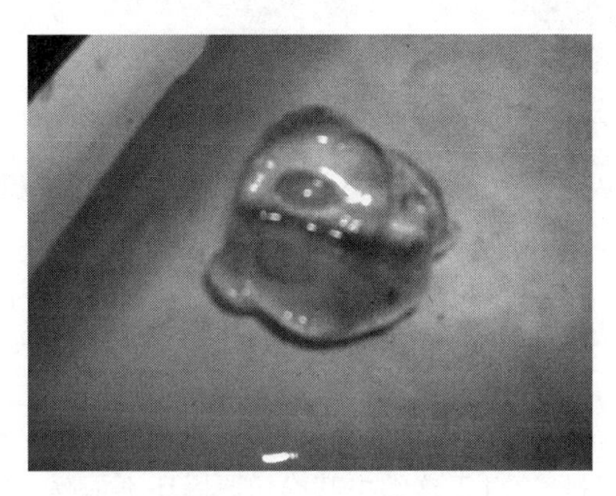

图10-2 黄体囊肿

实践中必须区别妊娠黄体与持久黄体、黄体囊肿。在牛受体移植检查黄体发育时发现有部分母牛发情后7d的正常黄体也似囊肿状。因此，需认真检查子宫，确定没有孕体后，才能确诊。

③ 治疗。治疗持久黄体先要改善饲养管理，同时治疗子宫疾病，才能取得较好效果。理想治疗药物$PGF_{2\alpha}$，目前多用合成制剂氯前列烯醇，牛肌内注射0.4～0.6mg，疗效较好；或肌注PMSG、FSH。

对黄体囊肿病例，先用氯前列烯醇溶解黄体，发情时再注射促排卵类激素如$LRH\text{-}A_3$，可取得较好的效果。

(3) 卵泡囊肿 卵泡囊肿多见于奶牛和猪，马也有发生，属排卵障碍，雌性动物卵巢上持续存在大卵泡而不能正常排卵。

① 病因。多发生于产后第一次发情前。确切原因目前还不清楚，一般认为，与饲料中缺乏维生素A或雌激素含量过高，饲喂精料过多而又缺乏运动有关。垂体或其他内分泌腺功能失调或激素制剂使用不当（如FSH、PMSG过量），生殖道炎症，继发卵巢疾病，使排卵受到扰乱，均可引发卵泡囊肿。卵泡囊肿经促排卵治疗后，有时会转变为黄体囊肿。

② 症状及诊断。卵泡囊肿表现为发情期延长或持续发情，阴户红肿，直肠检查卵巢上有一个或数个直径大于2.5cm的卵泡，不能正常排卵。卵泡囊肿母牛经常追逐爬跨其他母牛，荐坐韧带松弛，臀部肌肉塌陷，表现慕雄狂症状（图10-3）。

③ 治疗。应先加强饲养管理、改善雌性动物的生活环境，防治生殖道炎症。

a. 激素疗法。卵泡囊肿可用促排卵类激素治疗。如牛、马肌内注射LH 200～600U或$LRH\text{-}A_3$ 50～100μg；也可静脉注射HCG 5000～15000U。以上激素治疗后，间隔4～7d检查，囊肿没破裂的再注射一次，连续2～3次。

b. 手术疗法。包括挤破、穿刺囊肿。穿刺法即一手通过直肠抓住囊肿卵巢，另一手通过阴道把有套管的长注射针送到子宫颈阴道穹窿处，露出针头，穿过阴道壁，两手协同刺破卵泡囊肿。但囊肿被穿刺或挤破后，仍要配合肌内注射促排卵类激素，才能取得较好效果。

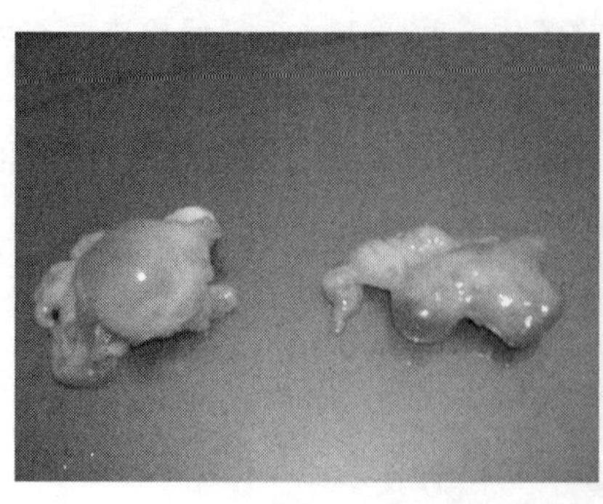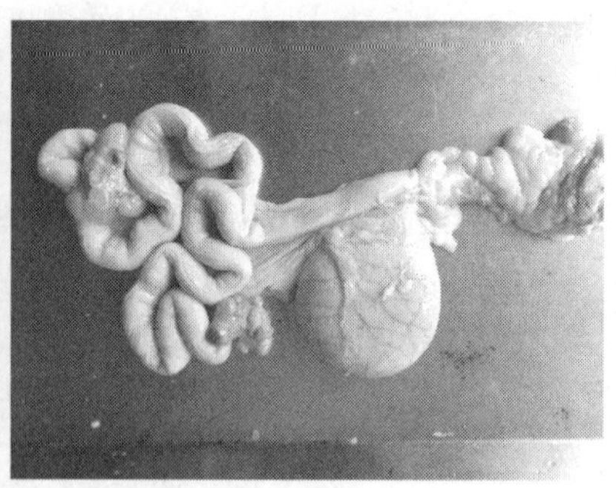

图 10-3　卵巢卵泡囊肿与黄体

卵泡囊肿用促排卵类激素治疗后，有些卵泡囊肿会黄体化而转变为黄体囊肿，有些雌性动物卵泡囊肿治愈后也容易复发。

(4) 黄体发育不良　在牛受体移植检查卵巢黄体发育时，就发现不少牛虽然发情表现正常，但黄体发育较小或不明显。对于这类牛其确切原因还不了解，但输精后早期胚胎容易死亡，造成屡配不孕。对此，可在发情后5～7d注射促排卵类激素，可促进卵泡发育波中的卵泡排卵或黄体化，加强黄体功能治疗。

此外，交替发情的原因也是由黄体发育不良，使卵泡发育波中的卵泡持续发育所致。故对于交替发情，也可注射 LH、LRH 等促排卵类激素治疗。

(5) 治疗卵巢功能性疾病应注意的问题

① 非典型病例多。在临床中典型病例并不多，能发情但卵泡发育不明显或黄体消退不完全的非典型病例较多。对这些病例如不采取治疗，受胎率很低。据对奶牛输精结果统计，卵泡发育明显的奶牛，输精受胎率高达70%左右；而卵泡发育不明显的，输精受胎率仅20%左右，且多次输精容易导致生殖道感染。

对这类非典型病例，为缩短等待时间，可以改在下一次发情前治疗为随查随治。如表现为卵泡发育扁平、发情持续期延长，不能正常排卵的病例，往往发情时血中孕激素含量较高，这是由黄体退化不全，继续分泌少量孕激素而影响其排卵所致。治疗时可在发情初期用 PG 溶解残留黄体，促进卵泡正常排卵。

对发情不明显，经检查卵巢偏小、卵泡发育不明显的，多因垂体分泌的促性腺激素不足。对此，在发情初期，应用适量的 FSH、PMSG 补充促性腺激素，促使卵泡继续发育、明显发情。但由于个体间对 FSH 或 PMSG 敏感性不同，用药后有的易引起多卵泡发育，单胎动物（如母牛）治疗后应到下次发情时再输精，避免多胎妊娠而流产。

对部分卵巢发育一般、发情不明显，卵巢静止或持久黄体不典型的，可在注射 FSH 后，间隔 24h 配合 PG 治疗；或用孕激素阴道栓配合 PG 的诱导发情方法进行治疗，促其发情，当然也可实施定时输精排卵技术。

② 要正确掌握剂量和判定药效。生殖激素的特点是量少作用大，治疗剂量的确定，要根据卵巢功能状况、年龄、营养、制剂等综合考虑，如育成牛剂量应低些，用 FSH 80～100U 或 PMSG 800～1000U；经产牛则可稍大些，分别用 100～150U 或 1000～1500U，不然易致过量而适得其反。

应用激素治疗后，容易出现隐性发情，要正确、适时判定药效，不然因药效判定不准确而反复使用激素，结果造成激素性繁殖障碍。

③ 加强饲养管理。雌性动物卵巢功能正常的前提是科学的饲养管理，仅靠生殖激素，而没有相应的营养改善，不可能取得良好的治疗效果。因此，在治疗的同时，要注意改善雌性动物的饲料条件，适当补充维生素和矿物质，增加运动。

2. 子宫内膜炎

子宫内膜炎是动物在产后不同阶段所发生的急性或慢性子宫炎症，包括产后期的急性炎症；治疗延误引起的慢性子宫内膜炎；发情周期恢复后的子宫积脓或隐性子宫内膜炎等等。多由分娩助产感染、继发胎衣不下、子宫外翻、流产等引起；也有因人工授精操作不规范感染所致。栏舍不卫生、营养不良时，问题将更严重。

(1) 症状 临床上以慢性子宫内膜炎为多见，动物中以奶牛发病率较高。引起子宫内膜炎的病原菌主要是化脓性链球菌、葡萄球菌和大肠杆菌。

① 急性子宫内膜炎。多发于产后早期，炎性分泌物多为脓性，污红色、褐色或灰褐色稀稠不匀的液体，内含组织碎片，常有恶臭味，超过了恶露正常的排出量与排出时间，并多数出现全身症状、体温升高等。

② 慢性子宫内膜炎。多由急性治疗不当转化而来，也可由输精操作不规范引起，特别是在子宫灌注时消毒不严格易造成交叉感染。慢性子宫内膜炎常在阴道底部蓄积少量由子宫分泌、稍混浊、呈土黄色的黏液，子宫颈外口松弛，在母牛卧地或发情时，从阴门流出混浊的絮状黏液。直检子宫角增粗，壁较肥厚，收缩反应弱（图 10-4）。

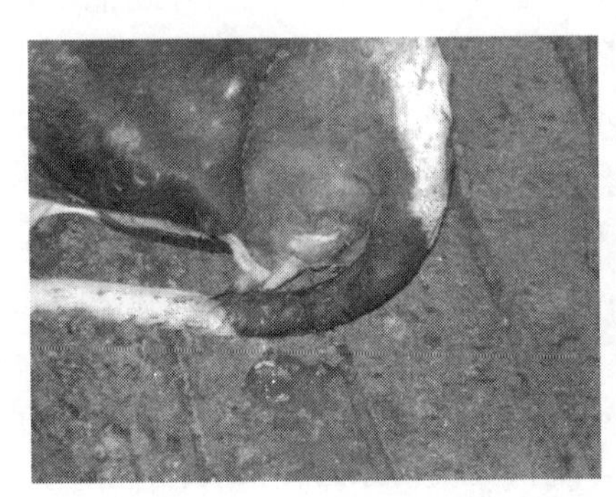

图 10-4 牛阴道排出的炎性黏液

③ 隐性子宫内膜炎。多数发情周期规则，卵泡发育正常，从阴道流出的黏液也透明，但屡配不孕，在子宫灌注治疗后有时会有轻度混浊的黏液从阴道流出。

(2) 治疗 治疗子宫内膜炎，多采用子宫冲洗与子宫灌注抗生素或防腐剂，必要时配合全身治疗或中药治疗。

治疗时，要考虑动物自身的净化能力。产后急性子宫内膜炎以全身治疗为主，子宫灌注治疗不宜过早，一般在牛产后 15～20d 开始治疗。同时要对灌注药物加温（至 30℃左右）避免冷刺激。子宫灌注时尽量使用一次性器械，减少交叉感染，提高疗效。

要重视前列腺素在子宫内膜炎治疗中的辅助作用。严重的子宫内膜炎易并发持久黄体。而黄体分泌的孕激素会抑制子宫平滑肌的收缩，降低子宫的净化能力。因而在治疗子宫内膜炎时，配合肌注前列腺素，以促进卵巢黄体消退，常可取得较好的疗效，特别是在子宫积水、蓄脓时，效果更好。

要注意药物浓度。浓度过低达不到治疗效果；浓度过高，则会产生雌性动物剧烈努责、食欲减退、产奶量下降等副作用。一般对于子宫弛缓、慢性或化脓性子宫内膜炎，药物浓度可适当增大，以刺激子宫收缩，排出炎性分泌物；而对于卡他性、隐性子宫内膜炎，浓度则宜适当降低，以减轻药物对子宫黏膜的刺激。

要注意药物选择与交替使用。子宫内膜炎多由化脓性链球菌、大肠杆菌、葡萄球菌等病原菌引起，选择药物时要注意其敏感性与耐药性；要注意交替用药，对奶牛还要考虑奶中药物残留。

要防重于治，加强综合治疗。子宫内膜炎多与助产与输精操作不规范有关。因此，要规范操作，做好产后护理，减少子宫内膜炎发生。

五、实施早妊诊断，减少胚胎死亡和防止流产

胚胎死亡是影响产仔数和繁殖力的重要因素之一。动物早期胚胎死亡率很高，牛约占20%～40%、猪约占20%～35%。因此，减少胚胎死亡和防止流产是提高繁殖力的一个有效手段。

引起胚胎死亡的原因很复杂，不但与生殖细胞和生殖器官的正常生理功能有关，而且与影响早期胚胎的附植因素和生殖器官的疾病有密切的关系。牛的胚胎死亡多发生于妊娠早期，有时甚至并不影响下次发情的时间，其机理尚未明确，也没有特效预防措施。一般认为，适当的营养水平和良好的饲养管理；适时输精，避免衰老的精子或卵子受精；在配种后12～24h对有隐性子宫内膜炎的雌性动物子宫灌注适当的抗生素；对黄体功能不足的雌性动物在配种后6～9d肌注少量HCG，以促进黄体功能等措施，对减少胚胎早期死亡有较好的效果。

引起动物流产的原因很多，有传染病、寄生虫病、营养不良、中毒、外伤、假发情的误诊、不当的妊娠检查等。在饲养过程中，应极力避免上述因素所造成的流产，特别重视传染性流产的危害，认真执行免疫程序。

采用B超或激素测定等方法进行早期妊娠诊断，尽早确定动物是否妊娠，对已确定妊娠的雌性动物，应加强保胎，使胎儿正常发育，防止孕后发情造成误配，是减少早期胚胎死亡和防止流产的重要措施；对未孕的雌性动物，应认真找出原因，采取相应措施，促进发情或给予其他治疗，不失时机地补配，减少空怀时间。由于便携式B超具有应用方便、直观、早期、准确等优点，在各种动物实施早期妊娠诊断、提高繁殖力中的作用越来越明显。

六、做好围产期的护理工作

围产期雌性动物的护理质量，直接关系到雌性动物能否正常分娩、产后发情与受胎，是动物繁殖管理的关键环节。围产期雌性动物的护理重点是防止难产、胎衣不下、产后感染。

防止难产主要是控制后备雌性动物过早配种；怀孕后期雌性动物合理饲养，以避免造成胎儿过大的难产；适当增强孕畜活动；做好临产检查，及时矫正异常胎势。

防止产后感染的重点是加强围产期雌性动物饲养；助产时认真做好各项消毒工作；防止产后胎衣不下；加强产后护理，促进子宫恶露的排出，预防产道感染；及时治疗产后子宫内膜炎。

防止胎衣不下要重视饲料中微量元素和维生素对其的作用；对产后胎衣排出延迟的，可肌注OXT、PG等促进子宫平滑肌收缩的药物或灌服活血化瘀的中药，也可子宫内灌注10%盐水500mL或50%葡萄糖500mL促进胎盘分离排出。

七、推广繁殖新技术

推广早期妊娠诊断技术，可防止失配空怀；推广人工授精和精液冷冻保存技术，可大大提高优秀雄性动物的繁殖效能；推广胚胎移植技术，可大大提高优秀雌性动物的利用率，充分发挥雌性动物的繁殖潜力；合理应用生殖激素，可以诱发雌性动物发情，提高雌性动物的排卵率及恢复正常繁殖功能；定时输精技术的推广，可在确保受胎率的同时，大大提高繁殖员劳动效率；超数排卵、胚胎移植、性别控制技术的应用，可以有效提高单胎动物的繁殖效率；定时输精和分娩调控技术的推广为猪场批次化生产创造了条件，真正能够做到全进全出、工厂化生产。

因此，繁殖新技术在畜牧生产中的推广应用，为提高动物繁殖力拓展了更大的空间，也开辟了新的途径。

八、抓好防疫，调整畜群结构

搞好免疫程序和综合保健是提高动物繁殖力的必要措施，各养殖场要从当地疫病流行情况出发，因地制宜、因场制宜，制定免疫程序。猪场要加强对猪瘟、蓝耳病、细小病毒病、伪狂犬病、乙脑等繁殖障碍性疾病的免疫接种工作。奶牛场则要关注布氏杆菌病、结核病、口蹄疫、流行热的危害，做好必要的预防措施。

及时做好畜群的更新与淘汰，在猪场种母猪的年更新率应在25%以上，公猪淘汰率在50%以上；奶牛场成年母牛年淘汰率在20%以上，是保持畜群始终处于良好的繁殖状态，提高繁殖力的重要措施。

九、做好繁殖组织和管理工作

提高繁殖力是技术工作和组织管理工作相互配合的综合技术，不单纯是技术问题，所以必须有严密的组织措施相配合。建立一支有事业心的技术队伍；定期组织技术人员参加技术培训、交流经验；做好各种繁殖记录，及时分析和评价繁殖技术工作的情况，是提高动物繁殖力的重要保障。

总之，对种畜的各种后天性繁殖障碍，要及时采取相应的治疗措施，以便尽快恢复种畜的繁殖能力。

技能训练一　猪场或牛场繁殖管理现状调查

【目的和要求】

通过对某一猪场或牛场的繁殖记录和繁殖管理制度调查，掌握影响动物繁殖率的各种因素及应采取的措施，增加对牧场繁殖管理的感性认识，了解当前牧场繁殖率的现状与潜力。

【技能训练内容】

1. 调查了解饲养管理情况，包括精饲料的组成、青粗饲料的供应以及饲喂制度情况，分析存在的问题。

2. 调查了解受胎、妊娠与分娩情况，计算总发情率、受胎率、窝产仔数，分析存在的问题。

3. 调查了解产后发情情况，子宫内膜炎发病症状与治疗方法。

4. 调查统计繁殖率情况，分析影响该牧场繁殖率的主要因素与应采取的措施。

【作业】

1. 被调查牧场的受胎率和繁殖率是多少？

2. 计算繁殖率时，要考虑哪些因素？

3. 该牧场繁殖管理中主要有哪些优点？还存在哪些不足？提高繁殖率应从哪些方面采取措施？

技能训练二　动物繁殖疾病调查

【目的和要求】

知道动物繁殖疾病的发病情况和主要的防治措施，会实施繁殖疾病的诊断、治疗等技术。

【技能训练内容】

1. 调查雌性动物性成熟时间、产后发情时间，分析饲养管理中存在的问题。

2. 调查异常发情情况及治疗方法，分析发生的原因和改进的措施。

3. 调查难产的发病情况及助产的方法，分析其原因。

4. 调查产后疾病、子宫内膜炎发病情况，分析存在的问题、应吸取的教训，讨论改进措施。

【作业】

分析指定牧场繁殖疾病的发病原因，指出影响繁殖率的主要因素，提出在饲养管理、繁殖疾病防治方面应该改进的措施。

单元检测

一、相关名词

动物繁殖力、发情率、参配率、情期受胎率、总受胎率、不返情率、产仔间隔、窝产仔数、产仔窝数、持久黄体、卵巢囊肿、卵巢静止、排卵弛缓、子宫内膜炎

二、思考与讨论题

1. 简述雌性动物繁殖障碍的类型。

2. 简述提高动物繁殖力的途径与方法。

3. 简述情期受胎率、总受胎率、产仔间隔、窝产仔数的计算方法。

4. 简述影响产仔间隔的因素与缩短产仔间隔的措施。

5. 雌性动物卵巢疾病主要有哪些？可采取什么方法治疗？

6. 繁殖障碍率最高的动物是什么？雌性动物最常见的子宫疾病是什么？如何治疗？

7. 哪种动物不用孕马血清催情？

8. 表示雌性动物受胎率的指标有哪些？有什么意义？

9. 表示雌性动物分娩率的指标有哪些？有什么意义？

10. 怎样减轻高温天气对动物繁殖力的不良影响？

11. 提高雌性动物受胎率的措施有哪些？

12. 在人工授精技术推广中，怎样才能达到较高的繁殖率？

13. 牧场繁殖管理中，重点要做好哪些工作？

三、计算题

1. 某畜牧场上年度末，成年母羊存栏数为5600头，已知该场母羊的繁殖率为140%，计算该畜牧场本年度内出生的羔羊数为多少？

2. 某养猪场在本年度有基础母猪380头，春、秋两季参加配种母猪780头，其中由于某种原因有15头未妊娠，春、秋两季产仔母猪为758头。计算该猪场母猪的受胎率、分娩率。

3. 某母牛饲养场，本年度内饲养适龄母牛158头，经查发情配种累计记录，发情母牛头数157头。计算该养牛场母牛的发情率。

4. 已知产仔雌性动物数为561头，受胎雌性动物数为568头，试计算该畜群的分娩率。

5. 某种羊场，秋季繁殖母羊共540头，据统计，至11月底受配母羊为496头，试计算该场秋季配种率是多少？（提示：写出公式，求出答案。）

6. 某畜牧场上年度终，成年母羊存栏数为5600头，本年度内出生羔羊数为7560只，计算该畜牧场羊的繁殖率为多少？

7. 有一奶牛场，年初存栏适繁母牛150头，一年中有148头母牛发情配种，其中一个情期输精受孕85头、两个情期输精受孕20头、三个及以上情期输精受孕19头；最后有119头母牛分娩犊牛120头，其中有3头为死产；断奶后最终成活116头。问该奶牛场的受配率、总受胎率、分娩率、繁殖率各是多少？

参 考 文 献

[1] 徐苏凌．动物繁殖实用技术［M］．上海：上海交通大学出版社，2007.
[2] 桑润滋．动物繁殖生物技术［M］．2 版．北京：中国农业出版社，2006.
[3] 杨利国．动物繁殖学［M］．北京：中国农业出版社，2003.
[4] 中国农业大学．家畜繁殖学［M］．3 版．北京：中国农业出版社，2001.
[5] 张忠诚．家畜繁殖学［M］．4 版．北京：中国农业出版社，2006.
[6] 赵兴绪．兽医产科学［M］．3 版．北京：中国农业出版社，2005.
[7] 中国农业大学．家畜繁殖学［M］．北京：中国农业出版社，1980.
[8] 中国农业大学．家畜繁殖学［M］．北京：中国农业出版社，1989.
[9] 宋连喜，田长永．畜禽繁育［M］．2 版．北京：化学工业出版社，2016.
[10] 张周．家畜繁殖［M］．北京：中国农业出版社，2001.
[11] 甘肃农业大学．家畜产科学［M］．北京：中国农业出版社，1980.
[12] 潘庆杰，等．奶牛繁殖技术与产科疾病防治［M］．东营：中国石油大学出版社，2000.
[13] 王建民．波尔山羊饲养与繁育新技术［M］．北京：中国农业出版社，2000.
[14] 金岳．猪繁殖障碍病防治技术［M］．北京：金盾出版社，2004.
[15] 李彩霞，魏庆信，郑新民．犬精液液态保存稀释液及温度筛选试验［J］．黑龙江动物繁殖，2004 (2).
[16] 玉峰，李武，兰翠．乙二醇对绵羊冻精效果的研究［J］．中国草食动物，2002，22 (6).
[17] 贺生中，武彩红，张斌，等．不同渗透压的稀释液对犬精液冷冻保存的影响［J］．江苏农业科学，2011，39 (3).